한국 육군의
장교단 충원제도와 직업안정성

김 성 진 지음

2016
백산서당

the Officers Recruitment and the Job Security of the Korean Army

Kim Sung Jin

2016
BAIKSAN Publishing House

추 천 사

현재 우리 군이 직면하고 있는 가장 심각한 문제가 무엇일까? 첫 번째는 북한의 핵위협으로부터 우리 국가와 국민을 보호하는 일일 것이다. 여기에 대해서는 누구도 이의를 달지 않을 것으로 본다. 두 번째는 무엇일까? 아마 사람에 따라서 다양한 의견이 가능할 것이다. 그러나 저는 군 간부의 충원문제라고 생각한다. 그리고 이러한 관점에서 김성진 박사와 본인의 생각은 완전히 일치한다.

어쩌면 군대가 우수한 간부들을 지속적으로 확보 및 육성할 수 있다면, 북한의 핵위협은 물론이고 한국이 직면하고 있는 모든 안보관련 문제도 잘 해결될 것이다. 우수한 간부들 스스로 우수한 두뇌를 활용하여 당면한 상황에서 최선의 해결책을 찾아낼 것이기 때문이다. 그러나 우수한 간부들을 보유하지 못하고 있다면, 북한의 핵위협을 잠시 해결하였더라도 재발하게 만들거나 다른 안보위협이 도래하였을 경우 제대로 대처하기는 쉽지 않을 것이다.

본인은 이 책의 기본으로 삼고 있는 김성진 박사의 박사학위 논문을 지도한 사람으로서, 김박사의 진지함과 추진력을 칭찬하고 싶다. 어느 것 하나 가볍게 대하지 않고 진지하게 접근하여 해결책을 모색해 나가는 태도야말로 학자에게 가장 필요한 덕목이 아니겠는가? 훌륭한 학자가 되는 것도 중요하지만 대한민국이라는 공동체에 어떻게든 기여하는 것이 더욱 중요하다는 측면에서 보면 추진력이야말로 무엇보다 소중한 덕목일 수 있다. 아는 것도 중요하지만 행하는 것이 더욱 중요하다는 것은 고금의 성현들이 이구동성으로 하는 말이다.

이러한 관점에서 우리는 학문의 궁극적인 목적이 무엇인지를 자문하게 된다. 공부를 열심히 해서 많이 아는 것이 학문의 목적인가? 창의적인 노력을 통하여 인류가 지니고 있는 지식의 지평을 넓히는 것이 학문의 목적인가? 아니면 우리가 함께 살아가고 있는 인류라는 공동체를 더욱 좋은 사회로 만들어나가는 데 기여하는 것이 학문의 목적인가? 해답은 사람마다 다르겠으나, 학문을 통하여 인류사회의 공익에 기여하는 것이 가장 어렵다. 어렵기 때문에 대부분이 이것보다는 공부하고 연구하는 자체에서만 의의를 찾고자 하는 것이 아닌가 생각한다. 이 책의 출판을 계기로 김성진 박사도 학문 자체에 머물지 말고 인류사회에 기여하는 학문 또는 학자가 되기를 바란다. 출간을 진심으로 축하하면서 이것이 하나의 계기가 되어 더욱 많은 연구업적과 기여가 후속되기를 진심으로 기원한다.

2016년 8월 20일

국민대학교 정치대학원장 박휘락

머 리 말

지난 60여 년간 군은 국가 정치지도자의 결정에 따라 전쟁에 대비하고 전투를 수행하는 군사안보의 대표기관으로 노력해왔다. 군이 정예 엘리트집단으로 성장한 데는 첨단무기체계 구비 등의 노력도 있었지만, 올곧은 소명의식과 심적 자세, 각종 훈련기법 및 체계의 발전 등도 빼놓을 수 없는 중요한 요소였다. 그러나 군으로 우수인재가 몰리던 이전(以前)과는 달리 군도 민간 기업과 힘든 경쟁을 해야 하는 어려운 현실에 처해 있다.

정부 수립 초기 육군 장교단은 많은 혼란과 시행착오 속에서도 엘리트집단으로 인정받았으나, 두 차례에 걸친 군사쿠데타를 통해 정치권력의 핵심으로 등장하게 된다. 그러나 소수의 특정계층이 기득권에 몰입하면서 점차 이질적인 국비장학생 집단으로 인식되게 만들었다. 또한 양성과정에서부터 집중되는 우선적인 혜택은 이들의 폐쇄・배타적인 기질을 생성시켰으며, 갈등과 불신의 유인(誘因)으로 누적되고 있다.

시대가 날로 변화되면서 확산되고 있는 VUCA 양상은 민간기업의 생산수단과 군 조직의 전쟁수단・전투기법을 더욱 발전시키고 있다. 필자가 정책부서와 야전제대 근무 간 신병교육과 생도・후보생 양성 관련 직무를 수행하면서 갖게 된 의구심은 획득원별로 차등화되어 있는 양성 환경이 형성된 경위(涇渭), 소명의식으로 국가 발전을 선도하던 군이 국민의 기대치와 신뢰에 부응하지 못하게 된 원인이 어디에 있을까? 하는 화두(話頭)였다.

필자는 육군 장교단의 긍정적인 발전을 염원하는 한 사람으로서 사료(史料)와 체득한 직무경험 및 자료, 전문가 집단인터뷰(FGI) 등을 통해 군의 현주소를 되짚어 보고 도약을 위한 시사점을 제시하고 싶었다. 이 과정에서 '장교단의 역할론'에 주목하게 되었다. 군은 획일·폐쇄적인 특성을 가진 집단으로 지휘관에게 절대 수명하는 특성을 갖고 있다 보니 장기적인 측면보다는 시급한 현행작전 및 사안(事案)에 몰입하는 사례를 자주 접하게 된다. 아울러 대다수 특정 출신으로 형성되어 있는 정책제대 및 핵심부서의 의사결정 과정에서 느낄 수 있는 배타성(排他性)과 편향(偏向)된 흐름은 내부의 불신 및 갈등을 생성시키는 주요 원인의 하나로 인식되고 있다.

전쟁은 예측이 불가능하며, 전투환경은 언제나 극단적임을 재인식할 필요가 있다. 미 전쟁장관 존 C. 칼훈(Calhoun John C., 1782~1850)이 평화로울 때 미 육군의 유일한 존재 목적이 "전쟁을 준비하기 위해서"라고 강조하는 문장과 군 조직이 "명령과 통제"로만 이루어지는 진부(陳腐)한 조직이 아니어야 함을 익히 느끼고 있기 때문이다. 따라서 현재 시행되고 있는 장교단 충원제도와 복무관리 및 인사운영 시스템은 VUCA 양상에 대응하기에 다소 한계가 있을 것으로 인식하여 학위논문의 주제를 '장교단 충원제도와 직업안정성'으로 선정하였다. 이를 토대로 하여 8·15광복 이후 육군의 장교단 충원제도가 '전투력 발전과 유지'라는 본래의 목적에 부합하는지 되짚어 보고, 특정출신과 일반출신을 사회 구조와 조응(照

應)시킴으로써 직업안정성 수준을 동태·기능적으로 탐구하기 위해 노력하였다.

이 책은 육군 장교단 내부의 출신 간 파벌 및 갈등을 조장하거나, 기득권을 비판하려는 연구가 아님을 분명하게 밝히고자 한다. 다시 말해 한국사회가 안고 있는 공동의 문제로서 민군 간 다양한 네트워크의 형성 및 협업(collaboration)의 중요성이 간과되고 있다는 측면, 경직된 리더십과도 연계되어 있음을 제기하려는 것이다. 만일 일부 시각이 독자들로 하여금 육군 장교단에 대한 시각을 조금이라도 부정적으로 갖게 했다면, 그래도 육군이 정부부처 중에서 가장 적극적으로 발전에 노력하여 왔다는 사실을 상기해주기 바란다.

끊임없는 '자극'은 사회가 발전되는 과정에서 부작용과 후유증을 동반하기도 하지만, '자극'이 없으면 나태해지기 마련이다. 자극은 외부에서도 주어지겠지만, 이 책이 장교단의 내부 결속 및 발전과 동기 부여의 계기가 될 수 있는 '애정어린 자극제'가 되기를 바란다. 아울러 군사안보 분야 중 장교단에 관심이 있는 학도(學徒)들의 일방향적인 시스템적 사고(systems thinking)를 전환시키는 데도 일정 부분 기여하기를 희망한다. 어떤 문제도 독립적이고 단순한 문제는 거의 없으며, 연관된 무엇인가가 반드시 존재하게 마련이기 때문이다. 독자들도 각종 문제를 한꺼번에 해결하기는 힘들었지만, 이를 전체의 일부로 생각하고 연관된 시스템부터 단순하게 접근할 경우 의외로 쉽게 해결되었던 사례를 많이 접해보았을 것이다.

톨스토이(1828~1910)의 소설인 안나 카레니나(Anna Karenina)의 첫 문장은 '행복한 집은 사는 모습이 저마다 비슷하다. 그러나 불행한 집은 불행한 이유가 제각각이다.'라고 쓰여 있다. 행복한 집은 가족들이 저마다 자신의 할 일을 열심히 하고 서로 간에 사랑과 우애가 넘친다. 반면에 불행한 집은 불행한 이유를 스스로 깨닫지 못하고 남의 탓으로만 돌리면서 극복하거나 해결하려는 의지가 없다 보니 더 큰 위기에 봉착하게 된다는 의미로 제시하고 싶다.

민간 기업이 계속되는 성공으로 장기간에 걸쳐 이익을 향유(享有)하다 보면, 기득권 계층은 자연스럽게 관료성향과 편향성이 생겨나게 된다. 조직이 점차 비대화되면, 위기의식은 약화되고 리더십(leadership)보다 내부 관리(internal management)에 치중하는 현상도 많아지게 된다. 이는 자기도취와 자만심이 오만과 아집(我執)으로 굳어지는 전형적인 패턴으로 볼 수 있다. 이러한 현상이 고착되면, 아무리 현명하고 사려 깊은 리더가 운영하는 기업이라도 위기 인식은 늦어지고, 점차 절박한 국면으로 몰리게 된다. 한국사회 곳곳에는 '순혈주의'와 '출신 우선주의' 문화가 뿌리 깊게 존재하고 있으며, 이는 사회적 갈등과 불신을 초래하는 원인의 하나로 지적되고 있다.

이 책은 2015년 6월에 국민대학교 일반대학원 정치외교학과 안보전략전공에 제출한 박사학위 논문 「한국 육군의 장교단 충원제도와 직업안정성에 관한 연구」(A Study on the Officers Recruitment and the Job Security of the Korean Army)를 수정 보완한 내용이다. 그동안 발표한 논문과 미발표한 내용을 보강하여 전체적으로 재구성하였다. 그러나 연구를 진행하는 과정에서 많은 선배전우 및 지인들의 아낌없는 성원을 받았지만, 객관적인 사료(史料)를 충분히 반영하지 못하고 출판하게 된 데 대하여 아쉬움을 금할 길이 없다.

이 책이 완성되기까지 주변 분들의 많은 도움과 지원이 있었다. 수고해준 분들께 감사의 마음을 전해드린다. 처음 객관적인 사료의 부족과 관련 자료의 획득이 어려워 고민에 빠져 있을 때 헌신적인 지도와 교정을 해주신 국민대학교의 박휘락 정치대학원장님과 김동명 교수님은 군의 현실과 이론 및 실증적 연구에 깊은 이해를 가지고 계셨다. 학문적으로 엄격하면서도 인간적으로는 따뜻한 정말 고마우신 분이다. 그리고 인터뷰(FGI)에 흔쾌히 응해주신 선·후배님, 지원해주신 동료분들에게도 감사한 마음을 드린다. 국민대학교의 유지수 총장님은 필자가 매우 존경하는 분으로 학군단장으로 재직하는 동안 ROTC후보생들의 장학금을 대폭 증액하고 학군단사 및 후보생 숙소를 신규로 건립해주시는 등의 전폭적인 지원과 무한의 신뢰를 보내주셨다. 이를 통해 3년 연속 우수학군단으로, 2014년도 국방부에서 최우수대학교(학군단)로 선정된 데 대하여 지금도 감사할 따름이다. 그리고 본심사 동안 세심한 지도를 아끼지 않으신 국민대학교의 배병인 교수님, 육군사관학교의 윤정원 교수님, 청주대학교의 박효선 교수님께 감사드린다. 박사과정 동안 많은 도움과 지원을 해주신 조중빈 교수님, 이종찬 교수님, 장승진 교수님께도 감사드린다. 그리고 항시 건전한 판단과 기준을 갖도록 지도해주시는 유기섭·이명원 선배님께도 감사드린다. 그리고 부모님과 형님 내외분, 처가 부모님을 비롯한 가족들, 언제나 힘든 내색을 하지 않고 내조를 다하는 아내와 당당하게 성장한 아들에게도 고마움을 전한다. 마지막으로 출판을 추천해주신 국민정치안보연구회 최정순 회장님과 흔쾌히 출판을 맡아주신 백산서당 김철미 사장님의 세심한 배려에 심심한 사의를 표한다.

2016년 7월 20일

강원도 삼척의 두타산 자락에서

한국 육군의 장교단 충원제도와 직업안정성

〈그림 차례〉

〈표 차례〉

〈부록 차례〉

제 1 장

서 론

제1절 연구 배경 및 문제 제기

1980년대 이전의 한국사회는 대내외적으로 어려운 정치·사회적 환경에 처해 있는 개발도상국가였다. 이러한 여건 속에서 가장 먼저 선진화된 집단은 군이었으며, 국가관과 소명의식, 인문학적 소양을 갖춘 엘리트집단으로 인정받았다. 이들은 국가안보와 경제발전의 선도적 역할을 자임하면서 헌신하였고, 국민들로부터 깊은 신뢰를 받아왔다. 또한 선진화된 행정시스템은 민간 기업으로부터 벤치마킹의 우선적 대상으로 손꼽힐 만큼 선도적 역할을 수행하여 왔다.

그러나 군부통치의 시대에서 벗어나 2000년대로 접어들면서 군에 대한 비판 및 불신과 함께 대군신뢰도는 점점 더 낮아지고 있다. 군이 정치에 개입하였던 역사가 부정적으로 평가되는 측면도 적지 않았지만, 무엇보다 장교단 내부의 결속력, 전문성의 저하현상, 직업안정성이 개선되지 않고 있음을 인식하게 되었기 때문이다.[1)] 또한 각종 상황에 대처하는 과정에서 임시방편식의 유사한 사례가 반복되었고, 2010년 천안함 폭침과 연평도 포격 사태 등의 과정에서도 신뢰할 만한 대응력을 보여주지 못한 점도 결정적 요인의 하나로 볼 수 있다. 그리고 이후에 발생되었던 내부의 다양한 사건 및 사고에 대처하는 과정에서도 미래지향적이지 못한 대책들을 비롯하여 직업군인 장교들의 부정과 비리사례 등으로 이어지면서 대군신뢰도는 점점 더 저하되고 있다.

육군 장교단의 결속력과 직업전문성이 낮다고 판단할 수 있는 요인은 다양한 시각에서 접근할 수 있지만, 필자는 육군의 장교단 충원제도가 민주·선진화시대가 요구하고 있는 변화에 부응하지 못하는 데 있다고 인식하였다. 여느 국가를 막론하고 국가의 발전수준이 전반적으로 낮은 환경에서는 엘리트주의가 효과적으로 인식될 수 있지만, 정치·경제적 수준이 발전된 환경일 경우 소수의 특정 엘리트들만으로 국가 전반을 주도하기에는 한계가 있다는 것이 다수 학자들의 주장이다. 확산되는 VUCA 양상 즉, 변동성(volatility), 불확실성(uncertainty), 복잡성(complexity), 모호성(ambiguity)은 소수의 특정 엘리트들만으로 대처하기가 어렵기 때문이다. 소수 엘리트주의는 배타적(排他的) 성향과 편향성(偏向性)으로 고착되면서 다층적인 멀티플레이어(multiplayer) 역할을 수행하기에는 융통성과 탄력적인 역량

1) 국방부, 『2014 국방백서』(서울: 국방부, 2014), pp. 191~193.; 국방부, 『2012 국방백서』(서울: 국방부, 2012), pp. 161~164, 165, 167~169.; 송수용, 『軍史: 한국사회의 민군관계 양상 고찰』(서울: 국방부 군사편찬연구소, 2005), pp. 312~320.

발휘가 제한된다는 사실은 다수의 사례를 통해 확인할 수 있다.

한국 육군은 창군 초기 사관학교 출신을 중심으로 하는 장교단 충원제도를 도입한 이래 다양한 형태로 시행되어 왔다. 이 과정에서 장교단의 내부 결속력이 느슨해지고, 장교라면 응당히 갖추어야 할 기본적인 소명의식은 획득원에 따라 차이가 나며, 차등화 관리에 대한 갈등 및 불신 현상도 지속되고 있다. 이처럼 긍정적이지 못한 현상이 개선 및 변화되지 않고서는 민주·선진화 시대의 사회적 책임에 부합된 군 본연의 역할을 수행하기 어렵고 대군신뢰 수준을 되찾기가 쉽지 않을 것이다.

국방부의 복지현황 분석 자료(2009)에 의하면, 한국의 20세 이상 남성 인구는 2014년을 정점으로 급격히 감소하여 2020년 이후에는 25만 명 이하로 감소할 전망이므로 우수인력 획득을 위한 대책 마련에 고심하고 있다.[2] 또한 교육과학기술부(2014)와 한국교육개발원(2014)이 발표한 고등학생의 대학진학률 현황(1980~2013년)도 2008년까지는 상승곡선을 유지하였으나, 점차 하향추세에 있다. 다시 말해 인구 감소로 인한 노동력 공급의 부족현상이 점차 증대되는 추세에 있음을 유념할 필요가 있다.[3]

육군은 이전과 달리 민간 노동시장의 우수인재를 획득하기 위해 민간조직과 경쟁해야 하는 어려운 현실에 처해 있다. 장교단 충원제

---

2) 국방부 보건복지관실, "군 복지현황 분석: 한국국방연구원 조사 내용(요약)" (2009), p. 4.

3) 한국 갤럽(Gallup Korea), 『Gallup Report』(2011년 6월 23일자).; 조한승, "21세기 국가와 군의 관계변화 연구: 군인모델의 비교 검토"(용인: 단국대학교, 2013), p. 127.

도가 시대적인 변화 요구에 부합되지 않을 경우 우수인재는 점점 더 군을 외면하게 되고, 직업군인 장교단의 전문성과 직업안정성도 확립되기 어려워질 것이다. 이 책은 육군에서 시행하고 있는 장교단 충원제도의 변천과정(Type)을 탐구하여 본래의 의미와 역할 수행에 어떠한 영향을 끼쳐 왔는지 분석하려는 시도이다. 직업안정성의 강화는 장교단의 전문성과 전투준비태세를 확립 및 유지하는 데 결정적인 영향을 미치고 있다고 판단하였다. 이를 토대로 하여 육군 장교단이 본래의 역할에 걸맞는 전투력 발전을 위한 미래지향적인 시사점을 도출함으로써 시대적 변화 요구에 부응하고 VUCA 양상 변화에 실효적으로 대응할 수 있는 기반을 확보하기 위함이다. 이를 위해 다음과 같은 세 가지의 하위 목표를 설정하였다.

첫째, 육군의 장교단 충원제도를 도입된 시기별로 유형화하여 그 특성 및 시대적 변화 양상을 도출한다. 이를 통해 장교단 내부의 출신 간 갈등 및 불신 생성의 원인, 그리고 전문직업성 정도를 평가하고자 한다.

둘째, 육군 장교단 충원제도의 직업안정성 확립 여부를 진단한다. 이를 통해 보편주의적 정서 및 가치에서 비롯되는 동질성과 사회적 책임성에 기반을 둔 건전한 직업윤리와 소명의식 수준, 그리고 복무관리의 균형성과 균등한 기회가 부여되고 있는지에 대한 형평성 측면을 진단하고자 한다.

셋째, 육군 장교단의 직업안정성 강화를 위한 시사점을 제시하고자 한다.

제2절 연구 범위 및 방법

1. 연구 범위

이 책은 한국 육군의 장교단 충원제도가 동질성과 책임성, 균형성 측면에서 '전투력 발전과 유지'라는 본래 의미에 부합된 역할을 정상적으로 수행하고 있는지를 진단해 보고 정체성(identity)과 직업안정성 강화를 위한 긍정적인 정향(定向) 및 시사점을 제시하려는 시도이다. 특히 역사적 비교 분석방법을 활용하여 시대적 배경과 의미, 그리고 역할을 조명하여 보고 육군 장교단의 직업안정성 확립 수준을 분석하고자 한다. 아울러 경로의존성(path dependency)[4]이 변화에 끼친 영향을 살펴보기 위해 다음과 같은 연구 범위를 설정하였다.

먼저, 내용적 범위는 국방인력의 획득은 현역과 예비역, 군무원으로 구분하고 있으나, 현역으로 한정하였고, 육군과 해군, 공군, 해병

4) '경로의존성'은 법률이나 제도, 관습이나 문화 그리고 과학적 지식이나 기술에 이르기까지 인간사회는 한번 형성되어 버리면, 그 후 외부로부터의 다양한 충격으로 인해 최초 형성 시에 존재한 환경이나 여러 조건이 변경되더라도 종래부터의 내용이나 형태가 그대로 존속할 가능성이 있다는 것이다. 이와 같이 과거 하나의 선택이 관성(inertia) 때문에 쉽게 변화되지 않는 현상을 의미한다. 정치학대사전편찬위원회, 『21세기 정치학대사전』(2002).

대 중에서 육군으로 한정하였다. 육군은 신분 상 장교와 부사관, 병사가 있으나, 장교는 군의 기간(基幹)으로서 장차 군이 나아갈 방향을 제시하고, 그에 따른 계획을 수립하며, 시행 결과를 분석하여 피드백 하는 핵심적인 기능을 가지고 있기 때문에 장교단[5] 충원제도로 한정하고자 한다. 최근 급변하고 있는 정치・경제・사회적인 격랑은 군 조직의 다양한 범주에까지 영향을 미치고 있다. 특히 국민들의 민주화 의식이 성숙되고 직접 정치에 참여하는 환경으로의 변화는 군 조직도 일반사회와의 협력적 네트워크가 반드시 필요한 엄중한 시점임을 인식할 때가 되었다.[6]

이 책은 장교단의 동질성과 책임성, 형평성 수준이 군 전투력의 발전과 유지에 지대한 영향을 끼치고 있음을 인식하여 장교단 충원제도가 공개성과 공공성에 걸맞은 기준으로 진행되고 있는지 여부를 역사적 사실을 통해 검증하려는 것이다. 육군의 장교단 충원제도는 다른 전문직업과 달리 초급장교로 충원되더라도 일반 출신[7]은

---

5) '장교 충원'이라고 하면, 일반적으로 '초급장교'만을 의미하고 있다. 그러나 본 연구는 직업군인제도 정착 수준의 정도가 장교들의 충원 방식에서부터 많은 영향을 받고 있음을 분석하기 위한 시도이다. 따라서 임관 이전 단계인 '양성과정', 초급장교의 '임관과정'에서부터 복무관리 및 운영에 이르는 전반적인 과정을 짚어볼 필요성이 있다고 판단하였다. 따라서 일반적인 의미로 사용되고 있는 초급장교로만 한정지을 경우, 연구의 목적을 달성할 수 없기에 생도 및 후보생을 양성하는 과정에서부터 고급장교까지 망라하는 의미로 '장교단'이라는 용어를 조작적으로 사용하였다.

6) 노훈 외 국방발전연구진, 『국방정책 2030』(서울: 한국국방연구원, 2010), pp. 133~139.

전원이 일정한 시기에 다시 장기복무를 지원하여 재선발되는 과정을 거쳐야 한다는 데 주목하였다. 이외에도 해당 계급에서 상위계급으로 진출하여야 직업화될 수 있는 3단계의 과정을 거치도록 되어 있는 복무관리 및 인사운영의 측면도 주목하였다. 초기단계인 초급장교 양성과정에서 획득원에 따라 상위계급 진출에 일정부분 한계가 있음을 인식한 우수한 인재들은 점차 장교단 지원을 기피(忌避)하게 될 것이다. 결국 육군 장교단은 다양한 우수인재로 구성된 전문직업 집단이라는 신뢰의 확보, 직업안정성과 전문직업성마저도 보장할 수 없게 만들 것이다.

둘째, 시대적 범위는 미군정기로부터 최근까지로 한다. 일부 사료나 연구를 살펴보면, 역사적 발전과정을 탐구하는 과정에서 사건의 특성을 중심으로 구분짓거나 특정한 시기를 중심으로 진행하다 보니 전체 맥락에 혼란이 초래되고 문제의 본질도 모호한 측면이 많이 있다. 따라서 다음과 같이 3개 시기로 구분하여 탐구하였다.

① 1946년에서 1951년까지는 미군정 및 건군기로서 임시 직업군인제도가 태동한 시기로 본다. 이는 군사영어반과정, 단기육군사관학교과정, 갑종간부후보생·종합 및 현지임관과정 등의 시행을 통해 한국군이 미군의 조직 형태를 접목한 초기의 충원제도 형태였기 때문이다.

---

7) 육군의 초급장교 충원제도는 창군 이래 13개 과정이 시행 및 폐지되어 왔다. 이 중 육사 출신을 제외한 나머지 출신은 '비육사 출신' 또는 '일반 출신', '기타출신', '비정규 출신'으로 호칭하고 있다. 이 책에서는 육사 이외의 출신은 '일반 출신'으로 조작적 정의를 하고자 한다.

② 1952년부터 1960년까지는 전쟁 및 정비기로서 정부와 군 수뇌부가 주도적으로 판단하여 단기육군사관학교를 정규육군사관학교(이하 육사교)로 재출범시키고, 육군의 중심세력으로 만들기 위한 노력을 활성화하였던 시기로 본다. 이는 육사교 출신을 포함하여 박정희와의 근무연을 중심으로 형성된 군부 소장계층이 정치권력의 핵심세력으로 등장하면서 정국(政局)을 장악하고 군내 기득권 다지기를 시도한 시기였기 때문이다.

③ 1961년 이후부터 최근까지는 자주국방기로서 급증되는 장교단의 충원 소요를 위해 다수의 출신과정을 도입 및 시행하고 인재 충원 풀(pool)을 가동한 시기로 본다. 이 시기는 육군이 특정 출신 중심으로 기득권 세력이 형성되기 시작하면서 일반 출신은 대체 및 의무복무로 확정짓게 된 시기로 본다. 이는 미국의 ROTC제도를 벤치마킹하여 도입한 한국 육군의 ROTC제도를 비롯하여 육군제3사관학교(이하 3사교)[8] 등의 충원방식을 계속 도입하면서도 초창기부터 시행하고 있는 육사교를 장기복무장교 즉, 직업장교로 확정되어 있는 충원방식을 지속하고 있기 때문이다.

장・절 편성은 총 6개장 23절로 구성하였고, 제1장 서론에서는 연구 배경 및 문제 제기, 연구범위와 방법, 선행연구 검토, 그리고 분석틀을 제시하였다. 제2장에서는 군의 직업안정성에 관한 선행이론의 검토와 구비요건을, 제3장에서는 외국군의 장교단 충원제도를 직업안정성 확립 측면에서 평가하고, 제4장에서는 육군의 장교단 충원제

8) '육군제3사관학교'라는 명칭은 2010년 3월 31일 부로 '육군3사관학교'로 개정되었다. 「육군3사관학교 설치법」 제1・2조(법률 제11690호).

도에 관한 변천과정을 3개 시기로 구분하여 분석하고자 한다. 제5장에서는 육군의 장교단 충원제도가 직업안정성 보장에 미친 결과를 종합적으로 평가하여 시사점을 도출하고, 제6장에서는 발전을 위한 정향과 시사점을 제시하고자 한다.

2. 연구 방법

필자는 제기되는 문제점 해결을 위해 문헌연구를 통한 기술적 접근방법을 채택하였다. 이를 통해 한국 육군의 장교단 충원 형태(Type)를 제도적 변천사에 접목하여 보편주의적 가치 기준에 부합되는지, 균형된 복무관리 및 인사운영이 시행되고 있는지에 초점을 맞추어 직업안정성 측면을 분석하고자 하였다. 아울러 장교단의 충원제도가 시기별로 변천되는 과정과 외국군의 장교단 충원제도에서 국가 차원의 보장수준, 복무관리의 특성 등을 함께 제시하고자 한다.

이 책은 실효적으로 목적을 달성하기 위해 관련 문헌 및 사료(史料) 등을 활용하였다. 특히 육군의 장교단 양성 및 충원과 관련한 선행연구 및 논문, 용역보고서, 각종 법령, 관련 인터넷사이트 이외에 연구자가 생도 및 후보생을 교육 및 지도하는 과정에서 축적한 자료, 그리고 30여 년의 군생활을 통해 체득하거나 축적하고 있던 자료를 포함하였다. 주요 지표(指標)는 육군의 제도사를 비롯하여 국방사, 국방백서, 건군(50년)사, 각 출신별 총동문회 및 홈페이지에 탑재되어 있는 공개자료 등을 활용하였다. 또한 양성 및 보수교육기관인 육사교, 3사교, 육군학생군사학교(이하 학군교), 국방대학교, 한국국방연구원, 일반 정치학회 및 정책학회, 역사학회 등의 연구자료, 그리고 전문가 집단 인터뷰(FGI) 결과 등을 자료로 활용하고자 한다.

필자는 이론적 체계를 토대로 하여 한국 육군의 장교단 충원제도를 동질성과 책임성, 형평성이라는 세 가지의 관점에서 접근하고자 한다. 분석 결과 식별된 각 요인별 현상과 문제점은 외국군의 장교단 양성 및 충원제도의 특성, 복무관리 및 인사운영 제도가 한국 육군의 장교단과 접목이 가능한 여부를 진단하여 시사점을 도출하고자 한다. 이를 통해 육군 장교단의 인재상에 부합된 창조적이고 융통성있는 우수한 전사(warrior)들이 장교단의 일원으로 양성 및 충원될 수 있도록 한국적 안보여건과 사회 일반의 보편주의적 정서 및 가치 수준을 고려하여 발전적 정향으로 제시하고자 한다.

제3절 선행연구 검토

한국 육군 장교단의 충원 환경은 군이 필요한 만큼 수월하게 우수인재를 획득하던 이전(以前)과는 달리 민간기업과도 경쟁해야 하는 힘든 현실로 내몰리고 있다. 민간 기업들은 사회의 변화에 따라 노동시장의 우수인재 획득 방식을 적절하게 변용(變容)하는 등의 노력으로 기업의 전 역량을 집중하고 있다. 반면에 육군의 장교단 충원제도는 창군 초기의 형태에서 큰 변화 없이 시행되고 있다. 더욱이 인재상의 개념도 '국내외의 급격한 환경 변화와 고도의 과학화 추세에 능동적으로 대처할 수 있는 인재 육성'이라는 수준에서 구체적으로 발전하거나 명확하지 않게 되어 있다.[9] 육군의 초임장교 지원율이 격감하고 있고, 기본자질 등이 점차 저하되고 있는 현실을 통해서도 육군 장교단이 고착되어 있는 단면(斷面)을 느낄 수 있다.[10] 이러한 현상은 육군의 초급장교 양성제도와 인력정책이 '대량획득-단기활용-대량유출'이라는 비효율적 구조로 유지되어 있기 때문이다.[11] 필자는 이러한 현상을 실체적으로 탐구하기 위해 어떠한 연구들이 진행되고 있는지 살펴보았다. 그 결과 육군이 다른 행정부처에 비해 상대적으로 많은 혁신적인 발전과 변화에 노력하여 왔음은 많은 사료를 통해 사실로 확인할 수 있었다. 다만 제도 및 환경적 측면에서 많이 노력하여 왔으나, 출신 및 기수 등을 강제적으로 안배하는 폐쇄적 방식으로 운영되다 보니 기본적으로 공개성과 공정성 측면에서 매우 취약함을 인식할 수 있다.[12]

---

9) 육군본부, "중 장기 우수 초급간부 획득정책 추진방향"(대전: 육군본부, 2014).

10) 전역 장교의 60% 이상이 4년 미만의 복무자이고, 약 30%는 3년 미만의 복무자이며, 장교 임관인원의 80~90%가 위관으로 전역하고 있다. 조영진 외, "장교 획득 및 양성 발전 방안: 학사·학군·간부사관 중심으로," 『한국국방연구원』(1999), pp. 83~85.; "중·장기 우수 초급간부 획득정책," 『육군본부』(2014).

11) 국방부(2012), 앞의 내용, p. 161.; 국방부, 『국방개혁 기본계획 2014~2030』(2014. 3. 7.).; 『한국일보』 사설 (2014년 3월 7일자).; 국방부, 『국방저널』(2014. 4월호).

12) 정길호 외, "국방인력 및 인사관리체계 발전방향 연구: 국방인력관리본부 설치 타당성 분석 중심," 『한국국방연구원』(1996), p. 60.; 국방부(2012), 앞의 내용, pp. 167~168.

프러시아 정부가 발표한 「장교 임용에 관한 포고령」에서 “장교에 임용되는 유일한 기준은 평시에 있어서는 교육과 전문적 지식이며, 전시에 있어서는 탁월한 용기와 이해이다. 그렇기 때문에 이러한 자질을 가진 모든 개인은 평등하게 군인으로서 최고 지위에 오를 자격이 있다. 군대 내에 지금까지 존재해오던 모든 계급적 차별은 모두 폐지한다. 그리고 모든 사람은 출신 성분 여하를 불문하고 평등한 의무와 평등한 권리를 갖는다.”라는 내용은 19세기 대다수 유럽 국가들의 직업군인제도 발전에 기원이 되었음을 기억할 필요가 있다.[13] 이들은 시대를 거쳐 오면서 장교들에 대한 전문적인 군사교육 진행이 가능하도록 군 조직을 제도화하였고, 분석 · 비판적 기법의 전쟁관련 연구 등은 전문직업화에도 크게 기여하여 왔다.[14] 한국 육군의 경우 시대 환경이 변화하고 있음에도 장교단 충원제도의 개선 및 변화가 거의 없는 현실은 시사하는 바가 적지 않다.

군의 전문직업주의에 관한 대표적 이론은 헌팅턴(Huntington Samuel. P. 1957)의 ‘구직업주의(old professionalism)’와 스테판(Stepan Alfred, 1973)의 ‘신직업주의(new professionalism)’를 들 수 있다. <표 1-1>은 헌팅턴의 구직업주의와 스테판의 신직업주의의 특징을 비교한 내용이다.

---

13) Guy Station Ford, Stein and the Era of Reform in Prussia, 1807~1815(Prinston, 1922), passim, but esp, ch. 8.; J. R. Seeley, Life and Times of stein (Boston, 2 vols., 1879), Ⅰ, pp. 397~423.; Hans Delbrück, Gneisenau (Berlin, 2 vols., 1882), Ⅰ, pp. 117~145.

14) English, A. *Professionalism and the Military-Past, Present, the Future: A Canadian Perspective*, The Canadian Forces Leadership Institute. (2002), p. 26.

〈표 1-1〉 헌팅턴의 '구직업주의'와 스테판의 '신직업주의'의 특징 비교

구 분	구직업주의	신직업주의
군부의 역할	대외적 안보	대내적 안보와 국가발전
민간정부에 대한 태도	민간정부 정당성 인정	정부 정당성 도전
필요한 군사기술	고도의 군사 전문기술 (정치적 기술 제외)	상호 연결된 정치 및 군사기술
군부 직업활동의 범위	제한적	무제한적
군부의 정치적 영향	군부의 정치적 중립	군부의 정치화
민군관계의 영향	군부 정치적 중립 및 문민통제에 기여	군사·정치적 경영주의와 역할 증대에 기여

* 출처: Stepan Alfred, "The New Professionalism of Internal Warfare and Military Role Expansion," Abraham F. Lowenthl ed, Armies and Politics in Latin America (New York: Holmes & Meier Pub. Inc, 1976), p. 248.; 조영갑, 『민군관계와 국가안보』(서울: 북코리아, 2005), p. 175.에서 재인용하였음.

헌팅턴은 장교라는 직업이 '프로페셔널리즘(professionalism)'의 기준에 합치되고 있다면서 대외전(external warfare)에 초점을 맞추고 있다. 아울러 전문성에 기초한 폭력관리와 책임성에 기초한 소명의식, 단체성에 기초한 관료제적 지위에서 권위가 유래되었음을 강조하고 있다.[15] 이는 군 장교단이 전문직업 집단으로서 정상적인 기능을 수행하기 위해서는 정치적 중립을 유지하고 오로지 국가적 책임을 수행하는 데 전념하여야 한다는 의미이다.[16]

15) Huntington Samuel P. 저, 허남성·김국헌·이춘근 공역, 『군인과 국가: 민군관계의 이론과 정치』(서울: 해양전략연구소, 2011), pp. 8~20.

16) Huntington Samuel P., *The Soldier and The State: The Theory and Politics of*

스테판은 군의 직업주의적 기준들과 장교단의 정치화 현상이 증가되고 있음을 강조하고 있다.[17] 다시 말해 제도화되고 전문직업화된 군부가 좌익 공산혁명의 위협이 국가와 군부를 대상으로 시도되고 있는 가운데 불가피하게 대내전(internal warfare) 중시의 신직업주의적 정향으로 강화되고 있다는 것이다. 이러한 정향은 군부가 민간정부의 통치역량이 취약할 경우 국가안보와 경제발전을 명분으로 정치에 개입하고 집권을 지향하게 됨을 의미하고 있다.[18] 따라서 국가 및 사회의 발전 정도에 따라 대외전을 중시하는 '구직업주의'가 타당한 것인지, 대내전을 중시하는 '신직업주의'가 타당한 것인지를 구분하여 적용하는 지혜가 필요함을 느끼게 한다.[19]

군내외적으로 우수한 인재를 확보하기 위한 장교단의 충원 및 보수교육과정, 그리고 활용 등에 관한 선행연구는 다수 존재하고 있다.[20] 하지만 대다수의 내용은 일반적 의미에서의 우수자원을 획득하기 위한 홍보 및 유형별 인사관리 방법, 육군 장교단으로 유입된

Civil-Military Relations (Cambridge, Mass.: The Belknap Press of Harvard University Press, 1957), pp. 71~72.

17) Stepan Alfred, 앞의 논문, p. 47.

18) 양병기, 「韓國軍部의 職業主義와 民軍關係」, 『정치외교사논총』 제14집 (한국정치외교사학회, 1996), p. 322.

19) Stepan Alfred, 앞의 논문, p. 50.

20) 김세현(국방대학원, 1994).; 염화봉(국방대학원, 1994).; 최병순(KRIS, 2000).; 최흥섭(고려대학교, 2003).; 온만금(육군사관학교, 2005).; 최병순·문영세(국방대학교, 2006).; 김성우(한국산업응용학회, 2008).; 김혜인·현익제(한국국방연구원, 2008).; 곽상엽(경희대학교, 2013). 등.

인적자원들에 대한 인사 운영 및 관리방안, 직업군인제도의 안정적인 보장에 관한 이론적인 분석 등 외형적 접근에 치중되어 있다. 그러다 보니 실체적으로 접근해야 할 장교단 내부의 출신 간 갈등과 불신 요인에 관한 주제는 거의 찾아보기 어렵다. 선행연구 가운데는 장교 양성제도를 통합 및 발전시키는 방안, 양성교육 제도의 발전방안을 부분적으로 제시한 연구도 있다. 그러나 이마저도 출신별 양성과 복무관리 및 운영에 관한 주제는 다소 소홀하게 인식하고 있다.[21] 그러다 보니 실체에 접근하기가 어려울 뿐만 아니라 연구의 초점 자체가 흐트러지는 현상도 상당부분 식별할 수 있었다.

군의 복무관리 및 운영 측면에서 진행된 연구는 장교 인사관리의 문제점 및 개선책을 5개 항목으로 제시한 손희선(1970),[22] 군 인사제도의 혁신과제와 발전방향(최병순, 1996),[23] 육군의 장교 인사관리 제도를 중심으로 제기하고 있는 직업군인제 발전을 위한 정책 대안의 분석(최병순 · 문영세, 2006),[24] 진급에 관한 연구(온만금, 2005)[25]

---

21) 이종인 외(한국국방연구원, 1996).; 조영진 외(한국국방연구원, 1999).; 박종철 외(육군제3사관학교, 1999).; 조영진(한국국방연구원, 2003).; 김병남(국방대학교, 2008).; 박영근(동국대학교, 2008). 등

22) 손희선, "직업군인 장기활용에 관한 연구: 육군 장교를 중심으로," 『연세대학교』(1996).

23) 최병순, "군 인사제도 혁신의 과제와 방향," 「한국국방경영분석학회지」, 「한국군사운영분석학회」(1996).

24) 최병순 · 문영세, "직업군인제 발전을 위한 정책대안 분석: 육군 장교 인사관리를 중심으로," 「한국정책과학학회보」 제10권 1호, 『한국정책과학학회』(2006).

와 교육제도 및 방식에 관한 연구(이선호, 1990; 정규진, 1994; 김경복·남궁랑, 1999) 등이 진행되어 왔다. 군의 전문직업성에 관한 연구로는 권영상(1995)[26]의 직업안정화 방안 연구, 최병순(1991)이 제시한 한국군의 직업군인제 발전방향에 관한 연구, 한국국방연구원(1994)의 국방인력정책 발전방향에 관한 연구 등이 있다. 그리고 군 인력관리에 관한 연구(강보경, 1985),[27] 미래전 수행을 위한 전문인력 확보(최광표·이정표, 2005),[28] 육군의 미래 인력운영체계 발전방향(최석철·강광석·최병순·이만종, 2006),[29] 제대군인 취업역량과 적합직종 탐색(이정표, 2006)[30] 등에서는 장교단 충원 방식에 있어서의 변화가 필요하다는 내용을 제시하고 있다. 그러나 역시 출신에 따른 장교단 양성 및 충원에 관한 연구 시도 및 접근 노력은 다소 미흡하였다.

선행연구 가운데 조영진 외(한국국방연구원, 1997)의 "장교 획득 및 양성 발전 방안: 학사·학군·간부사관 중심"의 경우 장교 최소복무기간의 연장, 중기복무제도의 도입 및 법제화 추진 등은 부분적으로

25) 온만금, "한국 장교단의 진급에 관한 연구," 「한국사회학」 제39집 1호 (2005).

26) 권영상, "직업군인의 직업안정화 방안연구: 육군 장기복무장교를 중심으로" (전남대학교 행정대학원 석사학위논문, 1995).

27) 강보경, "군 인력관리에 관한 연구: 직업군인의 효율적 관리를 중심으로"(동국대학교 행정대학원 석사학위논문, 1985).

28) 최광표·이정표, "미래전 수행을 위한 전문인력 확보," 「전투발전」, 『한국전략문제연구소』(2005).

29) 최석철·강광석·최병순·이만종, "육군의 미래 인력운영체계 발전방향," 「전투발전」, 『한국전략문제연구소』(2005).

30) 이정표, "제대군인 취업역량과 적합직종 탐색," 『국방정책연구』(2006).

공감이 가는 접근 방식이다. 하지만 제도적 한계가 많은 간부사관제도의 확대, 특정 출신에 대한 우선적 지원혜택은 당연시하고 있다는 측면에서 균형잡힌 시각이 부족하였다는 측면은 다소 아쉬웠다고 할 수 있다. 특히 학군단 기능을 안보군사학과 체계로 전환한다거나, ROTC・학사과정을 일원화해야 한다는 관점은 신분별로 국민들을 대표하는 특성을 갖고 있는 ROTC 및 학사출신의 대표・역사・기능적 측면을 소홀하게 인식한 데서 출발한 결과로 볼 수 있다.

최병순(국방대학교, 2001)의 "미래 소요 국방인력 육성을 위한 국방인력관리의 혁신 과제와 방향"은 대부분 ROTC 및 학사출신으로 구성되어 있는 단기복무 임용 인원을 감소하고, 사관학교 교육체계 혁신, 사관학교의 복무기간 축소와 더 많은 우대조치 등의 혁신적인 대책을 강화해야 한다고 강조하고 있다. 그러나 이는 현재의 합리적이지 않은 인사운영 및 복무관리에 대한 해결책이 되기에는 많이 아쉬운 부분이다. 이외에도 석・박사학위를 가진 장교와 정책형 인재를 우대해야 한다고 제시하고 있다. 하지만 차등화되어 있는 양성과정 및 충원의 불균형성에 관한 심도있는 접근에는 다소 미흡하였다는 측면에서 아쉬움을 느낀다.

온만금(육군사관학교, 2005)의 "한국 장교단의 진급에 관한 연구"는 장교단의 개인적 특성과 군 전문직업교육, 근무경력이 고위계급으로 진급하는 데 어떻게 작용하는가에 목적을 두고 있지만, 실제 전개한 내용은 육사교 출신에 국한된 제한적 분석을 전개하고 있다는 점에서 아쉬운 부분이다. 결론에서 장교단의 진급과정을 규명하여 군의 인재 양성과 관리에 활용할 수 있게 한다는 측면에서 의의를 찾고 있지만, 연구의 주제를 기준으로 하지 않고 육사교 출신 내부의 진급 특성을 한정적으로 분석한 데 불과하다는 인식을 넘어설 수 없는 한계를 가지고 있다.

또한 최병순·문영세(국방대학교, 2006)의 "직업군인제 발전을 위한 정책 대안 분석: 육군 인사관리제도를 중심으로"의 경우는 장교를 일반형, 정책형, 특수형, 참모형의 네 가지 유형으로 구분하여 차별화된 인사관리를 하는 방향으로 육군의 인재유형별 인사관리제도를 발전시켜야 한다고 강조하고 있다. 그러나 출신과정에 따른 근본적인 문제의 해결과 극복 방안을 제시하는 과정에서 사회 일반의 보편주의적 가치와 눈높이에 맞는 균형된 접근 노력이 아쉬웠다.

이외에도 관점은 달리하고 있지만, 특정 시기를 중심으로 접근을 시도하는 연구들도 진행되고 있다. 군을 평생교육의 도장으로서 4개 시기로 분류한 연구와 정부 차원에서 진행한 인적자원 개발에 관한 교육정책 및 국방정책의 변천과정을 4~6개 시기로 분류하여 진행한 연구, 국방인력 및 인사관리체계에 관한 국방인력 관리조직을 중심으로 하는 6개 시기로 구분하여 진행한 연구 등도 있다.[31] 또한 민간기업과 공무원 채용에 관한 사회학적 연구들도 심도있게 진행되고 있다. 국내기업의 채용전략을 중심으로 진행한 핵심인재의 경영현황과 인적자원관리 등에 관한 연구(박인호, 2000; 차종석, 2005; 이갑두, 2011; 박성환·이준우, 2012), 공무원 조직의 채용 및 제도 개

31) 박효선, "한국군의 평생교육 변천과정에 관한 평가분석 연구"(중앙대학교 대학원 박사학위논문, 2008), pp. 58~157.; 차영구·황병무 편저, 『국방정책의 이론과 실제』(서울: 오름, 2002), pp. 67~105.; 국방군사연구소, 『국방정책 변천사(1945~1994)』(1995), pp. 2~7.; 정길호 외, 앞의 논문, pp. 31~37.

선 등에 관한 연구(김판석・권경득, 1999; 김판석・이선우・전진석, 1999; 김판석, 2002; 양현모・황성원, 2010) 등이 해당된다.

지금까지 살펴본 각종 선행연구 등을 참고하여 육군의 장교단 충원제도를 탐구한 결과, 창군 이후 다양한 제도가 도입 및 시행되어 왔다. 그러나 이 과정에서 육군이 진행한 여러 가지의 노력이 '전투력 발전 및 유지'라는 본래의 목적 달성을 위한 긍정적인 발전 및 변화와 연계되었다면, 공감대를 형성하기가 한결 쉬웠을 것이다. 매년 초급장교들을 대량으로 충원하면서도 특정 출신은 직업장교로, 이외의 다른 출신은 단기 및 대체복무 자원으로 제도화되어 있는 현실을 개선하려는 노력 등은 상당히 저조한 실정이다. 이로 인해 육군 장교단 구성원의 대다수가 조기에 사회로 이직해야 하는 현실은 직업안정성의 확립을 결정적으로 저해하고 있다. 장교단의 직업안정성이 보장되지 않는 한 전투력의 발전 및 유지라는 본래의 목적 달성과 대군신뢰를 긍정적인 방향으로 구축하기는 쉽지 않을 것이다.

이러한 현실은 장교단이 사회적 네트워크와 연계하여 자생적으로 상생할 수 있는 가능성을 무용화(無用化)시켜 버렸다. 육군 내부적으로도 장교단의 공정한 자유경쟁체계를 확립하여야 전문직업집단으로 인정받을 수 있다는 데 공감하면서도 추진 노력은 미온적이다. 더욱이 군의 정치적 공과에 대한 역사적 평가가 진행 중이기 때문에 새로운 관점으로 변화시키려는 일부의 시도 노력이 지난(至難)할 수 밖에 없음을 부정하기 어렵다. 또한 군사자료에 대한 접근의 제한성, 군 자료의 외부 공개가 제한되는 현실적인 환경도 무시할 수 없다. 기득권계층이 주도하고 있는 사회・정치적 환경, 고착된 군사학의 연구방법론(interdisciplinary), 민간연구가들이 접근이 어려운 군사학

연구에 관한 기피성도 상존하고 있으며, 경직되어 있는 군에 대한 이질감 또한 상당부분 존재하고 있다.

군의 기간인 장교단의 구성은 국민들의 대표성을 기준으로 할 때 보편주의적 정서 및 가치 기준, 공공의 신뢰에 기반을 두어야 함이 당연하다. 그리고 국가안보의 개념과 목적을 올바른 방향으로 실천하기 위해서는 군이 독립된 특별하게 예우받아야 하는 성역(聖域)이 아니라 사회를 형성하고 있는 많은 하위체계 중의 한 부문을 군이 담당하고 있음을 직시(直視)해야 한다. 즉, 경제, 문화, 종교 등의 모든 영역을 포함하는 사회와 정치, 그리고 학문이 상호 작용하는 틀 속에서 군의 역할에 충실할 때 비로소 국가안보를 위한 전문직업집단으로서의 역할도 충실하게 수행해 나갈 수 있을 것이다. 파당적 이익이나 편향된 의지로 연결된다면, 장교단이 정상적인 집단으로 기능할 수 없음은 자명한 사실이다. 군의 발전 형태 및 모습은 배타적인 집단주의에서 나오는 편향된 시각이 아닌 모든 사회 구성원의 보편주의적 정서 및 가치 기준에 기반해야 한다는 당위성을 인식하여야 한다.

제4절 분석의 틀

이 책은 육군 장교단이 본래의 존재 가치와 역할에 전념하기 위해서는 출신 간 갈등과 불신을 해소시키는 노력이 필요하고 직업안정성을 강화시켜야 한다는 데 초점을 맞추고 있다. 이를 통해 육군의 장교단 충원제도에 대한 군내외의 긍정적이지 못한 인식을 변화 및 개선시킬 수 있다면, 직업안정성을 강화시키는 성과도 가능할 것으로 판단하고 있다. 변화가 시작될 수 있다면, 장교단이 진정한 전문직업집단으로 거듭나고 국민들의 재신뢰 회복 또한 충분히 가능할 것으로 본다.

제시한 목적을 달성하기 위해 육군 장교단의 단체성(corporateness), 책임성(responsibility)에 관한 탐구를 통해 기본적인 필요충분조건이 충족될 수 있는지, 인식의 전환이 가능한지를 필수적으로 탐구하여야 한다. 특히 단체성의 하위변수는 동질성(homogeneity)과 형평성(equity)으로 재구분하여 진행하고자 한다. 하지만 이러한 노력에도 불구하고 관성은 육군의 장교단 충원제도를 긍정적으로 전환시키려는 시점을 더디어지게 하겠지만, 그 원인은 식별할 수 있을 것이다. 또한 직업안정성 강화를 위해 준비해야 할 단계와 시행조건 등에 대한 식별도 충분히 가능할 것으로 판단하였다. 이를 위해 다음과 같은 세 가지 항목을 가설로 설정하였다.

가설#1. 장교단의 '동질성'이 확대될수록 직업안정성은 강화될 것이다.
가설#2. 장교단의 '책임성'이 높아질수록 직업안정성은 강화될 것이다.
가설#3. 복무관리의 '형평성'이 확보될수록 직업안정성은 강화될 것이다.

논리적 검증을 위해 설정한 독립변수는 세 가지로서 먼저 단체성의 하위변수인 '동질성'을 결정적 변수로 하고 '책임성'과 '형평성'을 매개변수로 설정하였다. 그리고 종속변수는 '직업안정성'으로 설정하였다. 이는 한국 육군의 장교단 충원제도가 역사적으로 변천되어 오는 과정에서 직업안정성이 독립변수로부터 어떠한 영향을 받게 되었고, 어떠한 정향으로 변화되어야 할 것인지를 탐구하기 위해 필요하기 때문이다. 그러나 독립변수에 의한 분석결과가 아무리 장교단 충원제도의 변화를 요구하게 되더라도 심각하거나 절박한 위기에 직면하지 않는 한, 기존의 제도와 방식이 다른 형태(type)로 변화되기는 결코 쉽지 않을 것이다. 따라서 충원제도의 개방적 변화를 유도하기 위해 외국군의 사례를 활용하여 직업안정성 수준을 탐구하였다.

여기에서 결정적 변수로 설정한 '동질성'은 '보편주의적 정서 및 가치'를 의미하며, 이는 동료의식, 출신 간 신뢰, 제도의 공공성과 공개성으로 조작적인 정의를 하고자 한다. 매개변수인 '책임성'은 '소명의식과 직업윤리'를 의미하며, 이는 애국심과 충성심으로 조작적인 정의를 하고자 한다. '형평성'은 '복무관리의 균형성'을 의미하며, 이는 능력을 중시하는 군 조직의 풍토와 상위 직책 및 계급 구성비율의 균형, 보직 및 상위계급 진출의 균등한 기회 부여를 의미하고 있음을 조작적으로 정의하고자 한다. 필자는 충원제도의 변천에 내재되어 있는 의미, 맥락, 상황에 관한 해석을 시도하기 위해 [그림 1-1]과 같이 분석의 틀을 도식화하였다.

[그림 1-1] 분석의 틀

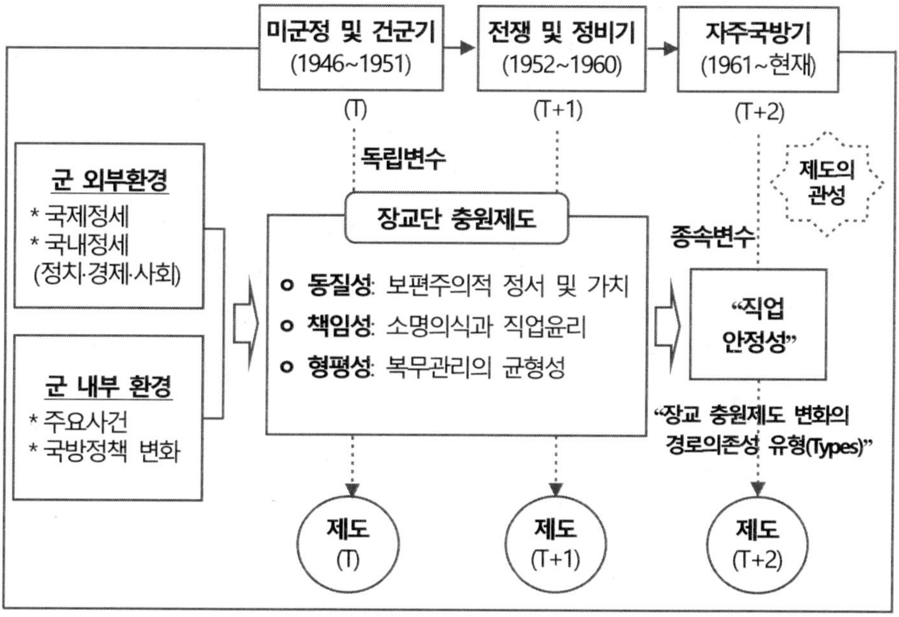

미군정 및 건군기 (1946~1951) (T) → **전쟁 및 정비기** (1952~1960) (T+1) → **자주국방기** (1961~현재) (T+2)

군 외부환경
* 국제정세
* 국내정세
(정치·경제·사회)

군 내부 환경
* 주요사건
* 국방정책 변화

독립변수

장교단 충원제도
- **동질성**: 보편주의적 정서 및 가치
- **책임성**: 소명의식과 직업윤리
- **형평성**: 복무관리의 균형성

종속변수

"직업 안정성"

제도의 관성

"장교 충원제도 변화의 경로의존성 유형(Types)"

제도 (T)
제도 (T+1)
제도 (T+2)

제 2 장

군의 직업안정성에 관한 이론적 검토

제1절 직업군인제도의 일반적 특징

1. 일반직업과 전문직업의 개념 및 특징

일반직업(Occupation)은 「어떠한 일에 종사하는 사람들에 대한 생계 마련과 사회적 신분을 정해주는 비교적 지속적인 활동모형으로 개인이 생업으로 종사하려는 생활무대의 선택」이라는 의미를 가지고 있다.[1)]

직업은 분업과 교환경제가 발달한 사회에서 생업이라는 측면과 사회참여를 위해 필요한 행위라는 역할 및 지위의 측면을 가지고 있다. 이는 개인이 직업에 종사함으로써 사회적 생산에 참여하게 되고

---

1) *Occupation*, Eenyclopedia of Social Sciences (N.Y: Macmillian Co, Publishers, 1944), p. 424.

이에 따르는 일정한 보상을 획득하여 자신 및 가족의 생계를 유지한다는 의미이다. 이러한 직업은 다양하게 분화된 사회에서 개인과 사회를 연결해주고 있으며, 두 가지의 특성을 가지고 있다. 첫째, 사회적 측면에서 사람들로 하여금 직업에 걸맞은 특정한 사회적 위치와 직책을 부여받게 하며, 역할을 수행하는 정도에 따라 전체 사회의 존속과 발전에 기여하게 된다. 둘째, 생계유지라는 경제적 측면에서 직업 활동을 통해 일정한 수입을 획득하거나 보수를 받게 된다. 이렇듯 직업은 특정한 형태로 고정되는 것이 아니라 시대의 변천과 환경에 따라 점차 다종・다변화되고 있다.

전문직업(profession)[2]은 전문적인 기술과 특별한 재능을 필요로 하면서도 비영리적이며 봉사적 성격을 가지고 있다. 파운드(Pound R.)는 전문직업을 「공공봉사의 정신을 갖고 있으면서 공동체적인 소명의식으로 완숙한 기능을 추구하는 사람들의 집단」으로, 박종연(1992)은 「일반 직업들에 비해 상대적으로 이론적이고 체계적인 지식 및 기술을 갖추고 있으면서, 독특한 직업조직, 직업윤리, 직업문화를 형성하고 있을 뿐만 아니라 사회에 대한 봉사지향적인 직업으로, 일반 직업들에 비해 고도의 직업적 자율성을 사회적으로 보장받고 있는 직업」이라고 주장하고 있다.[3] 이러한 주장의 의미는 사회

2) 금창호 외, "지방공무원 전문성 제고방안," 한국지방행정연구원 연구보고서, (2005), p. 8.; 최병대, "공무원의 전문성확보 방안: 서울시 도시계획분야를 중심으로," 『한국정치학회보』 15(3) (2012), pp. 125~143.

3) 박종연, "한국 의사의 전문직업성 추이에 관한 연구"(연세대학교 박사학위논문, 1992), p. 21.; 최광표 외, "학군장교(ROTC) 종합발전 계획서 작성 연구: 우수자원 확보・육성・관리를 중심으로," 『한국국방연구원』(2012), p. 79.에서

적 의무 규정을 준수하면서 인간의 보건, 교육, 사회정의 구현 등과 같은 사회적 기능 가운데 사회적 봉사업무에 필수적으로 종사하는 사람들을 전문직업인으로 함축하고 있는 것이다. 전문직업의 특성은 두 가지 관점으로 정리할 수 있다. 첫째, 그 직업이 역사적으로 볼 때 의사나 법률가, 또는 성직자처럼 하나의 특별한 소명의식을 가지고 있는지 여부이다. 둘째, 그 직업이 전문직업의 일반적인 요구조건을 충족시키고 있느냐에 따라 판단하는 경우이다.[4)]

브라우와 스콧(Blau & Schott, 1962)은 전문직업적 특성을 여섯 가지로 구분하고 있다.

첫째, 전문적 결정과 행동은 보편주의적 가치에 의해 지배되어야 하며, 객관적 기준을 기초로 행동하게 되어 있다. 이는 전문화된 지식을 통해 형성되며, 특정한 경우에도 적용될 수 있는 실천적 측면을 포함하고 있다. 따라서 전문지식과 기술을 습득하기 위해서는 일정기간 동안 훈련을 통해 숙달하는 과정이 필요하다.

둘째, 직업적 전문성의 세분화로서 엄격하게 제한된 영역에서 자격을 인정받는 특수화된 전문가를 의미하고 있다. 그러나 해당 분야 외에는 권위를 전혀 인정받지 못하게 된다.

셋째, 고객과의 관점에서 감정적인 중립성을 지킨다. 중립성은 고객에 이용당하는 것을 방지하지만, 전문가로서 감정에 치우치는 현상도 동시에 방지해주는 역할을 한다.

넷째, 신분은 개인의 노력에 의해 달성될 수 있지만, 성공과 실패

재인용.

4) 조영갑(2005), 앞의 책, p. 151.

여부는 자신이 속한 전문집단이 규정하고 있는 원칙과 기준 속에서 성과의 달성 여부를 판가름한다.

다섯째, 일반직업과 동일하게 개인의 이익을 추구하는 데 우선적인 목표를 두어서는 안된다. 자신의 이익에 기초하여 활동하게 될 경우 동료집단이나 공공사회로부터 비난과 제재를 받게 되기 때문에 장기적 측면에서는 오히려 개인 이익에 지장을 초래할 수 있다. 즉, 고객의 이익을 위해 최선을 다하는 것이 자신의 이익을 극대화시킬 수 있다는 의미를 내포하고 있다.

여섯째, 자발적으로 단체를 구성하여 스스로 통제를 추구하게 된다. 전문적인 통제는 장기간에 걸친 훈련의 결과로 습득한 전문지식과 기술, 그리고 직업윤리를 체득하는 것으로부터 비롯된다. 따라서 전문직업으로서의 위상과 개인적 이해관계 등이 복합적으로 작용하여 동료 상호 간 자연스럽게 감시와 통제를 하게 되는 것이다.

통상적으로 직업은 일반직업과 전문직업으로 구분짓고 있다. 그린(Green Richard T.)과 켈러(Keller Lawrence F.), 웜슬레이(Wamsley Gary L., 1993)는 전문직은 장기간의 공식훈련 과정을 통해 습득한 과학과 기술분야의 전문적 지식(expertise)을 의미하고 있음을 주장하고 있다.[5)]

그러나 이 가운데 일반적 의미의 전문직업과 직업군인 장교단이 갖고 있는 전문직업에는 차이가 있다. 직업군인 장교단은 고도로 전문화된 특성을 갖고 있는 기능집단의 특수한 형태로서 국가에 독점

---

5) Green, Rechard T., Keller Lawrence F., and Wamsley Gary L., (1993). "Reconstituting a Profession for American Public Administration," *Public Administration Review*, 53(6), pp. 516~524.

된 상태에서 국가에 대한 직접적인 서비스를 제공하고 있기 때문이다. 따라서 국가권력으로부터 자율성을 보장받고 있는 일반 전문직업의 의미와는 다르다. 파이너(Finer)는 직업군인 장교단이 사회의 일반 조직과는 다르게 물리적이고 강력한 폐쇄적 집단 조직체를 형성하고 있으며, 국가의 안전보장을 위해 헌신하고 있음을 강조하고 있다. 이는 고도로 감정화되어 있는 상징적 지위를 갖춘 조직체로서 특성 상 강한 복종심과 연대(連帶) 책임을 감수하고 있기 때문으로 볼 수 있다.

2. 전문직업군인의 특성 및 구비 요건

직업군인은 "군을 평생 직업으로 선택한 장교 및 부사관"을 지칭하는 용어로서 일반적으로는 장기복무자로 선발되어 10년 이상 군 복무를 하고 있는 장교 및 부사관을 의미한다. 헌팅턴(Huntington Samuel P., 1957)은 장교는 「장기적인 교육과 경험을 통해 습득되는 전문성, 사적 이익보다는 공적 이익을 위해 일하는 사회적 책임성, 동일 직업인들과의 일체감으로 결속된 단체성」으로 규정하고 '폭력관리 전문직업인'으로 정의하고 있다.[6] 그리고 장교라는 전문직업이 '전문직업주의(professionalism)'의 기본적인 기준에 합치한다고 주장하고 있다.[7] 라스웰(Lasswell Harold D.)은 직업군인의 기능은 사회적인

6) Huntington Samuel P., 앞의 책, p. 7.

7) Huntington Samuel P. 저, 허남성 · 김국헌 · 이춘근 공역, 앞의 책, p. 12.

문제를 해결하는 데 있어서 폭력을 체계적으로 관리하고 사용하는 것으로 '폭력의 관리(management of violence)라고 주장하고 있다.[8]

자노위츠(Janowitz Morris, 1971)는 군사전문가 또는 직업군인을 「군대가 자신의 생애를 마칠 수 있는 보람된 장소라고 생각하는 사람 또는 군조직의 단일 권위체계 속에 자신의 생활 기회를 규제받고자 직업으로 선택한 사람」으로 설명하고 있다.[9] 레이온스(Lyons, 1959)는 「장교는 상하를 불문하고 해당 특기분야의 지식을 포함하여 일반지식도 풍부하게 구비해야 할 필요가 있다. 장교는 민주체제 하에서 군의 역할에 대한 충분한 인식과 군내외의 정치·경제·사회 발전에 대해 민감해야 한다. 또 군 운영 전반에 관여하는 관리자로서 집행 능력이 있어야 하며, 분석 기술과 높은 판단력을 가져야 한다.」라고 장교로서 기본적으로 갖추어야 할 구비요건을 강조하고 있다.[10]

이를 정리해 보면, 직업군인 장교란 "군사부문의 제반 문제를 해결하기 위해 차원 높은 고유의 전문지식과 기술을 습득하여 창의적으로 적용할 수 있는 능력을 구비하여야 하고, 국가에 대한 소명의식과 책임감 등이 우수하다고 인정받아 선발된 군인"을 의미하고 있다.

하지만 장교단이 보유하고 있는 전문성은 장기간에 걸친 교육과 경험의 축적을 통해서만 달성될 수 있기에 일반사회의 전문성과는

---

8) Lasswell Harold D., *The Analysis of Political Behavior* (1947), p.152.

9) Morris Janowitz, *The Professional Soldier* (New York: The Free Press, 1971), p. 125.

10) Lyons G. M., *Education and Military Leadership* (Prinston: Prinston Univ. Press, 1959), p. 11.

명확하게 구분되어야 한다. 직업군인 장교는 집약된 고도의 전문기술과 전문화되어 가는 현대의 무기체계, 전략·전술을 선도적으로 체득하고 운용하는 주체로서 개인의 자질과 소양, 그리고 소명의식을 모두 갖추어져 있을 때 가능한 전문직업이기 때문이다. 이를 통해 일반직업인과 전문직업인을 구분할 수 있고, 동종(同種)의 전문직업인들 간에도 상대적으로 실력을 측정할 수 있는 객관적 토대가 마련되었다고 볼 수 있다.[11)]

장교단은 군사안보 분야의 전문가로서 군 전투력의 발전과 유지를 위해 폭력을 관리하며, 전문직업적 가치를 구현하고 전문지식을 계발해야 하는 책무를 지니고 있다. 다만 공무원 신분이지만, 공리적 신분 아님을 인식할 필요가 있다. 장교단은 일반 공무원과는 다르게 전쟁을 전제로 하여 존재하는 집단으로서 유사시 생명을 바쳐야 하는 숭고한 소명의식과 희생정신을 기본 덕목으로 하기 때문이다. 또한 무기 및 화약류 등으로 개인이나 집단에 치명적 위해를 가할 수 있는 폭력을 관리하는 '특정직공무원'이기에 그 어느 집단보다도 전문기술성과 직업윤리성이 요구될 수밖에 없다.[12)] 이와 동시에 장교단은 사적 이익을 중시하는 일반직업인으로서의 특성도 갖고 있는 특수한 전문직업인이기도 하다. 헌팅턴은 이러한 특정한 신분의 장교가 사회적 책임성(responsibility)과 단체성(corporateness), 전문성(expertise)이라는 세 가지 요건을 구비해야 함을 강조하고 있다.[13)]

11) 육군사관학교 화랑대연구소, "한국군 위상 정립에 관한 연구," 『육군사관학교』(1990), pp. 5~10.

12) 국가공무원법 제2조 ②항 2.에서 군인은 '특정직공무원'으로 분류되고 있다.

첫째, 장교단의 전문지식과 기술은 높은 '사회적 책임성'을 구비하여야 한다. 이를 통해 단순하게 지적 기술만을 소유한 일반 사회의 전문특기자와 전문직업인을 구별하고 있다. 그러나 장교단의 전문지식과 기술이 특정 이익집단의 전문직 종사자가 제공하는 서비스와 직접적인 이해관계가 있게 되면, 사회적 책임성을 동반한 봉사활동으로 규정짓기 어렵다. 왜냐하면, 장교단의 전문지식과 기술이 개인 및 특정집단의 이익을 위해 사용될 경우, 국가 전체의 파멸로 이어질 가능성이 높아지기 때문이다.

사람들의 생명과 밀접하게 연관되어 있는 전문 의술의 경우 사회에 대한 책임을 전제로 이루어지는 것과 마찬가지로 폭력관리는 막중한 사회적 책임을 요구하고 있는 것이다. 분명하게 인식해야할 사실은 의사의 기술적 실수는 소수의 생명을 앗아가는 데 불과하지만, 장교의 기술적 실수는 수많은 생명을 잃게 만들 가능성이 농후해진다는 점이다. 따라서 장교단이 전담하고 있는 폭력관리는 반드시 사회적 동의가 전제되어야 하고, 이와 동시에 합목적성에 부합되는 범위 내에서만 사용되어져야 한다.

장교단은 국가의 존속과 발전에 직접적으로 기능하는 역할을 하고 있기 때문에 사회의 요구에 따라 헌신 봉사해야할 책임과 직업윤리 또한 필요하다. 일반 전문직업은 국가에서 간접적인 통제를 통해 책임을 묻는 것이 일반적이지만, 군의 전문지식과 기술은 국가가 직접 통제하고 있다. 이러한 직간접적인 통제 방식은 사회적 책임성 수준에 비추어 볼 때, 직업군인 장교라는 전문직업은 사적 이익을

13) 박두복·김영로 공역, 『군과 국가』(서울: 탐구당, 1990), p. 25.

일차적인 목적으로 선택해서는 안됨을 의미한다.

다시 말해 장교는 전문적 지식과 기술을 갖추고 사회적 책임감을 통감해야 할 만큼 도덕적이어야 하며, 국가가 요구하는 사항은 어떠한 상황 하에서도 우선적으로 처리할 수 있는 의지와 심적 자세(military mind)를 갖추어야 한다. 이를 갖추기 위해서는 투철한 책임감도 중요하지만 개개인의 인적 구성요소도 무시할 수 없다.

직업군인 장교단은 체계적인 교육과 전문지식을 갖추고 고도로 전문화되어 있는 기능적 집단이므로 헌신과 봉사를 요구할 수 있는 구조화된 공동체로 구성되어져야 한다. 그리고 어떠한 상황에서도 생계유지를 포함하여 자아를 실현하는 목표가 달성될 수 있도록 안정적인 환경 조성에 노력하여야 한다.

둘째, 군은 국가 관료조직의 일부로서 '단체성'을 구비하여야 한다. 현대국가는 국가의 안전을 보장받기 위해 직업군인제도를 만들고 장교단은 독자(獨自)·폐쇄적 성격의 단체로 규정시켰다. 이는 전문직업으로서의 권위를 유지하고, 종사자가 직업윤리를 일탈하는 행위를 자율적으로 규제해야 함을 전제하고 있다. 이를 위해 전문지식을 습득하는 데 소요되는 장기간의 훈련과 체득과정, 유대감, 자신들이 느끼게 되는 고유한 사회적 책임감 등이 엄격한 기준으로 정립되어야 한다. 직업윤리를 고양시키는 수단적 역할을 해야 하기 때문이다. 이를 무시하고 군내 파벌을 조장하거나 별도의 특정 이익단체를 형성하게 될 경우 장교단이 전문직업으로 정착되는 데 심대한 장애요인으로 작용하게 될 것임은 자명하다. 또한 직업윤리 측면에서도 상당히 부정적인 영향을 초래케 할 수 있다.

장교단은 소정의 교육과 훈련을 받은 자에게만 허용되기에 관료체제로 형성되어 있고, 폐쇄적이고 획일적인 특성은 긍정적이지 못한 측면으로 변질될 가능성이 내재되어 있음을 부정할 수 없다. 또한 일반 전문직 종사자들과는 달리 생활의 대부분을 직무 범위에서 벗어나기 어렵다. 직업적 접촉이나 사교적 접촉을 불문하고 직업과 관련이 없는 사람들과 접촉하는 비율이 상대적으로 낮다는 의미이다. 예를 들면, 제복과 외형적으로 부착되어 있는 계급장부터 일반 조직의 종사자들과 구분된다. 따라서 사적 이익보다 국가 이익을 우선시할 수 있는 고유의 전문능력을 포함하여 인문학적 소양을 갖출 때 비로소 장교단으로서의 기본 자격을 갖추었다고 볼 수 있다.

셋째, 장교단은 '전문성'을 구비하여야 한다. 외형적으로 볼 때 장교단은 전문직업이 아니라 다양한 전문특기자들로 구성되어 있는 것으로 이해될 수 있다. 연구자들 사이에서는 장교단이 여러 전문특기자들의 집합체에 불과하며, 하나의 전문직업으로 인정할 수 있는 고유의 전문지식과 기술은 존재하지 않는다는 주장이 존재하고 있다. 하지만 내면을 들여다 볼 경우 장교단이 고유한 전문기술로 무장되어 있고, 시기와 장소에 구애받지 않고 적용할 수 있는 보편적 측면이 존재하고 있다. 장교단의 경우 미래까지 예측할 수 있도록 정밀하게 구성되어 있으나, 일반상식으로 접근하기는 한계가 있다. 장교단이 민간기술자 집단과는 달리 폭력행사를 주된 임무로 하는 군대를 지휘·관리하고, 교육 및 훈련하며 통제하는 일체의 행위를 포함하는 고유한 전문영역과 기술이 존재하고 있기 때문이다. 특히 내부적으로도 지상에서의 폭력, 해상에서의 폭력, 공중에서의 폭력 등으로 다시 세분화되어 있다. 또한 폭력이 사용되는 상황 및 형태에 따라 그 하위의 전문분야, 즉, 각 군별, 제대별, 병과별, 직능별,

부서별, 직책별 등으로 다시 세분화되어 있다. 이에 근거하여 국가안보와 관련된 폭력의 적용을 지휘·통제·감독·관리하는 전문가를 '군사전문가'로 지칭하고 있는 것이다.

그러나 본질적 의미에서 군조직의 폭력관리 기능에 종사하지 않는 사람들은 전문직업군 내에 포함은 되지만, 전문직업군인으로 분류하기는 쉽지 않다. 예를 들어 일반 사회의 경우 의사는 전문직업인으로 분류하지만, 군의관의 경우는 전문직업인으로 분류하기 어렵다. 군조직의 존재 목적이자 역할인 폭력관리에 직접적으로 종사하지 않고 의무지원이라는 제한된 보조 기능 임무를 수행하고 있기 때문이다. 군은 전반적으로 이러한 측면을 고려하여 직업군인의 전문역량을 평가하는 기준으로 활용하기도 한다. 장교단의 경우 지휘할 수 있는 폭력의 조직체가 크고 복잡할수록, 또 폭력을 적용할 수 있는 여건과 상황이 다양할수록 전문직업적 능력과 수준이 높은 비중을 차지하도록 설계되어 있다.

이처럼 세 가지 요건의 구비 여부에 따라 사회 일반의 전문직업인과 직업군인 장교를 구분짓고 있으나, 가장 큰 차별성은 군사전문성, 즉 군인만이 가지는 기능적 지식과 전문기술을 습득했는지 여부에 두고 있다. 따라서 군사전문성의 확립은 군 전문직업주의를 정립하는 데 있어서 가장 기초적인 분야라고 할 수 있다.[14] 육군은 직업군인을 "병역의무의 이행, 또는 군에서의 경력을 사회 진출에 활용하려는 의도로 복무하는 의무복무기간 6년 이하의 의무 또는 중기복무

14) 화랑대연구소, "사회의 민주화 과정에 있어서 한국군의 위상 정립에 관한 연구," 『육군사관학교 연구보고서』(1990), pp. 5~10.

자를 제외한 현역인력"으로 정의하고 있다.[15] 장교의 경우 육사교와 3사교 출신 장교, 기타출신으로 소령 이상의 장교, 그리고 근속연수가 7년 이상의 복무자들이 이에 해당된다. 이들은 군의 근간을 형성하고 있는 존재로서 군사부문에 관한 풍부한 경험과 전문지식을 보유한 안보 수호 집단의 구성원이자 전문직업군인이다.

3. 직업군인제도의 역사적 태동 및 발전 과정

일반적으로 전쟁은 서로 다른 정치집단이나 주권국가 간에 야기된 정치적 갈등을 군사적 대결로 해결하는 행위를 의미한다. 직업군대의 기원은 인류가 집단을 형성하여 살게 된 그리스시대부터 시작되었다고 할 수 있지만, 그 이전부터 군대는 존재하였고 각종 형태로 진화되어 왔다.[16] 각 국가의 특성 및 여건에 따라 징병제도와 직업군인제도가 동시 또는 순차적으로 도입된 것은 군사적 안전보장 수준에 따른 필연적인 대응조치였다.[17] 직업군인제도는 14세기에 국가가 통합되는 과정에서 시작되었으며, 18세기 산업혁명에 끼친 영향과도 밀접하게 연관되어 있다. 주지하고 있는 바와 같이 18세기

---

15) 오경조 · 김종탁, "신한국의 직업군인제도," 한국국방연구원 국방정책연구 학술논문, (1987), p. 221.

16) 구영모, 『인간과 전쟁: 국제정치이론의 체계』(서울: 법문사, 1994), p. 125.; Quincy Wright, *A Study of War,* 2nd ed.(Chicago: University of Chicago Press, 1965), p. 8.

17) Huntington Samuel P. 저, 허남성 · 김국헌 · 이춘근 공역, 앞의 책, p. 47.

이전까지는 귀족계급 출신의 아마추어 및 용병장교들이 군대를 지휘하였지만, 현대적 의미에서의 전문직업집단은 아니었다. 국가 경제적 측면에서 살펴보더라도 산업혁명을 통해 민간직업의 전문화가 먼저 이루어져 있는 상태였으며, 전쟁기술이 뒤늦게 발전되기 시작하였다. 근대 국가로 발전되면서 아마추어 군대로는 국가적 임무를 수행하기가 제한되다 보니 전문직업군대의 필요성이 부각되기 시작하였다.[18] 이러한 환경은 전문직업군인 장교단의 필요성을 점차 구체적으로 제기하게 만들었다. 다만, 전문직업 장교단이 발전되는 과정에서 충원제도의 변천 과정은 관점에 따라 다소 다르게 구분짓고 있다.[19] 본 연구에서는 조영갑(2005)의 4개 시대를 기본으로 하여 구분함이 연구의 성격에 부합될 것으로 판단하여 이를 토대로 역사·직업적 관점에서 탐구하고자 한다.

1) 용병군대(mercenary armed forces)

직업군인제도는 17세기 프러시아에서 처음 시작되었다.[20] 이후

---

18) 이동희,『한국군사제도론』(서울: 일조각, 1982), pp. 28~30.

19) 케스텔언(Georges Castellan)은 전쟁을 전문적으로 수행하는 군대조직의 발전에 초점을 맞춰, ① 고대의 군대, ② 중세의 군대, ③ 군주제의 군대, ④ 국민군대, ⑤ 직업군대로 구분하였고, 바그츠(Arfred Vagts)는 상비군의 발전단계에 따라 ① 상비적 용병군, ② 상비적 왕군, ③ 상비적 국민군으로 구분짓고 있으며, 조영갑은 군대의 발전과정을 직업으로서의 군대로 구분하기 위해 ① 용병군대, ② 상비군대, ③ 국민군대, ④ 현대 직업군대로 구분하였다. 조영갑(2005), 앞의 책, pp. 126~150.

국왕의 정치·경제적 권력이 강화되면서 민중과의 이익 격차도 점차 벌어지게 되었다. 이로 인해 스위스 농민과 도시의 일부 시민들은 민병군을 조직하여 기사단에 대항하거나 반란을 시도하게 되었고, 이를 진압하는 과정에서 용병군대도 자연스럽게 발전되기 시작하였다. 용병군대는 봉건제도가 붕괴된 이후 17세기 후반까지 유지되었던 지배적인 형태로 백년전쟁(1337~1453)의 중심 집단인 용병단이 그 기반이 되었다.[21]

그러나 책임성, 단체성, 전문성의 기초가 되는 희생정신과 충성심, 그리고 규율과 같은 공통적인 직업윤리는 존재하지 않았다. 용병들은 전쟁이 시작되는 봄에 고용되어 겨울로 접어들거나, 평온할 때는 운용되지 않았다. 이들은 전쟁 시에도 가능한 상대집단에 결정적인 피해가 나오지 않도록 회피하면서 극소수의 전상자만 발생시키는 방향으로 전투를 진행하였으며, 무승부 상태가 유지되는 가운데 자신들의 이익을 추구하기에 급급하였다. 르네상스시대의 마키아벨리(Machiavelli Niccolò, 1469~1537)는 이러한 용병군대의 부정적인 현상을 지적하면서 「전쟁에서 사망자는 소수이고, 돈을 많이 받는 측이 승리하며, 전투에 토너먼트 정신이 존재하고 있고, 새로운 전술의 창조보다 쇼맨십을 더욱 강조하는 면이 있으므로 용병군을 국민군으로 편성하여 새로운 전술을 개발해야 한다.」고 주장하였음을 되새겨 볼 필요가 있다.

용병군대의 장교와 전사(戰士)제도는 봉건제도가 붕괴된 이래 군

---

20) Huntington Samuel P. 저, 허남성·김국헌·이춘근 공역, 앞의 책, p. 40.

21) Huntington Samuel P. 저, 허남성·김국헌·이춘근 공역, 앞의 책, p. 25.

사조직의 지배적인 유형이었다. 이들은 중세기 말경부터 16세기 중반까지 이태리에서 중소도시 국가들이 고용했던 용병군대인 "콘도티에리(Condottiere)"를 최초의 형태로 하여 계속 발달되었다. 현대에 존재하는 바티칸(Vatican)공화국의 스위스인 의장대, 프랑스의 용병군대, 영국의 용병군대는 바로 이 중세기적 자유보병중대인이었던 용병의 역사와 그 궤(軌)를 같이 하고 있다.[22] 그러나 백년전쟁(1337~1453)[23]과 30년전쟁(1618~1648)[24]이 종료되면서 용병군대는 상비군대의 형태로 서서히 변화되기 시작하였다.

2) **상비군대**(standing army forces)

유럽의 군주들은 영구적으로 영토를 보호하고 지배권을 확보하기 위해서는 다른 형태의 군대가 필요함을 절감하게 되었다. 이를 위해 아마추어 귀족출신을 장교로 임명하는 '귀족장교제도'가 만들어졌다. 중상주의 정책을 통해 획득한 부를 기초로 한 이 제도는 이후 직업장교제도가 서구사회의 지배적인 조류로 정착되기 이전까지 유지되었다.[25] 유럽 각 지역을 출신지로 하는 초기의 용병군대는 충성

22) 조영갑(2005), 앞의 책, pp. 127~130.

23) 1337년부터 1453년까지 프랑스 영내에 있는 영국 영토를 회복한다는 명분으로 영국이 프랑스를 전역(戰域)으로 하여 113년 동안 간헐적으로 계속 진행된 전쟁을 의미한다. 온만금, 『군대와 사회』(서울: 황금알, 2014), p. 24.

24) 1618년부터 1648년까지 30년 동안 독일 내 기독교도와 가톨릭교도 간에 진행된 종교전쟁으로 전쟁 후반기로 갈수록 스웨덴, 덴마크, 프랑스, 스페인 등 외국이 참여하면서 국제화된 전쟁을 의미한다. 온만금, 앞의 책, p. 28.

심, 책임감, 규율성, 동질성이 희박하였던 반면에 상비군대의 경우는 자국민만으로 구성됨으로써 직업윤리 수준은 이전에 비해 다소 향상되었다. 특히 국왕은 능력에 상관없이 자신의 의사에 복종하는 귀족출신 자제들을 상비군 장교로 선발하였고, 병사들은 지원 입대시켜 최소 8년에서 최장 12년까지 복무하도록 규정하였다.[26)]

최초의 상비군대는 1445년 프랑스의 찰스 7세(Charles VII, 1403~1461)가 만든 상비군 중대이다. 이들은 14세기 이태리 용병인 콘도티에리(Condottiere), 스위스와 영국의 용병이었던 자유용병중대를 본떠 조직되었다. 이들 중 창병(槍兵)으로 조직된 스코틀랜드의 근위대, 독일의 보병과 기병은 정예부대로 손꼽혔다. 이들은 16세기 말 스페인, 프랑스, 네덜란드 등에서 조직되기 시작하였으며, 17세기에 들어서면서 스웨덴, 영국, 프러시아 등에서도 새로이 조직하였다. 프랑스는 루이 13세(Louis le Juste XIII, 1601~1643) 때 리슐리외 총리의 주도로 상비군에 대한 제도 개혁이 시작되었다. 그는 1628년에 자국민으로 구성된 30,000명을 12개 연대로 창설하고 평시에도 해체되지 않도록 하였으며, 필요시 중대 내에서 병사의 숫자만을 조정토록 함으로써 군 지휘체계를 확립하였다. 특기할만한 점은 루이 14세(Louis le Juste XIV, 1638~1715) 이후의 정규군은 혁명이 일어날 때까지 지원제로 유지되었다는 것이다.[27)]

초기의 상비군대는 상비 용병대장의 지휘를 받는 상비 용병부대로

---

25) Huntington Samuel P. 저, 허남성 · 김국헌 · 이춘근 공역, 앞의 책, p. 26.

26) Huntington Samuel P. 저, 허남성 · 김국헌 · 이춘근 공역, 앞의 책, pp. 25~27.

27) 온만금, 앞의 책, p. 32.

서 부패와 무질서, 불규칙하게 지급되는 급료에 대한 불만, 거칠고 힘든 훈련, 수시로 바뀌는 규율 등이 점차 문제로 불거지게 되었다.[28)] 그러나 1800년 이전까지 장교단은 재산 및 가문에 의한 정치적인 영향력의 정도 등에 따라 장교로 임용되고, 진급까지 가능한 환경이었다. 그러다 보니 출신성분과 매수액에 따라 계급이 매매되는 등의 폐단으로 인해 12~15세의 소년들이 연대 지휘관이 되는 경우도 발생하였다. 루이 14세(Louis XIV, 1643~1715)는 상비군대의 규모를 158,000명으로 증대시키고 국왕 직속으로 만들었다.

이후 1762년 용병적 성격을 완전히 배제한 정규 상비군대는 제도화되어 절대왕정의 권력 기반을 공고히 하는 데 기여하였다. 군대의 규모는 화폐 공급이 가능한 범위까지 증가되었고, 상비왕군으로 변화되면서 점차 국가 차원에서 통제하는 군대 형태로 갖추어졌다. 이때부터 국왕이 연대장에게 급료를 직접 지급하고 모병과 병력을 유지하는 데 영향력을 행사하게 되었다. 이는 전・평시를 불문하고 조직적이며 규율이 확립된 군대로 유지하게 되었음을 의미한다.

이러한 현상이 지속되면서 국민들의 애국심과 군대에 대한 신뢰수준도 자연스럽게 높아지는 계기가 되었다. 특히 도시인구의 증가와 화폐경제의 확산, 국가 재원의 확대는 군주의 세력기반까지 덩달아 확장시키게 되면서 국가 상비군을 직접 편성할 수 있게 되었다.[29)] 이러한 사회 환경의 변화는 전쟁의 성격마저 왕의 사적 이익을 확보하던 목적에서 탈피하게 만들었고, 국민전쟁으로 전환시키는

28) Huntington Samuel P. 저, 허남성・김국헌・이춘근 공역, 앞의 책, pp. 28~31.

29) 조영갑(2005), 앞의 책, p. 133.

계기를 가져왔다.[30] 이후 30년전쟁을 통해 완전하게 규율이 잡히게 되면서 구스타프스 아돌푸스(Gustavs Adolphus)와 올리버 크롬웰(Olive Cromwell)이 지휘하는 근대적 군대로 발전되었고, 국민군대를 태동시키는 계기가 되었다.[31] 그러나 국민군대 태동의 실제 요인은 상비군 때문이 아니라 보병이 주축이었던 국민군대의 징병제도 때문이었으며, 군대도 환경의 변화에 따라 정치 및 군사적으로 기능하였다.[32]

3) 국민군대(national army forces)

프랑스대혁명 과정에서 루이16세가 왕정을 폐지시키고 정권 장악을 기도하는 의회에 대항하기 위해 왕군(王軍)을 활용하게 되면서 평민계급도 자체적으로 시민군을 편성하여 조직적으로 대응하기 시작하였다. 이를 계기로 전쟁은 특정 계층이나 계급에 국한되던 문제에서 벗어나 점차 국민적 관심사로 대두되었다.

나폴레옹의 혁명방위군에서부터 시작된 국민군대는 점차 전 유럽으로 확산되기 시작하였다. 이들은 평민계급에서 자체적으로 모집한 아마추어 군대였지만, 직업군대인 상비왕군을 물리치고 혁명에서 승리하게 되었다. 이로써 국민군대가 상비왕군보다 우월한 입장으로

---

30) 조영갑(2005), 앞의 책, pp. 130~134.

31) Huntington Samuel P. 저, 허남성・김국헌・이춘근 공역, 앞의 책, pp. 25~26.

32) John Kackett 저, 이재호・서석봉 역, 『전문직업군』(서울: 한원출판사, 1989), p. 62.

변화되면서 상비왕군의 요직에 근무했던 귀족출신 장교들은 밀려나게 되었다. 그들이 반혁명세력으로 분류되어 투옥 및 제거되면서 상비왕군은 서서히 해체 수순을 밟게 되었다.

프랑스대혁명은 정치혁명임과 동시에 사회혁명이자 사상혁명으로서 봉건제도를 타파하고 자유와 평등을 기본으로 하는 근세사회로 기틀을 확립하는 계기가 되었으며, 자유민주주의를 확보한 국민혁명이었다. 하부계층에서 시작된 프랑스대혁명은 정치와 사회구조 전반에 걸쳐 새로운 변화를 가져왔다. 또한 사회의 모든 계층이 군대 충원에 동참하게 되면서 귀족과 농민 간의 격차를 파괴하는 계기가 되었다. 결과적으로 프랑스대혁명은 귀족계급을 타파함과 동시에 평민계층이 자연스럽게 군대를 독점하는 현상을 가져왔다. 이로 인해 군주와 승려, 귀족 등의 특권계급은 타파되었고 전제군주제는 공화정으로 변모되었으며, 국민이 국가의 주인으로 등장하는 계기가 되었다.[33] 또한 군사·사회적 요인이 함께 연계되어 있었기 때문에 서서히 장교 충원제도, 참모제도, 교육제도, 국민개병제 등 다양한 부문에서 획기적인 변화를 불러일으켰다.

프랑스대혁명은 군대가 국왕이나 어떤 특정계급을 위해 존재하는 게 아니라 국민을 위해 존재하여야 함을 깨닫는 계기가 되면서 근대 국민국가(nation state)에 대한 인식을 새롭게 형성하게 만들었다. 그리고 군대가 국왕의 사병(私兵)이거나, 특정계급의 독점물이 아니라 모든 국민을 대표하는 집단이어야 한다는 사상으로까지 발전하였다. 이러한 사상적 토대 위에서 1793년 강제동원령과 일반징집제를 포

33) 온만금, 앞의 책, p. 33.

함한 법령이 선포되었고, 최초로 국민군대가 성립되었다.

혁명 이전 프랑스 군대의 최하위 계층은 마부, 기사를 도와주던 시종 등이었고, 그 위의 계층은 보병집단이었다. 다음으로 부르주아 출신인 중급 장교와 귀족출신의 고급지휘관이었으며, 군주가 최고 정점에서 통제하고 있었다. 따라서 군대가 귀족출신 장교와 지원병 또는 용병으로 구성됨으로써 일반 국민들과는 별개라는 인식이 자연스럽게 형성되어 있었다. 반면에 국민군대는 같은 민족으로서 동일한 권리와 의무를 갖고 참여해야 한다는 새로운 동질감과 소속감을 갖도록 해주었다. 이러한 변화는 전쟁이 국왕의 개인적인 이익을 확보하기 위한 투쟁에서 탈피하도록 만들었고, 민족주의적 사상을 기반으로 하는 국민과 국민 간의 투쟁이라는 인식을 형성시켰다. 이는 국가의 성격을 보다 확고히 하는 계기가 되게 하였으며, 군대로 하여금 이데올로기적이고 애국적인 열정을 더욱 중요시하게 만드는 성과를 거두었다. 그러나 초기에는 이러한 성과가 엄격한 규율과 훈련으로까지 연계되지는 않았다. 이는 당시 대다수의 국가가 내부적으로 사회혁명이 우려되는 불안한 상황이었기 때문이다.

프랑스대혁명이 발발하자 주변의 군주국가들은 자국 내로 혁명사상이 유입될 것을 우려하여 기존의 지원병제 대신 국민개병제를 도입하여 군대를 조직하였다. 이는 프랑스 혁명군이 주변국가의 무력공격에 대응하기 위해 개병제에 의한 국민군대를 조직한 결과 이전보다 4~5배 이상으로 군대 규모를 확장할 수 있게 만들었고, 개개인의 능력도 충분히 발휘할 수 있는 전투력을 갖출 수 있게 되었다.[34] 프러시아도 국민개병제를 채택하였지만, 여러 가지 부작용이 발생하여 정상적인 군사능력으로 발전시키지 못하였다.[35] 유럽제국은 프랑스군의 혁신적이고 강력한 변화 속도에 놀랐지만, 이데올로기적 측면보다는 군사동원 능력의 증강에 더 많은 관심을 가졌다.

4) 현대 전문직업군대(modern military professionlism)

현대 전문직업군대가 태동하게 된 경제・사회적인 배경은 산업혁명으로 인한 노동의 분화 및 기능적 전문화의 요구, 민족국가로 성장함에 따라 국가안보를 위해 헌신할 수 있는 정규군대의 필요성 등에서 찾을 수 있다.[36] 이로 인해 민주주의적 이상이 팽배해지고, 사회구조도 민주적 요소로 변화되면서 정당이 출현함과 동시에 문민우위를 촉진하는 계기로 작용하였다. 다시 말해 군 전문직업주의가 발전해 오는 과정에서 전투에서 승리해야 한다는 1차적인 목표와 국가적 안정을 위한 군사 기능적 측면에서 폭력이 사용되어야 한다는 의미가 부여되었던 것이다. 이에 따라 강력한 위계질서의 확립 및 명령계통의 준수와 통합된 지휘체계로 기능할 수 있는 장치를 구비하여야 할 필요성이 강하게 제기되었다.

1808년 8월 6일은 프러시아가 전년도에 군제개혁을 단행한 이래 장교 임명에 관한 법령을 공포한 날로서 현대적 의미의 전문직업군대가 형성된 시점으로 볼 수 있다. 이 법령이 군의 전문직업주의

34) John Kackett 저, 이재호・서석봉 역, 앞의 책, p. 100.; 온만금, 앞의 책, p. 34.

35) Huntington Samuel P. 저, 허남성・김국헌・이춘근 공역, 앞의 책, p. 40.

36) Huntington Samuel P. 저, 허남성・김국헌・이춘근 공역, 앞의 책, pp. 38~45.

(professionlism) 기준을 포함하고 있기 때문이다. 당시는 사회적으로 어느 정도 정치·사회적 평등이 전제되어 있어야 한다는 기초적인 민족주의 의식이 확립되어 있던 시기였다. 이러한 환경은 대표적 군제개혁가인 샤론호르스트(Gerhard Johann David von Scharnhorst), 그나이제나우(August Wilhelm Antonius Graf Neidhardt von Gneisenau), 보이엔(Hermam von Boyen), 카를 그로만(Karl Grolmann) 등에 의해 민족주의적 열정이 강력한 전문직업군대로 탈바꿈하는 계기를 앞당기는 역할을 하였다.[37)]

프러시아는 1806년 나폴레옹과의 전쟁에서 패전한 이후에도 프랑스의 민족주의에 대항하기 위해 군대를 체계적인 훈련과정과 조직력, 의무감 등으로 무장될 수 있도록 지속적으로 변화시켜 현대적 의미의 전문직업군대를 유럽 최초로 창설하였다.[38)] 하지만 프랑스와 프러시아의 귀족들은 장교의 자질로서 명예와 용기를 강조하였지만, 군사전문지식이나 기능의 중요성은 아직 인정하지 않는 분위기였다. 당시는 전문지식을 의무적으로 계발할 필요가 없는 사회적 환경이었기 때문이다. 하지만 장기간에 걸친 전쟁은 직무수행과 전문지식 및 창조성을 중요한 진급 요소로 부각되도록 만들었다.

군 전문직업주의는 프랑스는 1815년, 영국은 1856년에 시작되었으며, 본격적인 발전은 1870년대에 들어서면서부터였다. 하지만 대다수 유럽 국가는 1875년이 지나면서 비로소 이에 관한 기본 요소를 갖추기 시작하였다.

---

37) Huntington Samuel P. 저, 허남성·김국헌·이춘근 공역, 앞의 책, pp. 37~38.

38) 조영갑, 『한국민군관계론』(서울: 한원출판사, 2000), pp. 217~232.

1848년 프러시아는 덴마크와의 전쟁에서 또다시 패전하였지만, 군의 전문직업화는 더욱 가속화되었다. 1859년 영국 논평가는 「교육이 프러시아군 장교의 시작과 끝이라고 하는 사실은 장교라는 전문직업에 있어서 자신을 완성시킬 수 있는 잠재적인 지렛대이다. 그리고 일시적 기분에 의해서가 아니라 업적에 의하여 진급된다고 하는 명확한 사실은 이들을 영국군 장교보다 월등하게 우수한 장교로 만들고 있다.」는 언급을 통해 현대 전문직업군대의 의미를 강조하고 있다.[39] 군조직의 성격은 제1·2차 세계대전을 거치면서 변화되었고, 1960년대에 들어서면서 민간화 현상이 추가로 도입되는 등의 변화를 계속하고 있다.

프러시아는 전문직업군대로 발전하기 위한 개혁을 단행하였으며, 이는 여섯 가지로 정리할 수 있다. 첫째, 장교선발 간 사회 신분의 우선권을 폐지하고 유능한 중산계층을 채용하였고, 둘째, 장교의 진급 간 시험제도를 도입함으로써 진급이 신분이나 금전 거래의 대상이 되지 않도록 차단하였으며, 셋째, 장교교육의 강화를 위해 양성과정을 개설하고 고등군사교육기관을 설치하였다. 넷째, 공훈(功勳)과 실적에 따라 진급시키며, 다섯째, 참모제도를 운용하였으며, 여섯째, 군대의 단결과 책임의식을 중시하였다는 점이다.[40] 프러시아 군대가 전문직업화가 촉진된 가장 결정적인 요인이 국민국가의 성장과 민주주의의 평등개념이었음은 주목할 만한 사실이다.

한국의 경우 현대적 의미의 군대는 광복 직후인 1946년 1월 15일

---

39) Wraxall Lascells, *The Armies of the Great Powers* (London, 1859), pp. 99~100.

40) 온만금, 앞의 책, pp. 36~37.

태릉에서 조선국방경비대가 창설되면서부터라고 할 수 있다.[41] 직업군인제도는 같은 해 11월 30일 군조직의 편성과 군인 신분 등을 규정한 전문 24개조의 국군조직법을 법률 제9호로 공포하면서 시작되었다고 볼 수 있다. 그러나 당시의 교육훈련 수준은 매우 저급하였고, 전문직업성 수준은 상당히 낮은 편이었다. 이후 1952년 진해에서 정규육사교가 재개교되면서 한국군도 정규과정을 거친 전문직업군인 장교를 배출하기 시작하였다.

6·25전쟁 직후인 1953년 발표된 「정규 군인신분령」은 불안한 직업군인의 신분을 제도적으로 보장해주는 계기를 마련하였지만, 점차 소명직에 부가하여 삶의 질에 대한 욕구가 상승되기 시작하였다. 이는 직업군인도 사회의 일반인과 동일하게 삶의 질을 누릴 권리가 있다는 직업의식의 변화로 이어지게 되었음을 의미한다.

(1) 전문직업군대의 성격 변화

전문직업군대는 전통적인 군사 중심의 사고방식에서 "민주화(democratization)", "민간화(civilianizing)", "세속화(sophistication)" 등의 경향으로 확산되어 왔다.[42] 쿠르트 랭(Kurt Rang, 1969)은 「오늘날의 군대는 직업주의로부터 직업적 관리로 전환되고 있다.」고 강조하고 있으며, 자노위츠(Morris Janowitz, 1971)는 이를 다섯 가지로 구분짓고

---

41) 전쟁기념사업회, 『현대사 속의 국군: 군의 정통성』(서울: 대경문화사, 1990), pp. 271~284.; 국방부 전사편찬위원회, 『한국전쟁사 제1권』(서울: 국방부, 1968).

42) Morris Janowitz(1971), Ambler John Steward(1969), Rang Kurt(1969), Lovell John P. (1980), Lieuwen E.(2000) 등의 학자들이 주장하고 있다.

있다. 첫째, 조직적 권위(organizational authority)의 변화를 들 수 있다. 과거의 위계질서는 계급에 따라 권위주의적 방식으로 유지되었으나, 설득과 전문적으로 지도하는 방법으로 대체되었기 때문이다. 둘째, 군부엘리트와 민간엘리트 간의 기술적 격차가 많이 줄어들게 되었다. 이는 군이 전쟁을 수행하기 위해 사회의 공학적 기술을 군으로 흡수할 필요성이 증대되면서 군 내부적으로 많은 전문기술 및 분야별 전문가가 필요해졌기 때문이다. 또한 총력전, 물량전 양상으로 변화되면서 군과 민간의 구분이 모호해지게 되었다. 셋째, 장교단의 충원이 상위계급에서 하위계급으로 변화되었다. 이는 계급보다 기능·부문별 전문가가 필요하게 되었기 때문이다. 넷째, 과거 이상주의적인 형태에서 탈피하여 실적본위의 적응적 경력(adaptive career)을 중시하는 형태로 경력관리 개념이 변화되었다. 마지막으로 정치사상이 주입되기 시작하였다. 군대도 사회의 한 하위체계로서 국가안보를 수호하기 위해서는 사상적 일치가 필요하였기 때문이다. 이는 군 내부의 직무와 기능을 분화시키고 군의 전문직업화를 촉진시키는 계기가 되었으며, 전문직업제도의 성격을 규명짓게 하는 중요한 요인으로 대두되었다.

(2) 전문직업군대의 민간화(civilianization) 현상과 한계

전문직업군대는 초기와는 다르게 민군 간 전문지식 및 기술 측면의 공유 수준이 심화되고, 민간화 현상이 서서히 나타나게 되었다. 자노위츠는 군조직의 민간화 요인을 다섯 가지로 정리하고 있다. 먼저, 국민소득 중 상당 부분이 전쟁준비 및 수행, 복구 등에 사용되고 있기 때문에 국민들이 국가안보와 관련된 정책 및 결과에 관여하는 경향이 증가되고 있다. 둘째, 과거와 달리 전쟁 양상이 총력전, 물량전의 형태로 변화되어감에 따라 군이나 민간을 불문하고 파괴력 및 살상 위협의 정도가 더욱 크게 느껴지게 되었다. 셋째, 과거 군의 핵심 요건은 폭력의 사용이었지만, 서서히 폭력을 억제하는 방향으로 군사전략사상이 발전되었다. 이에 따라 군의 관심 영역도 군사적 측면에서 정치 · 경제 · 사회의 제분야로까지 확대되었고, 민간화 현상도 심화되기 시작하였다. 넷째, 국제적 갈등이 확산 · 지속되면서 군경시 풍조는 점차 감소되었고, 대군인식도 새롭게 하는 계기가 되고 있다. 결과적으로 이는 군과 민간의 차이를 감소시키는 효과를 가져왔다. 다섯째, 전쟁의 복잡성과 관련 기술의 연구, 발전 및 유지에 대한 제반 요구로 인해 민간 기술의 의존도가 높아지면서 군과 민간조직의 구분은 모호해지게 되었고, 군사지도자들의 영역을 더욱 넓어지게 만들었다.[43)]

또한 민간기술의 발전이 전략 변화에 미치는 영향을 분석하는 수준으로까지 발전되면서 군에 대한 민간지도자들의 전문적인 자문이 필요하게 되었고, 민군 간 협업(collaboration)이 필요하다는 경향으로까지 나타나게 하였다. 케네디(Kennedy J. F.) 전 미국 대통령도 「합동참모본부의 건의는 정치 · 경제적 요소를 고려한 것이어야 한다.」며 군사적 전문지식에 국한되지 않고 정치 · 군사분야가 통합된 전문지식의 구비가 필요함을 강조하고 있다.[44)]

43) Morris Janowitz, 육군대학 편, 『국가, 민주주의, 통일』(경남: 육군대학, 1989), p. 175.

44) National Security Action Memorandum 55, Jerome Slater "A Political Warrior

제2절 직업안정성의 개념 및 영향 요인

1. 직업안정성의 일반적 정의와 영향 요인

직업안정성(Job security)은 직무안정성과 동일한 의미로 사용하고 있다. 일반적으로는 직업 중에서 직무의 변화가 적고, 정년이 길고, 법적으로 신분보장이 되어 있는 직업을 '안정적 직업'으로 정의하고 있다. 반면에 직무의 변화가 많고, 법적으로 신분보장이 되지 않으며, 정년이 짧고 연령이 높을수록 불리한 직업은 '비안정적 직업'으로 정의하고 있다.[45] 매슬로우(Maslow, 1943)는 "인간은 안전에 대한 하위단계의 욕구가 충족되고 나면 상위단계의 욕구인 자기성장과 자아실현을 추구하게 된다"고 강조하였다. 또한 '안정성(security)'과 '안전성(safety)'을 상호 교환적으로 사용하면서 직무안정성을 동기이론의 일부로 설명하고 있다. 반면에 블라츠(Blatz, 1996)는 '안정성'과 '안전성'을 대조적 개념으로 인식하여 서로 다르게 정의하고 있다.[46]

---

or Soldier Stateman," *Armed Force. & Society*, Vol. 4, (November, 1977), pp. 55~61.

45) 김소연, "직업의 안정성이 이직의도에 미치는 영향"(경기대학교 행정대학원 석사학위논문, 2002). p. 13.

외국에서 진행된 연구를 살펴보면, 다음과 같다. 매슬로우는 작업 환경의 안정성, 인플레이션에 따른 적절한 임금 인상, 후생복리제도가 지원되는 직무를 안정적 직업으로 제시하고 있다.[47] 헤즈버그(Herzberg, 1959)는 직무안정성을 '동일한 회사나 직종 내에서 지속적으로 고용을 보장하는 직업 현장의 직무특성'으로 정의하고 있다. 특히 요인이론에서 직업안정성과 관련된 인사제도 요인의 대부분은 불만족 요인에 속하고, 이러한 환경 위생요인에 속하는 욕구들이 충족되지 못할 경우 구성원이 불만을 느끼게 되면서 적극적인 동기유발이나 만족감을 느끼지 못하게 됨을 강조하고 있다.[48] 그러나 이는 고용의 지속성에 초점을 맞춘 것으로 조직의 안정성이나 직업안정성과는 다른 의미로 판단할 수 있다. 헤즈버그의 영향을 많이 받은 보르바타(Borbatta, 1973)는 안정적 직무가 가족에게 행복한 생활의 안락 및 여가와 즐거움을 제공해줄 수 있는 것으로 해석하고 있다.[49]

국내에서도 다수의 연구가 진행되고 있다. 구혜란(2005)은 직업안정성은 주관적 경험 또는 인지상태이기 때문에 객관적 상황과는 별

46) 김유림, "신규 사회복지전담공무원의 직업안정성과 직무적합성이 직무만족도에 미치는 영향 연구"(서울시립대학교 대학원 석사학위논문, 2013).

47) Maslow A., "A theory of motivation," *Psychological Review,* 50 (1943), pp. 370~396.

48) Herzberg, F., "The Motivation to Work," N. Y.: Wiley(1959), p. 124.

49) Borgatta. E.F., Ford R. N. and Bohrnstedt G. W., "Work Orient actions. Hygienic Orientation: A Bi-Polar Approach to the Study of Work Motivation," *Journal of Vocational Behavior* (1973).

도의 인식으로 주장하고 있다. 어떤 사람들은 직업안정성에 대한 직접적인 위협이 없음에도 자신의 직업에 대해 불안정하게 느낄 수 있으며, 어떤 사람들은 실제로 직업안정성이 위협받고 있는데도 안정감을 느낄 수 있다고 주장하고 있다. 이는 고용이 현재의 기준에서 변화할 가능성과 지속될 수 있는지에 대한 불확실성을 동시에 의미하는 것으로 일 자체에 대한 지속성이 아니라 개인적인 일을 유지할 수 있는지의 문제로 인식하고 있음을 의미한다.[50)]

또 김민정 외(2007)는 '노동자들이 현 직장에서 느끼는 해고에 대한 두려움과 장기적 고용관계를 가질 것으로 기대하는 정도'를 협의의 관점으로 정의하고 있다.[51)]

이 연구들은 직업안정성이 개인특성, 외부환경 요인에 의한 이직(移職) 의도에 영향을 미친다는 가설을 통해 비안정적 직업 집단이 안정적 직업 집단에 비해 더 높게 나타난다고 결론짓고 있다.

전광수(2003)는 공무원, 교사 등 직무 변화가 적고 정년이 길며, 법적 신분이 보장된 안정적 직업 종사자 집단과 정보통신 직종은 정년이 짧고 법적 신분이 보장되지 않으므로 비교적 직업의 수명이 짧은 비안정적 직업 종사자 집단으로 하여 제한적으로 표집(標集)하고 있다.[52)]

---

50) 구혜란, "비정규직의 고용안정성과 조직몰입에 대한 국제비교"(한국사회학회, 2005), p. 17.

51) 김민정 외, "직업안정성과 위험간수 성향에 따른 소비자 포트폴리오 비교 분석," 『소비자정책교육연구』 3(2) (2007).

52) 전광수,"교육투자의 사회경제적 효과와 결정요인 분석: 소득, 직업 안정성 및 직무만족도를 중심으로"(세종대학교 대학원 박사학위논문, 2003).

전정호(2009)는 안정적 직업 집단이 개인의 직업을 안정적으로 인지케 하는 이유는 법적 신분 보장과 직장의 장래성이 높기 때문으로 주장하고 있으며, 반면에 비안정적 집단은 장래성과 안정성, 전문성이 이직 의도에 많은 영향을 미친다고 강조하고 있다.[53]

서정하(2007)는 안정적 직업 진단과 비안정적 직업 진단을 비교하기 위해 안정적 집단과 비안정적 집단을 직업안정성에 따라 표집하여 이직을 비교하고 있다.[54]

직무특성 요인에 의한 이직 의도는 안정적 직업 집단과 비안정적 직업 집단이 유의미한 차이를 보이도록 차별화되지 않았지만, 안정적 직업 집단 보다는 비안정적 직업 집단의 이직 성향이 높게 나타나고 있다. 특히 직업에 관한 연구는 대부분의 경우 고용불안(job insecurity)을 비중 있게 다루고 있다. 고용불안은 이직, 조직몰입, 직무만족, 업무태도 등 변인(變因)과의 관련성을 고용안정성과 함께 다루고 있다.[55] 안정적 직업은 신분 보장과 장래성 및 안정성 측면에서 가장 높은 분포를 보이고 있다. 반면에 비안정적 직업으로 인식하는 이유는 직장의 장래성과 안정성, 직무의 전문성 여부, 타 직업과의 상대적 임금수준에서 영향을 미치고 있었다.

다수의 연구 결과와 같이 안정적 직업에 종사하는 자의 경우 비안정적 직업 종사자에 비해 이직 의도가 상당히 낮았다. 이는 결과적

---

53) 전정호, "대기업 근로자의 직업안정성과 경영진에 대한 신뢰 및 조직 몰입의 관계," 『농업교육과 인적자원개발』 41(4) (2009), pp. 219~239.

54) 서정하, "조직구성원의 직업불안정성이 정서적 몰입과 지속적 몰입에 미치는 영향에 관한 연구," 『조직과 인사관리연구』 31(2) (2007).

55) 전종호, 앞의 논문, pp. 219~239.

으로 직업안정성 여부가 이직 의도에 상당한 영향을 미치고 있음을 의미한다. <표 2-1>은 국내외 주요 연구에 나타나 있는 직업안정성에 영향을 미치는 요인을 정리한 내용이다.

〈표 2-1〉 국내외 주요 연구에 나타난 직업안정성의 영향 요인

연구자	연구논문	영향 요인
Maslow(1943)	A theory of motivation	직업환경의 안정성, 임금인상, 후생복리제도
Herzberg(1959)	The Motivation to Work	환경위생요인, 고용의 지속성
Borbatta(1973)	Work Orient actions. Hygienic Orientation	가족의 행복한 생활과 안락, 여가 제공
Kolvereid L. (1996)	Prediction of Employment Status Choice Intentions	직업선택, 직무만족, 이직 의도, 업무태도, 조직에 대한 태도
전광수(2003)	교육투자의 사회경제적 효과와 결정요인 분석	법적 신분보장, 직무의 변화의 안정성, 정년보장
구혜란(2005)	비정규직의 고용안정성과 조직몰입에 대한 국제비교	주관적 경험과 인지상태, 일 자체의 지속성
김민정 외(2007)	직업안정성과 위험감수 성향에 따른 소비자 포트폴리오 비교 분석	해고에 대한 두려움과 장기 고용관계, 이직 의도
서정아(2007)	조직구성원의 직업불안정성이 정서적 몰입과 지속적 몰입에 미치는 영향에 관한 연구	이직 의도, 직업불안정성
전정호(2009)	대기업 근로자의 직업안정성과 경영진에 대한 신뢰 및 조직 몰입의 관계	이직 의도, 장래의 안정성, 직무의 전문성

일반적으로 직업안정성은 조직원들의 긍정적 조직 및 직무 행태를 유발시키는 요소로서 많은 연구들이 통계적 유의미성을 긍정적으로 밝혀내는 데 의미를 두고 있다. 이를 종합해 보면, 직업안정성(Job Security)은 직업선택(Occupation Choice Decision), 직무만족(Job Satisfaction), 이직 의도(Turnover Intention), 업무태도(Work Attitude), 조직에 대한 태도(Organizational Attitude) 등에 직접적으로 영향을 미치고 있다.[56)]

2. 장교단 직업안정성의 영향 요인

직업군인이란 병역의무를 필할 목적으로 징집된 사람이 아니라 본인의 적극적인 의지와 군조직에서 지급하는 보수로 생활을 영위하기 위해 선택한 직업 종사자를 의미하고 있다. 따라서 직업군인은 일정한 직업을 선택한 결과 본인이 담당해야 할 고유의 과업 또는 직무수행을 통해 받은 보수로 생활을 유지하면서 본인의 가치관에도 부합되어야 함을 알 수 있다. 결국 직업군인이란 직업성을 보장받는 집단으로 보는 것이며, 본 연구에서는 일반적으로 통용되고 있는 '직업안정성'으로 정의하였다. 직업군인의 정의와 장교단의 직업안정성에 관한 의미와 영향 요인은 네 가지로 정리할 수 있다.

첫째, 직업안정성이란 직업의 장래성과 안정성을 의미한다. 장래

56) Kolvereid L., "Prediction of Empolyment Status Choice Intentions," *Entrepreneurship: Theory and Practice 21*(1) (1996).

성은 상위계급으로의 진출 가능성과 복무관리에서 만족도를 나타내는 것이다. 안정성은 타 직업과 비교할 때 직업군인의 상대적 안정감과 제도적으로 보장된 연금 수혜와 연계된 근속기간, 전역 후 경제적 생활보장 등을 의미하고 있다. 따라서 장교단의 직업안정성 관계요인은 진급제도를 중심으로 한 진출률과 정년 및 연금제도 등으로 정리할 수 있다.[57]

둘째, 직업군인 장교는 군조직을 평생직업으로 선택한 사람으로서 직업안정성의 보장을 통해 군 발전 및 사기앙양에 기여할 수 있다. 직업은 삶의 수단으로서 상업적인 측면도 있지만, 명예(prestige), 안정성(stability), 발전성(promotion opportunity), 보상(compensation) 등의 근무조건들은 반드시 필요하다고 볼 수 있다.[58] 명예는 직업군인에 대한 사회적 평가 및 요인이고, 안정성은 정년제도와 사회로의 이직을 의미하며, 발전성은 사회적 지위의 상승 가능성과 직업을 통한 자기발전의 기회를 의미하고 있다. 직업군인의 경우 진급기회 및 근속연한에 미치는 영향 요인으로 정리할 수 있다. 보상은 보수로서 보수수준과 보수체계의 두 가지 측면에서 다른 직업과의 비교 이외에도 군 직업의 특수성에 대한 보상 등이 고려되어야 한다는 의미이다. 근무조건은 사회의 다른 직업과 구별될 수 있도록 경제적 또는 생활 상 불이익을 적절하게 보상해 주어야 한다는 점이다. 이에 따라 장교단의 직업안정성 관계요인은 진급 기회와 관련된 계급구조, 정년제도 및 다른 직업으로의 이직 수준, 보수수준과 보수체계에 기

57) 정선구, 『장교보직관리제도 연구』(서울: 한국국방연구원, 1985), pp. 40~69.

58) 최병순, "한국군의 직업군인제 발전방향," 『육사논문집』(1991), pp. 120~126.

준한 임금수준 등으로 정리할 수 있다.

셋째, 시대적 변화에 부응하기 위한 장교단의 직업안정성 보장이다. 이를 위해서는 진출률 보장을 위한 계급구조 및 정년제도의 조정, 근무환경의 특수성을 보장해 줄 수 있는 보수체계 개선, 평생직장으로서 직업군인의 위상을 정립하기 위한 정년연장, 전역 이후의 전직지원제도 정착 등이다.[59] 이에 따른 장교단의 직업안정성 관계요인은 진출률, 계급구조, 정년제도, 보수수준, 연금제도 등으로 정리할 수 있다.

넷째, 「군인복지기본법」에 의한 군인복지 증진 및 삶의 질 향상이다. 국방부는 「군인복지기본법」을 근거로 「군인복지기본계획」을 수립하여 복지정책을 종합적으로 추진하고 있다. 먼저 기초 복지는 임무수행에 전념할 수 있는 기본 생활여건을 제공하는 것이며, 선진문화 복지로는 사회 발전과 병행하여 선진 문화생활 구현을 위한 지원과 복지 기반을 개선하는 것이다. 나아가 군사전문성을 중시하는 인사관리체계를 구축하여 출신 · 기수 · 진급 연차별 균형과 안배를 고려하는 관행에서 벗어나 능력과 군사전문성 위주의 진급 및 인사관리 시스템, 2014년부터는 통합성에 기초한 인사관리시스템으로 전환하고 있다.[60] 이에 따라 장교단의 직업안정성 관계요인은 보수체계, 군인연금제도, 복지기금, 자기계발 지원, 가족지원, 제대 후 전직지

---

59) 한국국방연구원, 『중장기 국방인력정책 연구』(서울: 한국국방연구원, 1990), pp. 89~90.

60) 국방부(2012), 앞의 책, pp. 206~207.; 육군본부 홈페이지(http://www.army.mil.kr/) (검색일: 2016. 7. 1.).

원, 진출률 등으로 정리할 수 있다.

이외에도 군인의 직업안정성에 관한 연구로 장영현(1992),[61] 왕영진(1993),[62] 박성복(1996),[63] 김동식(1995)[64] 등은 직업군인의 직업안정성 보장을 위한 정년제도와 복지후생에 관한 연금제도 등에 대해 집중적으로 탐구하고 있다.

한편 정광덕(1995)은 직업군인의 행정윤리 확립 차원에서 직업안정성 보장을 위해 인사행정의 합리화 및 형평성 보장, 보수의 현실화, 복지후생제도의 개선 및 정책적인 지원 등을 주장하고 있다.[65]

또한 최병순(2006)은 직업군인제도 발전을 위한 정책대안으로 현행 인사관리제도의 구조적 한계와 직업안정성 보장이 저조한 문제를 해결하고, 직업군인들의 군사전문성을 높일 수 있는 정책대안으로 진출목표를 제한해야 함을 제시하고 있다. 이를 위해 정년을 50세 이상 보장하는 가칭 '참모형 장교제도'를 도입하고, 장교단을 일반형, 정책형, 특수형 및 참모형의 네 가지 유형으로 구분하고 있다.

---

61) 장영현, "군 정년제와 직업성 보장에 관한 연구"(전남대학교 행정대학원 석사학위논문, 1992).

62) 왕영진, "군 조직구성원의 직업보장 요인에 관한 실증적 연구"(국방대학원 석사학위논문, 1993).

63) 박성복, "군 직업성 보장에 관한 연구: 정년제와 복지후생제도를 중심으로"(호남대학교 석사학위논문, 1996).

64) 김동식, "군 장교의 직업성 보장에 관한 연구"(경남대학교 경영대학원 석사학위논문, 1995).

65) 정광덕, "직업군인의 행정윤리 확립에 관한 연구"(경남대학교 행정대학원 석사학위논문, 1995).

이를 통해 차별화된 인사관리를 하는 방향으로 육군의 인재유형별 인사관리제도를 발전시킬 것을 제안하고 있다.[66]

최근의 연구로는 문채봉(2005),[67] 정연택(2006),[68] 김문범(2011),[69] 구영휘(2013)[70] 등이 직업군인들의 직업안정성 보장을 제대군인들의 재취업 수준으로 보고, 최고의 복지는 전직지원이라는 점을 주장하고 있다. 특히 이들 연구는 공통적으로 제대군인의 취업률이 증가하지 못하는 원인이 글로벌 경제 위기의 여파로 인해 야기되고 있는 전반적인 고용 불안정성에 기인한 것으로 앞으로도 수년 동안 고용환경에 영향을 미칠 것으로 판단하고 있다.

최근 고용없는 성장이 지속되고 있는 현상과 더불어 고실업 환경으로 인한 부족한 일자리는 제대군인들의 취업지원을 더욱 어렵게 만들고 있다. 이처럼 시대적 환경의 추이(推移)에 따라 직업안정성에 관한 영향 요인도 다양하게 변화되고 있음을 알 수 있다. <표 2-2>는 주요 연구에 나타나 있는 장교단의 직업안정성에 영향을 미치는 요인을 정리한 내용이다.

---

66) 최병순·문영세, 앞의 내용, pp. 51~78.

67) 문채봉. "제대군인 지원정책의 과제와 발전방안"(한국전략문제연구소, 2005).

68) 정연택, "직업성 보장을 위한 사회연계 시스템에 관한 고찰: 외국의 군직업 보도교육을 중심으로," 『한국치안행정논집』 2(2), (2006), pp. 33~52.

69) 김문범, "제대군인 전직지원의 활성화 방안"(선문대학교 행정대학원 박사학위논문, 2011).

70) 구영휘, "제대군인 전직지원 교육 프로그램의 효과분석 및 발전방안 연구" (목원대학교 대학원 박사학위논문, 2013).

<표 2-2> 주요 연구에 나타난 장교단 직업안정성의 영향 요인

연구자	연구주제	직업안정성의 영향 요인
정선구(1985)	장교보직관리제도 연구	진출률과 정년제도, 연금제도
한국국방연구원(1990)	중장기 국방인력정책 연구	진출률, 계급구조, 정년제도, 보수수준, 연금제도
최병순(1991)	직업군인제의 발전방향	진급기회와 관련된 계급구조, 정년제도, 이직 가능성, 임금수준
정광덕(1995)	직업군인의 행정윤리 확립 차원의 직업성 보장 연구	인사행정의 합리화 및 형평성 보장, 보수의 현실화, 복지후생제도의 개선, 전직지원
최병순(2006)	직업군인제 발전을 위한 정책 대안 분석	참모형장교제도 도입, 인재 유형별 인사관리
국방부(2012)	국방백서	보수체계 개선, 군인연금제도, 복지기금, 자기개발지원, 가족지원, 제대 후 전직지원, 진출률

이 연구는 육군의 장교단 충원제도와 직업안정성의 상관관계를 분석하기 위한 시도로서 직업안정성에 영향을 미치는 요인을 탐구하였다. 국민군대로서의 존재 가치와 역할에 부합되어야 한다는 의미에서 일반국민들의 인정과 신뢰에 기반을 두어야 하므로 보편주의적 정서 및 가치를 의미하는 '동질성', 소명의식과 직업윤리를 의미하는 '책임성', 능력 중시 풍토와 상위 직책 및 계급 구성비율의 균형, 보직 및 상위계급 진출 기회의 균형을 의미하는 '형평성'으로 조작하여 적용하고자 한다.

제3절 장교단 충원제도의 직업안정성 구비요건

1. 동질성: 보편주의적 정서 및 가치

보편주의(universalism)는 엘리트주의와 반대되는 의미로서 「모든 사물의 밑바탕에는 보편적인 일반성이 있으므로 선별된 소수보다는 일반적으로 통용되는 모든 사물에 고르게 미치는 성질인 보편이 참된 실재」라는 의미로 해석되고 있다.[71] 보편주의는 본래 사회복지 분야에서 사용되고 있는 용어로서 사회체제가 불완전하고 불공평하다는 데서 원인을 찾아내어 이를 공공의 노력을 통해 예방한다는 데 그 목적을 두고 있다. 모든 국가가 존립하는 동안 일반 국민의 욕구는 동등하게 충족되어야 하며, 어떠한 경우에도 모든 부문에 고르게 통용되는 특성을 갖고 있어야 한다. 이는 국민들의 궁핍을 미연에 방지해주고, 국가 차원에서 인권에 대한 침해를 받지 않도록 서비스를 제공해달라는 하나의 사회적 권리로 요구되기 때문에 열등감이나 박탈감을 심어주지 않는다는 긍정적 측면도 많이 갖고 있다.

밀즈(Wright Mills C., 1956)가 주장하고 있는 「파워엘리트」는 여느 사회나 존재하고 있는 도덕적 관념의 지배집단에 대한 분석이라기보다는 미국사회의 특수한 권력 구조를 역사적 관점에서 바라본 한

71) 이기문, 『동아 새국어사전』(서울: 동아출판사, 1996), p. 900.

정적인 개념으로 볼 수 있다. 이 연구의 중심은 미국이라는 특수한 환경 속에서 행정부, 거대한 기업조직, 군부라는 3대 지배계층의 권력 구조에 관해 제한적으로 분석하고 있기 때문이다. 밀즈는 파워엘리트를 권력과 지위를 향유하면서 고도로 집권화 및 관료화되어 있는 제도 하에서 지휘명령권을 행사하는 소수의 지배계층으로 한정하여 지칭하고 있다.

영국의 사회적 이동 및 아동빈곤위원회(Social Mobility and Child Poverty Commission)에서 발표한 자료를 보면, 소수 엘리트가 다수를 지배하는 '엘리트주의'를 심각한 현상으로 진단하고 있다. 정부, 의회, 법조, 언론, 기업 등 각계 고위층들이 '사립학교(이튼 스쿨)', '옥스브릿지(옥스퍼드대와 캠브리지대)'출신이라는 것이다. 4,000명의 출신학교를 분석한 결과, 사립학교 출신자 비율은 부장판사 71%, 군 고위직 62%, 정부의 사무차관급 55%, 고위외교관 53%, 상원의원 50% 등으로 일반대중의 사립학교 출신이 7%임을 비교해 볼 경우 상대적으로 편중되어 있다. 특히 군 고위직에서 종합중등학교 출신은 7%에 불과하였다.[72)]

일반적 의미에서 엘리트는 특정영역에서 우월한 지위와 영향력을 행사하는 소수 계층을 의미하며, 세 가지로 정리할 수 있다. 첫째, 사회집단 속에서 가장 많은 권력을 획득한 계층, 둘째, 사회적으로 권력과 부에 있어서 가장 높은 지위를 차지한 계층, 셋째, 권력의 계층구조에서 상층에 위치하며, 최고의 권위와 영향력을 토대로 각종 자

72) 한지숙, "英 엘리트주의 심각... 고위층 71% 사립학교 출신," 『헤럴드 경제』(2014년 8월 29일자).

원에 관한 통제를 행하는 계층을 지칭하고 있다.

이를 군조직에 적용한 밀즈의 연구 결과는 3대 지배계층 중 국가 발전 및 사회 일반의 요구가 상승되고 국민들의 민주의식 수준이 높아질수록 군부엘리트에 대한 충족도와 신뢰 수준은 저하되는 것으로 결론짓고 있다.[73] 이와 반대로 저개발국가의 군조직은 일반 국민들보다 높은 수준의 선진교육을 받고 기술적으로 훈련되어 있기 때문에 다른 집단들보다 더 전문적이며, 조직관리 면에서도 근대적인 세력으로 평가되고 있다.[74] 특히 군부엘리트들은 통치에 필요한 전문지식과 조직의 질서 및 규율에 체질화되어 있기 때문에 정치개입의 기본요건과 자질 측면에서 충분하다는 사실이 역사적으로도 증명되고 있다. 하지만 고도로 발전한 선진화시대에 진입하는 과정에서 군조직의 특성인 조직성과 획일성, 불법성, 브리핑 위주의 외형적인 성과 지향 등은 많은 문제점으로 인식되어 왔다. 이는 점차 사회일반의 변화 요구에 적극적으로 부응하지 못하고 정치화된 폐쇄·이질적 집단으로 인식되는 계기가 되었음을 부정하기는 쉽지 않다.

물론 여느 국가나 사회를 막론하고 독점적으로 지배 권한을 행사하는 소수의 특정 엘리트집단은 엄연히 존재하고 있다. 기업-정계-군부 간 내부적으로 형성된 특정집단 및 단체를 주도하고 있는 이들은 특정한 소득을 위해 무분별한 합종연횡(合從連橫)을 수시로 진행

---

73) Mills C. W., *The Power Elite* (New York: Oxford University Press, 1956), pp. 276~292.

74) 정태동, “제3세계의 민군관계: 비교분석을 위한 시각,” 『정치학 자료 선집』 (서울: 육군사관학교, 1987), p. 142.

하면서 이권(利權) 중심의 활동을 하고 있다. 특히 이들은 세 가지의 특성을 향유하고 있다. 첫째, 유사한 계급과 출신 성분을 유독 강조하는 사회적 내부 동질성, 둘째, '게임의 규칙'은 내부적 동의에 초점을 맞추고 그들만의 가치관을 일치시키기 위한 노력, 셋째, 공식적으로는 같은 집단에 소속되어 있지만, 개인적 또는 비공식적인 접촉을 망라하는 활동 등을 통해 사적 이익을 추구하고 있다는 점이다. 집단 내의 통합과 결속력을 강조하고 있지만, 실제로는 사적 이익이 전제되거나 보장되고 나서야 활동하고 있다. 다만 소수 엘리트 집단이 국가 발전을 주도적으로 이끌어가는 저개발국가의 경우 이들이 필요하다는 주장이 많은 설득력을 얻고 있다.[75)]

영국의 전 노동부장관이자 사회적 이동 및 아동빈곤위원회(SMCP) 위원장인 앨런 밀번(Alan Milburn, 2014)은 사회 고위계층의 구성원들이 갖고 있는 요소 중 다양성이 부족한 현상은 「건강한 민주사회를 만드는 비결이 못된다. 이처럼 좁은 백그라운드를 지닌 사람들은 사회 다수가 아닌 소수에 편향된 현안에 집중하는 위험이 있다.」라며 비판하고 있다.[76)] 선진국가로 도약하고 민주사회로 성숙되어 갈수록 보편주의적 정서 및 가치가 일반화되어야 하고 형평성이 확립될 때 진정한 경쟁력이 창출되고 상생 발전을 도모할 수 있다는 것이다.

---

75) Dieter Nohlen, *Lexikon Dritte Welt* (Hamburg: Rowohlt Verlag, 1984), p. 401. cf. Amos Perlmutter, "Summary of Military Coup Frequency 1946~70," *The Military and Politics in Modern Times* (New Haven/London: Yale Univ. Press, 1977) p. 115.; 김영명, 『제3세계의 군부통치와 정치경제』(서울: 한울출판사, 1985), pp. 22~23.

76) 한지숙, 앞의 자료 (2014년 8월 29일자).

한국사회는 유달리 혈연, 지연, 학연 등이 강한 '끼리의 문화' 즉, '순혈주의 문화'가 지배하고 있다. 이는 가족이나 동창, 출신지역 및 집단 등으로 표현되는 협의의 범주에서 벗어나지 못하고 있음을 의미한다.77) 특정조직 내의 구성원 간 잘 작동하던 신뢰와 투명성이 조직을 벗어나는 순간 폐쇄적이고 배타적인 행태로 바뀌기 때문이다. 이러한 성향은 내부의 결속력을 높이는 장점이 있는 반면에 외부인에 대한 무관심과 적대적 행동을 당연시한다는 점에서 우려되는 현상으로 볼 수 있다. 이는 한국사회가 세습계층이었던, 급조된 일부 386계층이었던 간에 진정한 의미의 엘리트집단이 존재하지 않고 있음을 단적으로 보여주고 있다. 미국의 부시가나 케네디가 또는 영국의 상원의원 제도처럼 역사성과 정통성에 기반을 두어 중심 역할을 하는 정치 명문가가 한국 사회에는 존재하지 않기 때문이다. 한국사회의 독특한 현상은 한국의 태생적 성격과 환경에서 비롯된 측면이 많이 있다.

한국 사회의 엘리트계층은 미국에 의해 가장 먼저 선진화된 '군부엘리트'로서 5·16군사쿠데타 당시는 군영반출신 위주로 구성되었으나, 곧 정규 육사교 출신으로 교체되었다. 이들은 자신들이 구국의식으로 무장된 선도 집단임을 자임하면서 국가 발전에 적극 헌신하였다. 더욱이 유사민간화 과정을 거쳐 정권을 장악하면서 경제 우선논리에 집착하였다. 이는 소득 불균형의 심화를 초래시키는 등 국민들의 자유를 오랜 기간에 걸쳐 통제하는 우(愚)를 범하게 만들었다. 이

---

77) 김주현, "'끼리 문화' 벗어나야 선진국 가능하다," 『서울경제』(2013년 10월 27일자).

러한 결과는 군부 전체가 한국 사회를 기형적 경제구조로 함몰시키는 등의 부작용을 야기한 주범으로 인식되도록 만들었다. 더욱이 육군 장교단도 정치성향이 짙은 특정 군부엘리트들의 영향력에서 벗어나지 못하게 되면서 점차 장교단 내부의 동질성과 형평성 측면에서 긍정적이지 못한 방향으로 심화된 측면이 있다.

육군의 장교단은 공공성을 가진 국가안보 수호 집단으로 공공성(public interest) 측면에서 보편주의적 가치 기준이 통용되는 환경으로 형성되어야 한다. 폭력관리(management of violence) 기술이 오랜 군 역사를 통해 발전되어 온 것처럼 시간과 장소에 따라 변화되지 않는다는 보편적 특성을 지니고 있어야 한다는 의미이다. 육군의 장교단 충원제도를 진단해 볼 경우 보편적 특성과 기준이 정상적으로 확립되어 있다고 보기는 쉽지 않다. 따라서 충원제도와 관련한 현상 등은 국가와 군의 발전을 위해 가능한 조기에 해결하거나 극복되어야 할 문제이다.

육군 장교단의 긍정적이지 못한 현상 및 패턴은 다양한 부문에서 고르게 국가발전에 기여할 수 있는 우수인재들로 하여금 직업군인 장교단에 대한 호감도와 선택하려는 의지를 더욱 저하시킬 수 있다. 외국군 장교단의 경우는 민간 노동시장의 우수인재들이 선호하는 집단으로서 상생 및 경쟁하면서도 다양한 부문에서 고르게 국가 발전에 기여하고 있으며, 국민들에게 상당한 신뢰를 받고 있는 현상과는 또 다른 특이한 현상으로 볼 수 있다.

육군 장교단의 직업군인제도가 확립되기 위해서는 초급장교 충원제도, 복무관리와 인사운영 시스템이 보편주의적 정서 및 가치 기준에 부합되어야 한다. 하지만 군이 특정출신 위주의 복무관리 시스템 및 인사운영 측면에서 배타적 행태가 누적되어 있는 현실은 전쟁에 대비하고 오직 전투력 발전 및 유지에 전념하는 데 장애요소로 작용하고 있다.

민주주의 사회의 제1덕성은 특정계층 및 집단의 독점적 자유와 이익을 보장하는 데 있는 것이 아니라 상호 협력과 배려에 있으며, 민의(民意) 즉, 보편주의적 정서 및 가치가 기준되어야 함을 전제하고 있다. 오스트리아 출신의 유대인 과학철학자 칼 포퍼(Karl Raimund Popper, 1945)는 『열린사회와 그 적들』에서 열린사회가 인류 공존을 가능하게 하는 유일한 사회이기 때문에 열린사회는 첫째, 개인주의 사회이고, 둘째, 비판을 수용하는 사회이며, 셋째, 약자를 보호하는 사회이고, 넷째, 자유민주주의 사회가 되어야 한다. 따라서 한국이 열린사회로서 사회적 자본을 축적시키려면, 개방성과 투명성, 공공성과 대표성이 확보되어야 하고 이를 위해서는 네가지 조건이 충족되어야 한다.[78] 이를 기초로 할 경우 육군 장교단을 발전시키기 위해서는 특정집단의 '끼리의 문화' 즉, '순혈주의 문화' 보다 보편주의적 정서 및 가치 기준에 부합된 연대와 협력, 타인에 대한 배려와 균형을 우선시하는 조직으로 변화되어야 한다.

따라서 본 연구에서 '동질성'은 '보편주의적 정서 및 가치'를 의미하며, 이는 동료의식, 출신 간 신뢰, 제도의 공개성과 공공성으로 정의한다.

---

78) Popper Karl Raimund, *The Open Society and Its Enemies* (1945), p. 213.

2. 책임성: 소명의식과 직업윤리

소명의식(Calling 또는 Vocation)은 개인이 자신의 일과 삶에 의미를 부여하는 방안의 하나로 개인의 이익을 초월하는 가치와 목적성을 추구하기 위해 관련규범을 정당화시키는 조직과 제도를 의미하며, 사회에서 최고의 선(善)으로 지향하는 규범적 가치와 맥락을 정당화시키는 것이다.[79] 소명주의는 선택한 신념에서 우러나오는 긍정적 가치와 사회·도덕적 책임감이 포함된 희생과 봉사를 통해 사회의 존경과 신뢰를 받고자 하는 의식과 주의(...ism)를 의미하고 있다. 이는 전문성과 자기희생, 철저한 헌신을 바탕으로 하고 있으며, 사적 이익의 창출보다 사회적인 존경을 받는 행위에 더 큰 비중을 두는 등 비현금성(非現金性)의 온정적인 보상체계로 발전되어 왔다.[80] 소명의식을 가진 사람들의 경우 개인의 불만과 문제를 해결하기 위해 노동조합과 같은 결사체를 조직하기보다는 자신을 돌보아 주는 국가 차원의 은전제도(恩典制度)를 신뢰하고 있다.

특히 직업군인 장교단의 경우 소명의식을 많이 강조하다 보니 일반 국민의 시각에서는 또다른 하나의 분리된 독립집단으로 인식하

---

79) Moskos Jr Charles C., *The Emergent Military: Calling, Profession, Occupation? in Franklin D. Margitta(ed) The Changing World of the American Military*, (Boulder, Colorado; Westview press, 1978), pp. 150~161.

80) 조영갑, "한국 직업군인의 복지증진을 위한 정책적 대응"(경남대학교대학원 행정학 박사학위논문, 1997), p. 40.

게 된다.[81] 서구 역사를 기준으로 살펴 보면, 의사 및 변호사와 같은 법률직이나 성직자들은 특별한 소명의식을 가진 전문직업인으로 정의하는 데 아무런 거리낌이 없다. 물론 구성원들에게 요구되는 윤리적 책임과 의무인 직업윤리가 있느냐, 없느냐에 따라 전문직업과 비전문직업으로 구분해야 한다는 등의 주장도 일부 존재하고 있다.

이 가운데 일반직업 종사자들의 경우는 급여 및 노동조건 그리고 전문기술성에 의해 동기가 부여된다. 반면에 직업군인 장교단은 소명의식과 명예·충성심, 그리고 폭력을 관리하는 전문기술성의 규범적 측면에서 동기 부여를 요구받고 있다. 다만, 사회 일반에서 의미하고 있는 독립적인 전문 직종보다는 경력직 공무원의 범주에 속한다고 볼 수 있으나, 민간 노동시장과는 적극적인 거래관계나 상호연계작용 측면에서 큰 비중을 차지하지는 못하고 있다. 즉 민간 노동시장에서 요구되고 있는 노동의 기능, 전문지식과 책임, 작업환경 외에도 군 특유의 심적 자세, 교육훈련, 장비 및 보급과 관련된 지식과 기능, 책임의식 및 생명과 직결되는 직무환경 등의 헌신과 봉사, 희생정신을 필요로 하고 있다. 이를 위해 군 내부적으로 필요한 인재를 양성시켜야 하는 어려움에 직면하고 있다.

직업군인 장교단의 직업관은 두 가지로 정리할 수 있다. 먼저, '절대적 직업관'은 사회와의 고립이 불가피하지만, 소명의식 정도에 따라 전투효율성이 유지되도록 만들거나 증대시킨다는 관점이다. 이 관점은 전쟁에서의 승리를 가장 중요한 부문으로 인식하고 있다. 반

81) 김병하, "군전문직업의 변화와 민군관계," 『육사논문집』 제30집(1986), pp. 51~57.

면에 '실용적 직업관'은 군이 사회에서 고립될 경우 사회적 정통성을 상실하게 되므로 사회와의 관계는 지속적으로 밀접하게 유지되어야 한다는 관점을 가지고 있다. 공통적으로 소명의식과 생계유지가 이루어져야 하고, 국가의 안정성을 확립 및 유지하는 데 필요한 폭력 사용이 최소화되어야 한다는 점을 유의할 필요가 있다.

따라서 직업군인 장교로서 직무를 수행하기 위해서는 단순한 폭력관리 기술에만 국한되어서는 안되며, 인간의 행위를 이해하고 조정 및 통제할 수 있는 종합된 능력이 요구되므로 반드시 민간 전문기술의 도움과 협업을 필요로 하고 있다. 그리고 직업윤리를 비롯하여 소명의식과 인문학적 소양이 함양될 수 있도록 일반 교양과목을 습득케 하는 노력도 필수적인 과정의 하나로 볼 수 있다. 헌팅턴은 장교는 의사 및 변호사 직업보다 더 전문직으로서의 특성이 갖추어져 있음을 강조하고 있다.[82] 소명의식과 책임감으로 무장된 직업군인제도를 확립하기 위해서는 국가가 직접 통제하는 전문직업으로서의 특성, 그리고 사적 이익을 중시하는 일반 직업으로서의 특성을 모두 갖고 있음을 사회 일반에서 인정할 때 비로소 가능하다고 볼 수 있다.[83]

하지만 민주・선진화시대가 도래되면서 전문직업주의의 형태 및 조직 원리도 사회적 가치나 구성원의 의식, 태도에 따라 점차 변화

---

82) Huntington Samuel P. 저, 허남성・김국헌・이춘근 공역, 앞의 책, pp. 7~20.

83) 직업은 자신의 선택 유무에 따라 의미가 달라지는데, 신의 소명으로 생각한다는 의미가 강할 경우 'calling 또는 vocation'이라 하며, 자연적 선택의 뜻을 내포하는 의미가 강할 경우를 'occupation'이라고 한다. 대학윤리교재편찬위원회 편, 『직업윤리』(서울: 삼광출판사, 1992), p. 10.

되기 시작하였다. 새로운 환경과 조직 원리에 걸맞는 가치들이 새롭게 미덕화되었고, 생활 태도의 변화 또한 요구되었기 때문이다.[84] 이는 그동안 간과되었던 생계유지의 수단, 자아실현의 장, 사회적 책임과 역할을 구현하는 데 노력해야 한다는 등의 속성을 재인식하는 계기가 되었다.

이는 직업안정성 보장에 대한 관심을 제고시키는 긍정적인 측면도 생성시켰지만, 사회 일반직업인과 직업군인 장교단을 동일시하는 시각도 동시에 가져오게 만들었다. 이로 인해 장교단을 소명직으로 바라보던 인식이 변화되기 시작하면서 내부적으로도 일반 직업으로서의 특성을 중요시하는 경향으로 변화되고 있다. 하지만 장교단이 소명직과 전문직, 그리고 일반 직업으로서의 세 가지 특성을 모두 갖고 있는 특수한 전문직업임은 부정할 수 없는 사실이다. 이는 복무에 전념할 수 있는 직업안정성의 보장, 군사전문성의 계발, 소명의식을 함양시킬 수 있는 제도적 환경이 뒷받침되어야 함을 의미하고 있다. 그러나 육군 장교단의 현실은 직업안정성과 복무 환경 측면이 가능한 조기에 개선 및 변화되어야 함을 요구하고 있다. 헌팅턴이 경제·사회·문화·정치적 발전이 준선진국 수준에 도달한 국가에서 군 전문직업주의의 적용이 가능하다고 주장하는 내용을 심도있게 되새겨 볼 필요가 있다.[85]

따라서 본 연구에서 '책임성'은 '소명의식과 직업윤리'를 의미하

84) 조영갑, 앞의 논문, p. 146.

85) 정광섭, "지방화시대의 민군관계," 『전략논총』(한국전략문제연구소, 1996), p. 230.

며, 이는 애국심과 충성심으로 정의한다.

3. 형평성: 복무관리의 균형성

대한민국 정부가 수립된 초기의 한국 사회는 국가 발전을 주도하는 특정한 소수 엘리트계층의 리더십이 필요한 시기였다. 특정엘리트들은 이후 많은 성장과 성공을 거듭하였고, 휘하(麾下)에 많은 중간관리자들이 포진하게 되었다. 하지만 내부적으로 방향을 설정하는 과정에서 오류가 발생되었다.

민간 기업들이 실패한 사례에서 공통적으로 식별되고 있는 취약요인은 조직 내부 관리에만 치중하는 시스템이 체질화되어 있고, 중간관리자들이 리더십을 발휘하지 못했다는 점을 들 수 있다. 시장에서 성공을 거듭하게 되면서 조직이 점점 더 비대화되어 가는 과정에 이르면, 내부적인 관리시스템의 작동 여부가 주요한 현안으로 부상(浮上)하게 된다. 여기서부터 관심의 초점이 창의적인 리더십이 아닌 내부적인 관리 위주의 시스템으로 변화되면서 배타적 관료주의와 내부지향적 조직문화가 자연스럽게 형성된다.[86] 핵심계층을 형

86) 리더십(Leadership)은 사람과 문화를 통해 작동되며, 급변하는 경영환경에 따라 조직을 새로 만들거나 바꾸어나가는 일련의 과정으로 방향 설정과 인적 자원을 집중시키고, 동기 부여 및 사기 진작 등을 통해 바람직한 혁신으로 선도할 수 있다. 유용한 비약적인 변화를 창출하는 데 목적을 두고 있다. 반면에 관리(management)는 조직 계층과 내부 시스템을 통해 작동하며, 기획 및 예산 기능과 조직의 구성 및 충원기능, 내부 통제 및 문제 해결 등 어느 정도는 예

성하게 된 소수의 엘리트들은 시장에서 독보적인 성공이 계속됨에 따른 자만심으로 인해 자전적(自轉的)으로는 문제점을 인식하지 못하는 상태에서 점차 배타·폐쇄적 시스템으로 고착되어 간다. 조직 내부도 '순혈주의 문화' 또는 '출신 우선주의 문화'를 형성하게 된다.

소수의 엘리트들에게 맹종(盲從)하면서 장래를 보장받은 중간관리자들은 자신들의 성과와 경쟁력을 과신(過信)한 나머지 주변의 발전적인 건의나 다양한 개선과 변화를 요구하는 의견 등에도 점차 신경을 쓰지 않게 된다. 내부적으로 보여지는 성과에만 신경을 쓰는 분위기가 확산되면서 조직에 부정적으로 영향을 끼칠 위험요인의 감지(感知)나, 발전을 위한 내부 혁신 노력도 등한시하게 된다. 독선적이고 획일화된 관료조직으로 변질된 이러한 조직의 풍토는 급변하는 외부 환경에 적극적으로 대응하려는 관리자들마저 숨을 못쉬게 만들고, 건전한 자생력마저 잃어버리게 만든다. 결과적으로 이러한 조직은 최고 핵심계층에서부터 개선키려는 의지조차 못 느끼게 만드는 환경으로 인해 치명적인 손해(damage)를 가져오게 한다. 그러나 자만심이 가득한 중간관리자들은 문제의 원인을 제대로 규명하려는 의지나 노력은 볼 수 없고, 적절하게 절충하면서 정말 필요한 변화는 중요하게 생각하지 않게 되므로 발전할 수 있는 여지조차 없어지게 됨을 재인식할 필요가 있다.

측이 가능하다. 현재의 시스템을 지속적으로 기능하게 하는 데 목적을 두고 있다. John P. Kotter 저, 한정곤 역, 『기업이 원하는 변화의 리더(개정판)』(경기: 김영사, 2011), pp. 53~57.; John P. Kotter 저, 신태균 역, 『변화의 리더십』(서울: ㈜북21, 2003), pp. 28~30.

국가 경제의 발전과 국민의식 수준이 성숙해지면서 대내외 상황은 변화되어져 점점 더 다양하고 창조적인 우수한 인재들을 요구하고 있다. 장교 획득원 중 소수의 특정계층이 충원과정에서부터 상위계급 진출에 이르기까지 차등화관리가 되어야 한다는 인식은 보편적 가치와 형평성 측면에 부합되지 않는다. 정예집단이 군을 주도함으로써 전투력 발전과 유지에 도움이 된다는 일부의 주장에 동의하기도 어렵다. 따라서 장교단의 복무관리 및 인사운영 체계는 공정성과 균형성에 기반을 두는 방향으로 변화와 개선이 되어야 한다는 요구가 지속될 수밖에 없다.

육군은 장교단의 복무 유형을 몇 가지로 구분하고 있으나, 통칭(通稱)할 수 있는 공식적인 용어는 존재하지 않고 있다. 다만 일반적으로 '정규(직)장교 또는 비정규(직)장교', '직업장교 또는 비직업장교', '육사장교 또는 비육사장교', '경력장교 또는 비경력장교', '장기복무장교 또는 단기복무장교, 중기복무장교'로 호칭하고 있다. 또한 '일반출신 장교', '특수장교', '전문장교'라는 용어 등도 장교의 복무 유형을 표현할 때 일부에서 사용하고 있지만, 공식화되어 있지는 않다. 군인사법도 장교의 복무 유형에 따라 '장기복무장교'와 '단기복무장교'로 구분되어 있을 뿐 명확한 개념으로 구분되어 있기 보다는 실체적으로 존재하고 있는 획득원에 따라 구분되어 있다.

이러한 용어의 혼란 속에서 육군이 시행하고 있는 장교단 충원 및 복무관리 개념은 두 가지로 구분되어 있다. 즉, '차등화 관리'와 '균형화 관리' 개념이다. 먼저, '차등화 관리'는 장교의 충원 및 상위계급으로의 진출은 복무관리의 효율성을 높이는 측면에서 초급장교 양성과정에서부터 각 출신별 활용 목표를 설정하고 최종 상위계급 진출까지 차등화시켜 관리하는 등을 통해 소수를 정예화해야 한다는 개념이다.

반면에 '균형화 관리'는 장교단이 획득원에 따라 차별이 있어서는 안된다는 개념이다. 이는 직업군인제도의 기원으로 삼고 있는 1808년 프러시아의 「장교 임용에 관한 포고령」에 근거할 경우 장교는 출신과정을 불문하고 국민을 대표한다는 보편주의적 정서 및 가치를 기준으로 하고 있다. 즉, 장교는 계급과 직책에 따라 동일하게 직무와 역할을 수행하므로 초급장교 충원과정에서부터 상위계급으로의 진출, 보직관리 등에서 균형된 복무관리가 되어야 하고 인사운영 측면에서도 보호받아야 한다는 의미이다.

육군 장교단 중 특정출신은 창군 초기 정부와 군 수뇌부의 배려 속에 가장 먼저 선진화된 국비장학생 집단이다. 일반출신은 상대적으로 초급장교로서의 기본자질과 전문능력, 지적 수준, 소명의식과 심적 자세 등에서 다소 차이가 있음이 사실이다. 그러나 시대적 변화와 제한되는 여건 속에서도 군의 전투력 향상과 국가 발전의 한 축을 담당하고 있다는 점 또한 엄연한 사실이다. 각자에게 부여된 계급과 직책 내에서 적극적으로 국가와 군의 발전에 기여하고 있다는 사실을 외면하기는 어렵다.

육군은 '자유경쟁에 의한 진급관리체계'를 제도화하여 추진하는 등을 통해 긍정적인 변화와 발전을 적극 도모하고 있다. 하지만 군 내부의 공감대를 크게 얻지 못하는 요인은 특정 출신에 대한 혜택을 상수(常數)로 인식하는 데서부터 배태된 출신 간의 갈등, 불신의 정서에서 비롯된 산물이다. 창군 초기 생성된 육군의 장교단 충원제도가 시대적 환경과 변화 요구에 부합하지 못하는 상황이 유지되고 있는 데서부터 이러한 현상은 자연스럽게 누적되어 왔다. 이 과정에서 직업안정성이 보장되지 않은 현실과 민간 노동시장의 우수인재들이 현실적 문제인 출신을 생각하지 않고 직업군인 장교를 평생직업으로 선택하기는 불안하다는 분위기가 자연스럽게 형성되어 있다.

장교단은 출신에 따라 질적 수준 및 소명의식에서 격차는 존재한다. 이는 각 출신 간 군사교육 기간, 교육 강도, 교육시설 및 환경, 일반학 및 군사학 교수(교관) 등의 질적 여건이 틀리고, 예산투자의 질적 규모 측면에서도 개인의 미래가 결정적으로 좌우될 만큼 심한 격차가 존재한다는 점에서 그 단면을 느낄 수 있다. 더욱이 일반 출신 장교의 경우는 임관 이후 재선별 과정을 거쳐 그 중 한정된 인원만이 중기 또는 장기복무장교로 확정되고 있는 현실적 한계까지 고려한다면, 소명의식을 포함한 가치관, 각종 데이터 분석 및 연구 등에서 질적 수준의 평가가 상대적으로 떨어짐은 당연한 결과로 볼 수 있다. 따라서 일반 출신의 복무 자세와 소명의식이 특정 출신과 비교시 상대적으로 차이가 나고 있다는 현상은 현행 장교단 충원제도가 존속되는 한 해결이 난망(難望)한 과제로 볼 수 있다.

따라서 본 연구에서 '형평성'은 '복무관리의 균형성'을 의미하며, 이는 능력 중시 풍토와 상위 직책 및 계급 구성비율의 균형, 보직 부여 및 상위계급으로의 진출 간 균등한 기회 부여로 정의한다.

제 3 장

외국군의 장교단 충원제도

제1절 개 요

여느 유형의 국가를 막론하고 직업군인 장교단은 국민이 선택한 국가안보 수호 집단 중 군사부문을 대표하는 핵심계층이다. 외국군은 우수한 인재들이 군을 평생직업으로 선택할 수 있도록 제도적으로 보장하고 있으며, 자유경쟁체계를 확립하여 적극적인 직무 수행을 유도하고 있다. 민간기업과 공조직의 경우도 개방적인 근무환경 조성과 직무 동기를 부여하고 사기를 진작시키기 위해 적극 노력하고 있다. 이에 기반하여 다양한 전쟁을 수행한 경험, 한국의 안보환경과 유사한 4개 국가의 사례를 선별적으로 살펴보고자 한다.

미국은 세계에서 유일한 패권 국가이자 경찰국가로서 불특정한 다수의 적을 대상으로 하고 있으며, 전쟁과 폭력이 동반된 갈등 행위에 상시 대비하는 국가이기에 선정하였다. 특히 창군 초기부터 한국군의 창설과정과 6·25전쟁에 주도적으로 참여하였던 역사적 사실,

한국군의 창설 및 조직과정이 미군의 재판(再版)이었다는 점 등을 비롯하여 많은 부문에서 한국에 깊은 영향을 끼쳐왔다.[1] 또한 미 ROTC제도를 한국에서 벤치마킹하여 도입하였으며, 제도적으로 직업안정성이 보장되어 있는 점을 고려하였다.

영국은 세계 4위의 군사력을 보유하고 있으며 한국과 군사제도는 상이하지만, 일원화된 충원제도를 시행하고 있다. 또한 제1차 세계대전 이전까지만 하더라도 독일과 함께 세계 패권국가로서 미국과 유사한 위상을 갖고 있었던 측면, 관료주의적 전통과 엘리트를 중시하고 있는 사회라는 특성을 같이 고려하였다.

이스라엘은 세계 11위의 군사력을 보유하고 있으며, '민군동체(民軍同體)' 개념의 시민군대가 발전되어 있다. 더욱이 한국과 지정학적으로 유사한 안보환경임에도 경제성과 효율성, 형식 타파 등의 정책을 실천하여 시너지 효과를 창출하고 있다는 점에 주목하였다. 장교단의 소명의식과 처신이 국민들의 전폭적인 신뢰를 받고 있으며, 주변 아랍 국가들과의 갈등 및 대립관계에서도 강한 내부 결속력과 높은 전투력을 유지하고 있는 점을 고려하였다.

독일은 세계 7위의 군사력을 보유하고 있으며, 분단의 역사를 가지고 있다. 특히 1808년 이후 종속적이던 상하급자 제도를 완전히 철폐하고 특권계층(귀족)은 무조건 진급되는 권리를 완전히 제거하였다. 이를 기반으로 하여 건전한 심적 자세, 신속한 판단력과 행동력, 정확성, 근무태도와 규율 등의 준수의식과 실천 수준 평가 등을

---

1) 양희완, 『軍隊文化의 뿌리: 군대의 전통과 관습을 중심으로』(서울: 을지서적, 1988), pp. 170~173.

통해 능력 중심의 진급 풍토로 개선시켰다. 또한 일원화된 군사학 교육훈련 체계를 확립하는 등 유연한 사고방식과 상황 인식으로 전장을 주도하고 있다.[2] 그리고 샤론호르스트가 초기에 도입하여 유럽 ROTC의 기원이 된 '아카데미커(ROTC)'에 '민군일체' 개념을 적용한 점을 고려하였다.

제2절 미국

1. 장교단 충원 제도

미국은 유일한 패권 국가이자 경찰국가로서 최강의 군사력을 구비하고 있으며, 2002년 기준으로 상비병력이 총 1,367,700명으로 육군은 34.9%인 477,800명을 유지하고 있다.[3] 현역 병력 중 장교 비율이 15%로서 비교적 높은 편으로 현역 계급 비율은 장교 15%, 부사관 40%, 병사 45%의 구조를 유지하고 있다.[4] 장교단은 각 출신에 따라 별도의 교육과정을 통해 배출하고 있지만, 교육수준이나 내용 측면에서 별 차이가 없다. 출신별 최소복무 기간도 다소의 차이는

---

2) 대한민국 ROTC 50년사 편찬위원회, 『대한민국 ROTC 50년사』(2011), pp. 293~311.

3) 2002년도 'U.S. National Defense Annual Report(미 국방연례보고서)' 참고.

4) 육군본부, 『인사정책제안서』(2003), p. 219.

존재하고 있으나, 장교는 모두가 직업장교라는 인식을 당연시하고 있다. [그림 3-1]은 미 육군의 장교단 충원 체계를 도표로 정리한 내용이다.

[그림 3-1] 미 육군의 장교단 충원 체계도

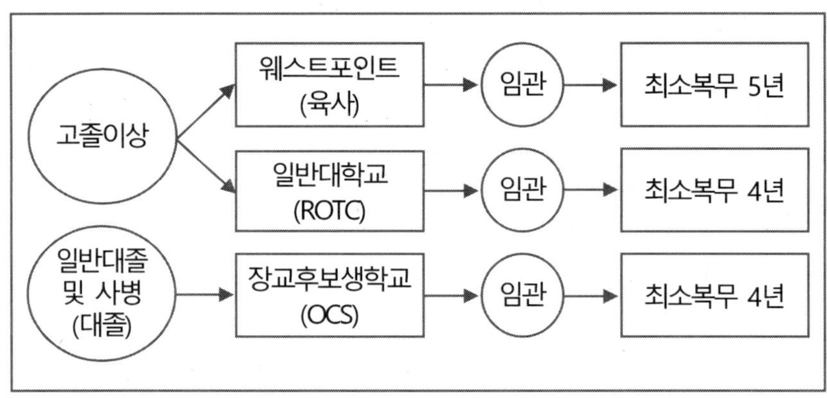

* 필자가 참고자료를 활용하여 작성하였음.

웨스트포인트와 일반대학교에 설치된 군사훈련 조직인 예비장교 훈련단(Reserve Officer Training Corps, 이하 ROTC), 대졸 학력 이상의 현역 병사 및 부사관과 준사관, 일반대학 졸업생을 대상으로 하는 장교후보생과정(Officer Candidate School)은 사회의 우수인재가 장교단에 안정적으로 충원될 수 있도록 보장하는 데 적극 기여하고 있다. 특히 초급장교 양성과정 간 일반대학교 수준의 지식과 초급장교로서의 기초 자질을 구비시키는 데 중점을 두고 진행하고 있다. <표 3-1>은 미 육군의 출신별 장교단 충원 체계 및 임관 비율을 정리한 내용이다.

〈표 3-1〉 미 육군의 출신별 장교단 충원 체계 및 임관 비율

구 분	웨스트포인트 (육사)	장교후보생과정 (OCS)	ROTC
지원자격	고 졸	대 졸	대 재
교육기간	4년	현역: 14주, 예비역: 9주	16주
최소복무기간	5년	4년	4년
임관비율	12%	22%	66%

* 출처: 정길호 · 김종탁 · 김혜인, "군 구조 개편과 연계한 미래 육군 인력획득체계 개선 연구," 『한국국방연구원』(2007), pp. 87~88.; 조영진 외, "장교양성 관리체계 발전방향 연구: 육군 장교의 양성체계를 중심으로," 『한국국방연구원』(2002), p. 26.; 임관비율이 실제 수치가 상이한 현황은 필자가 수정하였음.

초급장교의 연간 임관 비율은 웨스트포인트가 전체의 12%, 장교후보생과정(OCS)은 22%, ROTC는 66%를 배출하고 있으며, 이 가운데 현역 장교로 복무하는 인원은 전체 임관장교의 30%인 약 7,000~8,000명 정도이다. <표 3-2>는 웨스트포인트와 ROTC의 자질을 비교한 내용이다.

〈표 3-2〉 미 웨스트포인트와 ROTC의 자질 비교 (단위: %)

구 분	웨스트포인트	ROTC	
	FY 1990	FY 1986	FY 1987
총학생회장 또는 4학년 회장	28	12	11
학급의 상위 25%	88	97	93
학교 대표 팀으로서 우승	80	77	68
학교대표팀의 팀장	50	31	34
SAT평균	1208	1230	1206

* 출처: Petrosky, D. J., Regular Army Commissions for ROTC Graduates. US Army War Collage, Report Paper (1988), pp. 27~29.

이들은 획득원에 따라 최소 복무기간에 다소 차이는 있으나, 장기 복무를 희망할 경우 균형된 복무관리를 보장받고 있다.[5] ROTC는 웨스트포인트보다 더 오랜 역사와 전통을 가지고 있다.[6] ROTC 출신은 2012년 기준으로 약 58만여 명이 장교로 임관하여 문민통제에 상당한 기여를 하여 왔으며, 제1・2차 세계대전을 승리로 이끈 주역이었다. 미 육군참모총장 조지 마샬(George C. Marshall, 15대) 장군, 존 에프 케네디(J. F. Kennedy) 대통령, 콜린 파월(Colin Powell) 합참의장, 1960・1974・1991년 참모총장이었던 조지 데커(George H. Decker, 22대)・프레드릭 웨이랜드(Fredric C. Weyland, 27대)・고든 설리번(Gorden R. Sullivan, 32대) 대장 등이 모두 ROTC 출신이다.

미 육군은 개방적 충원제도를 통해 객관적이고 공정한 복무관리를 활성화시켜 대외적으로 동질성과 형평성을 인정받고 있다. 그리고 6·25전쟁 당시 미 장성의 아들 142명이 참전하여 이 중 35명이 목숨을 잃거나 부상을 입었다는 점은 사회적 책임성을 다하는 노블레스 오블리쥬 정신을 그대로 보여주고 있다. 당시 밴플리트 미8군 사령관의 아들은 공군 조종사로서 야간폭격 임무를 수행하다가 전사하였고, 아이젠하워 대통령의 아들은 육군 소령으로 참전하였다. 이러한 실천적 노력은 이들을 애국적 가치관과 뚜렷한 소명의식, 사

5) 조영진 외, 앞의 논문, p. 26.

6) 대한민국 ROTC 정무포럼, 『21세기형 리더십, ROTC의 정신과 혼』(서울: (주)오디문, 2012), pp. 247~250.

회적 가치와 책임을 구현하는 엘리트 집단으로 신뢰받게 하고 있다. <표 3-3>은 미 육군에서 시행되고 있는 출신별 장교단 충원 규모 및 장군 진출률이다.

〈표 3-3〉 미 육군의 출신별 장교단 충원규모 및 장군 진출률

<table>
<tr><th>구 분</th><th>계</th><th>웨스트포인트</th><th colspan="2">장교후보생(OCS)</th><th>ROTC</th></tr>
<tr><td>교육인원(명)</td><td>8,230</td><td>1,014</td><td colspan="2">1,765</td><td>5,451</td></tr>
<tr><td>임관비율(%)</td><td>100</td><td>12</td><td colspan="2">22</td><td>66</td></tr>
<tr><td>장기복무율(%)</td><td>-</td><td>65.8</td><td colspan="2">90이상</td><td>-</td></tr>
<tr><td rowspan="2">장군비율(%)</td><td rowspan="2">100</td><td rowspan="2">33</td><td rowspan="2">15</td><td>OCS : 9</td><td rowspan="2">52</td></tr>
<tr><td>의사 · 목사 : 6</td></tr>
</table>

* 교육인원은 졸업 및 임관인원과 동일한 의미를 가지고 있다.

* 웨스트포인트의 장기복무 비율은 65.8%, OCS는 90% 이상이다.

* 출처: Population Representation in the Military Services. "Office of the under Secretary of defence, personnel and readiness"(2011).; Henning Charles A. "Army officer Shortage: Background and Issues for Congress." CRS Report for Congress (2006).; 최광표 외, 앞의 논문, p. 198.; 필자가 필요한 현황을 추가하여 재작성하였음.

미 육군은 진급관리의 기본 목표를 "증가된 책임을 수행할 수 있는 잠재역량이 구비된 장교를 진출시키고, 수준 이하의 장교는 제거하는 데 있다."라고 규정짓고 있다.7) 진급은 복무에 대한 보상 차원보다 책임감이 더 큰 직책에서 복무하는 데 필요한 잠재역량에 기초를 둠으로써 가장 우수한 자질을 갖춘 장교를 선발하는 데 목적을 두고 있는 것이다. 이는 우수한 인재들이 장교단을 선택하게 만드는

7) 『Army Regulation 600-200』, pp. 24~100.

직접적인 동기로 작용하고 있으며, 고도의 잠재역량을 보유토록 하는 데 두고 있다. 이를 위해 모든 장교들은 동일한 진급기회를 부여받고 있다. 진급 기회는 각 그룹별로 조기진출 10%, 정상진출 85%, 지연진출 5%로 각 3회씩 주어지고 있으며, 계급별 최저복무기간과 진출률을 설정하여 직업안정성 보장에 적극 노력하고 있다.[8)]

1) 육군사관학교(Army Military Academy = 웨스트포인트)

1802년 7월 4일에 설립된 육군사관학교(Army Military Academy)는 뉴욕시 북쪽 교외의 웨스트포인트에 위치하고 있기 때문에 '웨스트포인트'로 호칭하고 있다.[9)] 웨스트포인트에서는 매년 약 1,400명의 학생을 선발하고 있다. 신입생 대부분이 고등학교 졸업생이지만, 부대 지휘관이 추천한 현역 및 예비역 군인, 명예훈장 수상자의 자제도 일부 포함되어 있다. 웨스트포인트는 학생들에게 폭넓은 기초 군사이론 교육과 기능훈련을 진행하고 있다. 특히 일반대학교 수준의 학사과정을 교육함으로써 문무를 겸비한 직업장교로 계속 발전해 나갈 수 있는 토대를 제공하고 있다. 교육과정은 정규대학과 마찬가지로 4년제로서 이수 후 군에서 5년 간 의무적으로 복무하도록 되어 있다.[10)]

---

8) 최병순,『국방인력관리론』(수색: 국방대학교, 2002), pp. 314~315.

9) 양희완, 앞의 책, p .207.

10) 최흥섭, "한국과 미국의 육군 HRM(인적자원관리) 제도에 관한 연구"(서울: 고려대 석사학위논문, 2003), p. 12.

2) 장교후보생과정(Officers Candidate School)

육군의 장교후보생과정(OCS)은 지원자격을 대졸학력 이상의 우수한 병사, 부사관 및 준사관, 그리고 선발과정을 거친 일반대학교 졸업자를 초급장교로 확보하기 위해 시행하고 있는 제도이다. 모집 정원은 연간 소요에 따라 결정되며, 교육기간은 현역은 14주, 예비역은 9주로서 의무복무 기간은 4년이다.[11]

또한 4년제 대학교 졸업자를 포함하면서도 현역군인으로서 학위가 없을 경우 90학점 이상을 이수하면, 장교 지원이 가능하도록 제도화되어 있다.[12] 이는 한국 육군의 학사사관후보생과정이나 간부사관후보생과정과 유사한 제도로 볼 수 있다.

3) 예비장교훈련단(Reserve Officer Training Corps)

ROTC는 총 315개 대학교에 설치된 군사훈련 조직으로 우수한 현역 및 예비역 장교의 양성을 목적으로 하고 있다. 군사학 교육은 대학생활 간 학년단위로 진행하고 있다. 4년제 대학교의 우수한 재학생을 대상으로 진행하는 ROTC과정은 4년제 및 2년제 과정을 시행하고 있다. 지원자는 대다수 4년제 과정을 선택하고 있으며, 4년제 과정은 기초과정(MSL Ⅰ, MSL Ⅱ)과 고급과정(MSLⅢ, MSLⅣ)으로 구

---

11) 최홍섭, “앞의 논문, p. 43.; 조영진 외, 앞의 논문, p. 26.

12) 미 육군OCS 홈페이지(http://www.armyocs.com/modules.php?name=Content&pa=showpage&pid=4) (검색일: 2014. 9. 11.).

분하여 교육을 진행한다. 그리고 2년제 과정은 하계 리더훈련과정(LTC)을 이수할 경우 3학년부터 ROTC후보생에 편입시켜 시행하고 있다.[13)]

<표 3-4>는 ROTC후보생의 학년별 군사학 교육중점을, [그림 3-2]는 미 육군의 ROTC 프로그램 구성 및 진행단계를 정리한 내용이다.

〈표 3-4〉 미 육군 ROTC후보생의 학년별 군사학 교육중점

구 분	교육중점 및 교과목 편성	비 고
군사학 1년차 (MSL Ⅰ)	· 군대예절, 군대역사, 응급조치 기초, 사격술 기초, 수류탄 기초, 리더십 기초, 독도법, 야외훈련, 지형정찰, 레펠, 제식훈련 및 행사	-
군사학 2년차 (MSL Ⅱ)	· 전술, 부대 지휘통솔 절차, 작전명령 기초, 윤리	-
리더개발 및 평가과정(LDAC)	· 다양한 리더십 역할 수행 및 능력평가 실시, 장애물, 레펠, 수상안전, 화기사격, 순찰	4주
군사학 3년차 (MSL Ⅲ)	· 리더십 응용, 근무자 지휘실습 경험, 작전명령 하달 연습, 소부대 전술 시행, 체력단련 훈련, 리더십 개발 및 평가과정(LDAC) 준비	-
군사학 4년차 (MSL Ⅳ)	· 졸업 및 임관 후 임무수행 준비, 후보생 신분 및 병과 분류, 훈련 운영 및 임무 기획·조정, 3년차 교육훈련 실시	-

* 출처: U.S. Army Reserve Officer's Training Corps. (2012), pp. 2~3.

13) 미 육군ROTC 홈페이지(http://www.goarmy.com/rotc/college_students.jsp) (검색일: 2014. 9. 11.).

[그림 3-2] 미 육군의 ROTC 프로그램 구성 및 진행단계

구분	기초과정(BC)			심화과정(AC)		
	제1단계 (MSL Ⅰ)	제2단계 (MSL Ⅱ)	리더십훈련 (LTC)	제3단계 (MSL Ⅲ)	리더십 개발 · 평가 (LDAC)	제4단계 (MSL Ⅳ)
교육 대상	1학년	2학년	JROTC수료자 전문대 ROTC수료자 ROTC신규지원자 (기초과정 미이수자)	3학년	전체 ROTC 후보생	4학년
교육 목표	분대원	팀리더	심화과정 이수자격 부여	분소대 지휘자	임관자격 부여	중·대대 관리자

프로그램 진행단계

구분	제1단계 (MSL Ⅰ)	제2단계 (MSL Ⅱ)	제3단계 (MSL Ⅲ)	제4단계 (MSL Ⅳ)
교육 대상	• MSL101: 리더십 및 개인개발	• MSL201: 혁신적 팀 리더십	• MSL301: 적응성 연계한 전술적 리더십	• MSL401: 적응성 높은 리더십 개발
	• MSL102: 전술적 리더십 소개	• MSL202: 전술적 리더십 기초	• MSL302: 상황변화 속에서의 리더십	• MSL402: 복잡한 상황 속에서의 리더십
교육 목표	• 교내수업: 1H/주 • 리더십 실험: 1H/주 • 체력단련(PT) • 야외종합훈련(FTX)	• 교내수업: 2H/주 • 리더십 실험: 1H/주 • 체력단련(PT) • 야외종합훈련(FTX)	• 교내수업: 3H/주 • 리더십 실험: 1H/주 • 군사전문교육(PME) • 체력단련(PT) • 야외종합훈련(FTX)	• 교내수업: 3H/주 • 리더십 실험: 1H/주 • 군사전문교육(PME) • 체력단련(PT) • 야외종합훈련(FTX)

* 출처: U.S. Army Reserve Officer's Training Corps. (2012), pp. 2~3.; 최광표 외, 앞의 논문, p. 213.

4년제 과정은 1학년 때 입단하여 기초과정(BC)과 고급과정(AC)을 이수하고 졸업과 동시에 임관한다. 2년제 과정은 학생들에게 선택의 폭을 넓혀주기 위해 시행한 제도로 기초과정(BC)을 이수하지 않았지만, ROTC를 희망하는 학생들에게 적용하고 있다. 일반학생들이 희망할 경우 2학년 여름방학 기간 중 리더훈련과정(LTC)을 이수하게 되면, 3학년 때 편입시켜 고급과정(AC)을 진행하는 제도이다. 3·4학년 학생 중 6주 간의 입영훈련 이수자를 대상으로 진행하는 2년제 과정은 전문대학생 및 ROTC 교육을 받지 못한 학생들에게 기회를 부여하고 있다. 다만, <표 3-5>와 같이 장학금 수혜 여부에 따라 복무기간에 다소의 차이가 있다.

〈표 3-5〉 미 육군 ROTC 출신의 장학금 수혜에 따른 복무기간

구 분	장학금 수령자	자비(自費) 수료자
복무기간	8년(현역 4년 + 예비역 4년)	8년(현역 3년 + 예비역 5년)

* 출처: 최광표 외(2012), 앞의 논문, p. 207.

복무기간은 현역과 예비역을 합쳐 8년을 복무하게 되어 있다. 장학금을 받는 경우 현역과 예비역으로 각 4년을 복무하고, 자비인 경우는 현역으로 3년, 예비역으로 5년을 복무하고 있다. 이들은 기본적으로 8년 의무복무제도를 유지하고 있지만, 계약조건은 충원 소요에 따라 탄력적으로 적용하고 있다. 주요 교과목은 무기 사용, 군사 및 병과지식, 분대전술, 지휘통솔론 등을 진행하고 있다.

미 육군의 장교단 충원제도는 두 가지의 특성을 갖고 있다. 첫째, 3개 과정으로 시행하고 있다. 연간 임관비율은 웨스트포인트가 전체

정원의 12%로서 한국 육사교 출신의 4%에 비해 높은 비중을 차지하고 있다. 장군 구성비율 측면에서 보면, 육군 전체 장군의 약 50%는 ROTC 출신으로 형성되어 있다. 둘째, 장교의 최소복무기간은 4년 이상으로 개인이 병과 및 직능을 선택할 수 있다. 모든 장교는 직업이라는 인식이 일반화되어 있으며, 초급장교들의 기초 자질 및 수준은 전반적으로 상향평준화되어 있다.[14)]

미 ROTC 교육의 기원은 1819년 아메리카 문리・군사아카데미(American Literary, Scientific & Military Academy)에서 당시 웨스트포인트 교장인 알덴 파트리지(Alden Partridge) 장군이 대학의 정규과목에 군사교육 프로그램을 포함하여 실시한데서 시작되었다.[15)] 다시 말해 초기 ROTC는 제1차 세계대전 이전부터 희망하는 대학교에서 지원하는 학생들을 대상으로 군사학교육을 진행하던 일반적인 방식이었다.

2. 직업안정성 평가

미 육군은 동질성 측면에서 3개 과정을 통해 초급장교를 충원하고 있으나, 충원기관과 획득원에 따라 기본자질을 요구하는 수준은 상

---

14) 최광표 외(2012), 앞의 논문, pp. 207~208.

15) 현재의 버몬트(Vermont)주 노스필드(Northfield)의 노위치 대학(Norwich University)에 위치하고 있다. 미 프린스턴 대학 홈페이지(http://www.princetonview.com/cte/article /military) (검색일: 2014. 11. 12.)

이하다. 책임성 측면에서 대외 신뢰 수준이 높으며, 장교는 기본적으로 직업장교라는 인식을 갖고 있다. 그리고 별도의 외부임용 방식을 적용하고 있다. 군복무 간 전문 학위 교육을 병행하고 있으나, 병과 선발 기준은 명확하지 않다. 형평성 측면에서 볼 경우 상위계급으로의 진출 및 보직 부여 간 자유경쟁체계가 확립되어 있으며, 군 내외부적으로 깊은 신뢰를 받고 있다. 고급장교의 비율은 육군의 진급 및 보직 목표에 부합된 정책을 균형 잡히도록 실천함으로써 모두가 공감하고 있는 편이다. 또한 군 복무경력 및 교육훈련 성과를 사회 취업과 연계시키는 '경력관리프로그램'과 학부과정을 희망할 경우 학비 전액을 지원하는 '학위취득프로그램'의 시행, 취업 우선권 부여 등을 통해 긴 정년이 보장되어 있으며, 취업률은 95%를 유지하고 있다.[16] 노동부에서는 공무원 시험에 응시하는 제대군인에게 5%, 상이군인은 10%의 가산점을 부여하고 있다. 또한 비경쟁으로 채용할 경우 우선권을 부여함으로써 연방정부 공무원 중 제대군인이 25%를 차지하고 있다는 점은 주목할 만하다.[17]

---

16) "전직지원인식, 바꿔야 한다," 『국방일보』(2016년 2월 23일자, 16면).

17) 노양규, "전역군인 적합 일자리 및 취업체계 구축방안," 『한국국방발전연구원』(2014), p. 9.; (사) 한국행정문제연구소, "제대군인 직업교육훈련 통합관리 및 개선방안에 관한 연구"(2011. 11. 24.), p. 84.

제3절 영 국

1. 장교단 충원제도

영국은 세계 4위의 군사력을 보유하고 있다. 2012년 기준으로 상비병력이 총 174,040명으로 이 중 육군은 57.9%로 100,840명을 유지하고 있다. 예비병력은 38,500명을 보유하고 있다.[18] 현역 병력 중 장교 비율은 15%로 미국과 비슷하다. 모든 장교 지원자는 민간인 혹은 하위 계급자 중에서 지원을 받는데, 육군장교선발위원회(Army Officer Selection Board)의 주관 하에 3일 간 적성과 교육수준 등을 종합 평가하여 충원하고 있다. 이후 각자의 희망에 따라 각각 단기, 중기, 장기복무 자원으로 분류한 후 샌드허스트 왕립사관학교(Royal Military Academy)에서 6개월 간 교육 후 임관시키고 있다. [그림 3-3]은 영국의 장교단 충원 체계를 도표로 정리한 내용이다.

---

18) 예비병력은 지방군으로 호칭되고 있으며, 평시에는 다른 직업을 가지고 생활하면서 정기적인 훈련을 받고 있지만, 전시가 되면 정규군으로 편입되어 임무를 수행하는 일종의 예비군이다. 김대영, "국가방위의 중심군: 영국 육군," 『육군지』 제12월호 (2014), pp. 26~27.).; 외교부 홈페이지(www.mofa.go.kr) (검색일: 2015. 3. 13.).

[그림 3-3] 영국의 장교단 충원 체계도

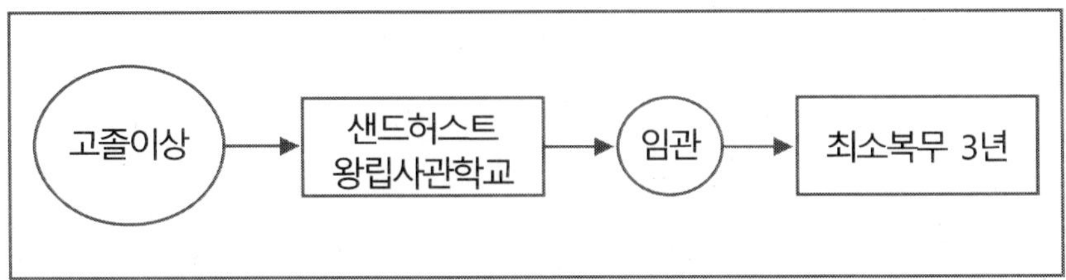

* 출처: 필자가 참고자료를 활용하여 작성하였음.

영국 런던의 울위치(Woolwich)에 위치한 왕립사관학교는 1741년에 개교하여 포병장교와 기술장교를 충원하기 시작하였다. 반면에 샌드허스트(Sandhurst) 왕립사관학교는 1802년도에 미 '웨스트포인트'와 같이 출범하여 기병장교와 보병장교를 충원하였다.[19] 제2차 세계대전이 발발하자 두 교육기관을 폐교시켰으나, 세계대전이 종료되면서 1939년 울위치 왕립사관학교의 기능을 샌드허스트로 통합하였다.

왕립사관학교는 3군 장교를 양성하는 종합교육기관으로 교육은 모든 획득원을 불문하고 동일하게 진행되고 있다. 입교자 중 약 85%는 대학졸업자로서 연령대가 18~29세인 공립 또는 일반 고등학교와 대학교 출신, 그리고 준사관들로 구성되어 있다. 또한 군의, 법무를 포함한 특수병과 후보생들도 예외 없이 이곳에서 교육받고 있다. 하지만 일반학위 교육과정을 제외한 군사교육과 훈련과정은 44주로서 매년 2회씩 진행하고 있다. 또한 광범위한 획득원을 활용하기 위해

19) 샌드허스트 왕립사관학교(RMA)는 종합군사학교로서 육군 장교를 양성하고 있지만, 학사학위는 수여하지 않기 때문에 다른 대학을 졸업 후 입교하고 있다. 한국과 비교하면, 학사사관과정과 유사하다. 양희완, 앞의 책, p. 207.

일반대학교와 중·고등학교에 클럽 형식의 학군단을 자율적으로 조직 및 운영하도록 권장하고 있다.

학군단은 군사관련 교육훈련을 학생들에게 제공하면서 군인으로서의 동기를 부여하기 위해 노력하고 있으며, 국방성이 적극적으로 예산을 지원하고 있다. 예비역장교들은 자원봉사 형식으로 교육 및 지도에 동참하는 등 명예심과 소명의식으로 무장되어 있다. 윈스턴 처칠(Winston Churchill) 수상, 윌리엄(William Windsor) 왕자 등이 학군단을 통해 배출된 인사들이다.

18세기 이전까지 직업군인 장교단은 3D 업종으로 취급되었고, 고위 장교직은 매관매직을 통해 이루어지는 등의 폐단으로 인해 장교단에 대한 인식이 긍정적이지 못하였던게 사실이다. 그러나 크림전쟁이 발발하면서 직업군인 장교들이 예우받게 되었고, 점차 가문의 명예를 드높이는 직종으로 부각되기 시작하였다. 명칭도 근위대라던지, 경기병, 기마포병부대 등의 옛 명칭을 활용하는 등을 통해 전우애와 단결력 향상은 물론 부대의 전통과 명예, 자긍심을 높이고 있다.

영국군은 내부적으로 같은 출신끼리의 폐쇄적 전통을 세우기에 몰입하던 부정적 폐해의 역사와 권력을 유지하기 위해 개인 욕망을 우선적으로 앞세우던 특권계층의 시대가 있었다.[20] 이로 인해 초기는 내부적으로 상호 신뢰와 결속력이 그다지 좋지 않았다.

그러나 점차 시민권자와 영국령 식민지 및 연방에 속한 시민은 누구나 장교로 지원이 가능하도록 자격을 확대하는 제도를 개혁적으

20) 육군대학, 영국군 소령 J. N. Elderkin, 『군사평론지』 제70호 (1970), p. 50.

로 시행하였다. 이러한 환경이 정착되면서 왕실과 친인척을 포함한 귀족들도 왕실 내부의 규율과 병역법에 따라 장교로 의무복무를 하고 있다. 제1·2차 세계대전 때는 고위층 자제가 다니던 이튼-칼리지 스쿨 출신 2,000여 명이 참전하였고, 포클랜드전쟁 때는 앤드루 왕자가 전투헬기 조종사로 참전하는 등의 사회적 책임의식이 점차 고유문화로 정착되어 왔다.

장교후보생들은 왕립사관학교에서 동일하게 교육을 받고 임관하기 때문에 장교단 내부적으로 출신 간 갈등 및 불신 현상은 찾아볼 수 없게 되었다.[21] 이러한 환경은 자연스럽게 소명의식과 내부 결속력을 갖추도록 만들었고, 국가안보에 전념할 수 있는 환경으로 정착되었다. 영국군은 장교들을 군의 시니어 매니저(Senior Manager) 또는 리더(Leader)로 호칭하고 있다. 초급장교 시절의 경험이 장차 군조직을 운영하는 전문 고급간부가 되기 위한 과정이라는 인식이 전제되어 있기 때문이다. 교육훈련 중에도 매 과정마다 엄격한 평가 및 시험을 진행하고 있으며, 이는 상위계급으로 진출 및 보직을 부하는데 결정적으로 영향을 미치고 있다.

중기·장기복무를 지원하려고 희망하는 장교는 2년을 복무한 후 왕립사관학교에 6개월 간 재 입교했다가 실무부대로 배치되는 과정을 거치게 한다. 일부는 고급교육을 위해 민간대학 또는 군사대학으로 진학하는 과정을 거치기도 한다. 장교후보생의 경우 민간대학 졸업자로서 군장학금 수혜자도 포함되어 있으며, 통상 5년 간 의무적으로 복무하고 있다. <표 3-6>과 같이 영국 장교단은 세 가지 유형

---

21) 정길호 외, 앞의 논문, p. 96.

으로 복무하고 있다.

〈표 3-6〉 영국의 장교단 충원 및 복무유형

구 분	복무기간	계급	진출률	재취업교육
정규장교과정 (RC)	55세 정년 (단, 16년 간 복무 후 대위 진급이 불가능할 경우)	-	중령: 70% 대령: 45% 장군: 55%	40세 혹은 16년 복무 후
전문장교과정 (SRC)	10~16년 (군 필요에 따라 55세까지 복무 가능)	소령		10~16년 복무 후
단기복무장교 과정(SSC)	3~8년 (군 소요에 따라 연장복무 가능)	대위		현역복무 만료 후

* 출처: 정길호 외, 앞의 논문, pp. 94~96.; 조영진 외, 앞의 논문, p. 104.; 필자가 도표로 재정리하였음.

영국군은 단기복무장교과정(Short Service Commission)과 전문장교과정(Special Regular Commission), 정규장교과정(Regular Commission)의 세 가지 유형으로 구분하고 있다. 상위계급 진출은 충원과정에 따라 유형별 상한선(上限線)을 부여하고 있으며, 의무복무 기간도 구분되어 있다. 정규장교가 되려면 기본 학력이 학사학위 이상이어야 하고 선발시험을 거쳐야 한다. 장교후보생은 병과학교에서 교육 후 소위로 임관하는데, 군 복무 간 정규장교로 지원이 가능하며, 이는 한국 육군의 장기복무장교 선발과 유사한 형태이다. 이들은 선발됨과 동시에 예비 소위 계급을 부여받게 되며, 국방성은 대학교에 재학 중이더라도 일정한 비율의 월급과 장학금을 지급하는 등 복무동기를 부여하기 위해 노력하고 있다.

초급장교(young officer) 과정은 총 2개 단계이지만, 15.5개월 간 진행하는 1단계 훈련과정(phase-1)에서 대부분 기초 자질이 습득되도록 진행하고 있다. 2단계(phase-2)는 1단계 과정에서 배운 것들을 적용하여 다양한 경험을 습득케 하면서 해당 직급에 필요한 보수교육을 진행하는 과정이다. 평시 부대관리는 부사관들의 책임 하에 실시하고 있으며, 장교들은 고급관리자로서의 책임과 역할을 수행하는 데 전념하고 있다.

정규장교는 소령 이상으로 진출할 경우 55세로 정년을 적용하고 있으며, 전역이 가능한 최소 복무기간은 3년이다. 전문장교는 근속 16년 간 대위계급에서 더 이상 상위계급으로 진출하지 못할 경우는 강제로 전역하게 된다. 이는 한국군의 계급정년 또는 연령정년과 유사한 제도로 볼 수 있다. 또한 전문장교가 되기 위해서는 만 21세 이상인 자로서 최소 16년을 계약하여야 하며, 군 경력자의 경우는 최초 계약을 10년으로 한다. 전문장교는 대위가 최종 계급으로 최소 2년을 복무한 후 정규장교로 전환할 수 있는 지원자격을 부여하고 있다. 이러한 전문장교는 정규장교와 마찬가지로 55세가 정년으로서 진급이 가능한 최종 계급은 소령이지만, 중령으로 진급도 가능하다. 중령으로 진급하려면, 정규장교로 전환되어야 한다. 단기복무장교는 최소 3년을 복무하며, 총 8년까지 연장이 가능하도록 되어 있다.

2. 직업안정성 평가

영국군은 동질성 측면에서 초급장교를 3개 과정을 통해 충원하고 있으며, 중앙에서 직접 충원하는 방식을 적용하고 있다. 기본자질을 요구하는 수준은 다소 높은 편이다. 책임성 측면에서 대외 신뢰 수준이 높으며, 장교는 기본적으로 직업장교라는 인식을 갖고 있다. 획득원은 학사학위 이상자를 대상으로 하는 외부임용 방식을 적용하고 있다. 군 복무 간 전문 학위 교육을 병행하고 있으며, 병과는 개인의 희망과 적성을 최대한 고려하고 있다. 형평성 측면에서 상위계급으로의 진출 및 보직, 고급장교의 비율 등에서 출신 간 갈등 및 불신 현상은 거의 없다. 다만 위관장교가 영관장교 시험에 합격하지 못하는 경우 16년 간 복무하게 되고, 준장은 55세가 연령정년으로 다른 국가에 비해 정년이 짧은 편이다. 그러나 국가 차원에서 복무유형을 불문하고 현역복무가 만료되기 전 민간직종으로 이직이 가능하도록 재취업교육은 전역을 전후하여 각 2년씩 진행하고 있으며, 취업률은 94%를 유지하고 있다.[22)]

22) 국방일보, 앞의 내용, 2016년 2월 23일자, 16면.; (사)한국행정문제연구소, 앞의 내용, p. 84.

제4절 이스라엘

1. 장교단 충원제도

이스라엘은 세계 11위의 군사강국으로 정규장교 및 부사관 위주의 기간요원(cadre)으로 편성되어 있으며, 1948년 5월 31일 방위군(Israel Defense Forces)을 창설하였다. 외교부 자료(2010년 6월)에 의하면, 2008년 기준으로 전체 군 병력 총 621,500명 중 상비병력이 176,500명이고, 이 중 육군은 79.9%인 141,000명을 유지하고 있다.[23] 현역병력 중 장교 비율은 20%로 미국 및 영국보다 높은 편이다. 예비군은 시민군 조직을 발전시킨 '민군동체(The society and the army are one)' 개념의 동원체계로 정착되어 있으며, 총 445,000명을 보유하고 있다. 예비군 제도는 영토 내의 전쟁에만 투입한다는 소극적인 방어개념에서 탈피하여 선제공격 위주의 공세전략 개념에 기반하고 있다. <표 3-7>은 이스라엘과 한국의 안보환경을 비교한 내용이다.

23) 외교부 홈페이지(www.mofa.go.kr) (검색일: 2015. 3. 13.).

〈표 3-7〉 이스라엘과 한국의 안보환경 비교

비교요소	이스라엘	한 국
지정학적 조건	• 아랍 국가들로 에워싸인 '작은 섬' • 핍박과 수난의 역사 경험	• 세계 최강의 4개세력 접합점 • 외침과 수난으로 점철
민 족	• 유태인(80%)	• 한민족(100%)
자 원	• 부존자원 미약 • 세계적으로 우수한 인적자원: 과학적·창조적 두뇌 보유 (다수의 노벨상 수상자 배출)	• 부존자원 미약 • 풍부하고 근면한 인적자원: 학력, 우수한 두뇌
건국 / 건군	• 1948년	• 1948년
전쟁 / 분쟁	• 6차에 걸친 대(對)아랍 전쟁 • 평화협상 중	• 동족 간 6.25 전쟁 • 휴전상태, 6자회담 중

* 출처: 권태영 외, 『21세기 한국군의 군사혁신 비전과 방책』(서울: 한국국방연구원, 1997), p. 291.

이스라엘은 제2차 세계대전 이후 강력한 전쟁수행 의지와 국민들의 무한의 신뢰를 바탕으로 주변 아랍 국가들의 군사적 압박과 침략행위 등을 무력화시키면서 자존 기반을 확보하고 있다. 특히 인구의 수적 열세, 전역(戰域)·종심(縱深)·전선(戰線)의 협소, 인적·물적 자원의 부족 등 열세한 여건에 있으면서도 형식을 배제하고 경제성과 효율성에 근거하여 취약점을 보완하고 있다.

이들의 합리적이고 실질적인 복무관리 및 인사운영 방식은 군내외부의 신뢰를 확립하는 데 큰 도움이 되고 있다. 더욱이 복무 간 대학교 진학 등의 진로 상담 및 조언을 상관 및 동료와 하는 풍토가 자연스럽게 정착되어 있는 현상은 주목할 만하다. [그림 3-4]는 이스라엘의 장교단 충원 체계를 도표로 정리한 내용이다.

[그림 3-4] 이스라엘의 장교단 충원 체계도

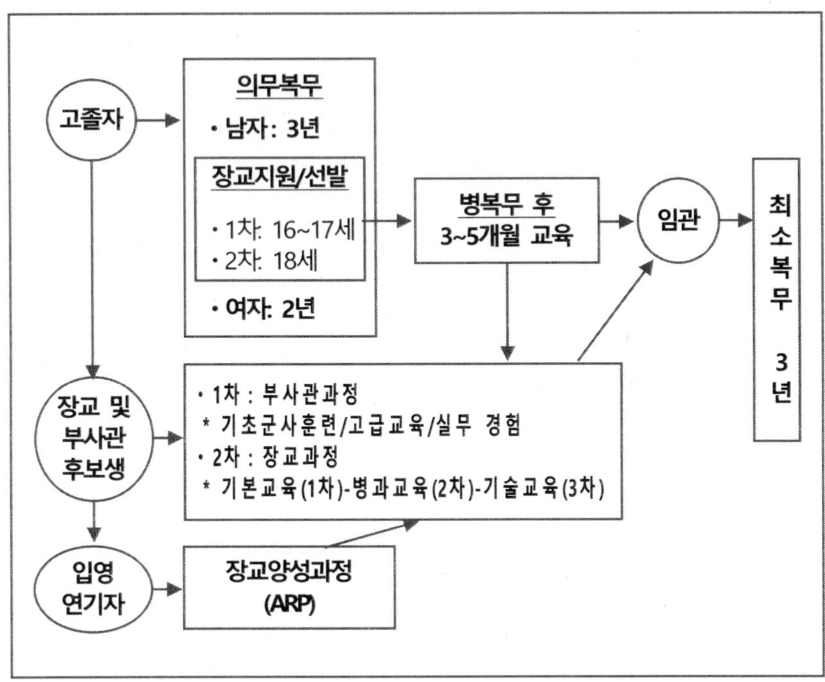

* 출처: 필자가 참고자료를 활용하여 작성하였음.

이스라엘은 고등학교를 졸업하면, 남녀를 불문하고 의무적으로 남자는 3년, 여자는 2년을 복무한다. 이들은 징집되면, 15주에 걸쳐 병과별로 기초군사훈련을 수료 후 각 부대로 배치된다. 장교로 복무하려면, 별도의 선발시험을 거쳐야 한다. 16~17세의 남녀 지원자들은 1차 선발시험을 먼저 치러야 하고, 18세가 되면, 2차 선발시험을 통해 최종적으로 선발된다. 선발된 인원들은 병복무를 마친 후 3~5개월간 재교육과정을 통과하여야 임관이 가능하다. 특이한 점은 병사들 중 우수한 인원을 선발하여 부사관을 선발하고, 이들 중에서 또 우수한 인원을 선발하여 장교로 임관시키고 있다는 점이다.

이들은 강한 전투력이 실전적 훈련에서 체득한 경험적 지식과 장교들의 솔선수범, 분권화 문화 등에서 기인한다고 믿고 있다.[24) 1973년 10월전쟁에서 당시 장교의 24%가 전사한 사실은 그들의 투철한 소명의식과 리더십을 단적으로 보여주고 있다.[25) 이스라엘군은 병사 및 부사관으로서 임무를 수행하지 못하면, 장교가 되더라도 훌륭한 전투지휘자가 될 수 없다는 관점을 기초로 하고 있다. 이는 장교들을 병사 및 부사관 생활을 체득시키는 과정으로 체계화되어 있다.[26)]

그러나 이스라엘도 과거 권위적인 군대문화와 병영 내에서 빈발하는 사고 등으로 인해 사회 문제로까지 확산되었지만, 정부와 군의 강한 혁신 노력을 통해 변화되었다. 특히 상관의 잘못된 지시는 하급자들이 의견을 낼 수 있도록 하였고, 능력이 부족한 장교는 해임되도록 제도를 정착시켰다. 또한 격식을 파괴하고 자율과 책임, 평등

---

24) 병무청 인터넷 홈페이지(http://www.mma.go.kr/www.mma3) (검색일: 2015. 2. 11.).

25) 조병욱, “안보 강소국을 가다: 군, 격식 파괴...자율・책임 강조,” 『세계일보』 (2013년 2월 21일자).

26) 문병장, “이스라엘 군사제도의 고찰,” 『군사연구』 제120집 (2004년 12월), p. 243; 이스라엘 해군은 해군사관학교가 있으며, 3년간 교육을 받은 후 하이파대학교(University of Haifa) 명의로 학사학위를 받고 소위로 임관해 61개월 간 의무복무를 하게 되어 있다. 이스라엘 군사력, http://www.globalfirepower.com/).; 위키피디아 이스라엘 해군(http://en.wikipedia.org/wiki/ List_of_ships_of_the_Israeli_Navy,

한 환경 및 여건 조성, 그리고 지휘관의 책임을 분권화시켰다. 이를 통해 2003년 43명이었던 병영내 자살사고가 2008년에 23명으로, 2011년과 2012년에는 21명으로 감소되는 효과를 가져왔다.[27)]

장교 및 부사관 후보생은 군 입대와 동시에 20주 간 기초군사훈련과 고급교육 과정을 진행하면서 실무부대를 경험하고 있다. 훈육을 담당하는 부대 지휘관은 1차적으로 개인별 평가를 실시하여 부사관 정규훈련 대상자를 선별한다. 부사관 훈련과정을 수료하면, 미즈체 라몬 장교학교(Mizpe Ramon Officer School)의 장교후보생 과정을 최종적으로 통과하여야 한다. 교육과정은 3단계로 진행하고 있다. 1단계는 보병 기본교육을, 2단계는 병과별(기갑, 포병, 공병 및 전투지원병과) 교육을, 3단계는 신체 및 적성 미달자들에 대한 기술병과 교육이다. 교육과정을 마친 장교후보생들은 임관과 동시에 야전의 원소속부대로 복귀하여 소대장 임무를 수행하게 된다.[28)]

이스라엘군의 장교양성과정(Academic Reserve Program)은 한국 육군의 ROTC제도와 유사하며, 입영을 연기한 학생들을 대상으로 매년 하계방학을 이용하여 주 1회 200여 명씩 군사교육을 진행하고 있다. 이 기간에 일반학 석사학위 취득도 가능하다. 하지만 입대하게 되면, 병과 중심의 군사교육 과정이 진행된다.[29)]

이들이 장교후보생을 통합하는 목적은 전쟁을 억제함과 동시에

---

27) 조병욱, 앞의 자료, 2013년 2월 21일자.; 최현수, "포위당한 건 그들...작지만 강한 이스라엘軍," 『국민일보』(2016년 7월 16일자).

28) 국방대학원, 『국방인적자원관리의 이론과 실제』(수색: 국방대학원, 1995), pp. 484~490.

29) 김부영 외, "독일 국방군 지휘통솔 연구 결과 보고서"(1997), p. 26.

보복 전투력으로 활용하는 데 있으며, 유사시 즉각 동원하기 위함이다. 또한 '가드너' 제도를 통해 고등학교에서 조국애, 충성심, 사격술, 전투기술 및 지휘력을 배양하고 있다. 고등학교의 군사교육 책임은 교육부와 국방부, 그리고 노동부가 공동으로 갖고 있지만, 감독권한은 교육부가, 운용권한은 국방부가 갖고 있다. 대학생에 관한 군사교육 책임은 군 총참모부 통제 하에 각 군 및 지역부대장이 주관하고 있다.[30] 이들은 군복무를 마친 후에도 각 대학교에서 예비군교육을 받게 된다.

이스라엘은 경제・사회・문화적 배경이 서로 다른 젊은이들이 군복무 간 상호 이해와 다양한 인맥을 형성하도록 국가 차원에서 유도하고 있다. 아울러 독립 이전의 군사조직을 국방군으로 흡수하여 정치적 색채와 계파주의의 경향을 일체 배제시키고 있다. 이는 장교단 및 군 전체의 사기를 고도로 유지하게 만드는 원동력이 되고 있다.

장교단은 네가지의 고유한 특성을 가지고 있다. 첫째, 엄격한 충원과정을 통해 모범적 국민상과 고도의 군사전문성을 구비한 장교를 양성하고 있다. 이들은 6일 전쟁에서 전체 희생자의 20%를, 10월전쟁에서 전체 희생자의 24%를 차지할 정도로 국가수호를 위해 적극적으로 헌신하는 영웅적 전사(warrior)임을 자부하고 있다. 둘째, 전투병과 장교는 병사로서의 경험과 분대장 직위까지 경험케하므로서 실질적인 리더십을 발휘하고 있다. 셋째, 강한 전투력 발휘를 위해 30대 중반까지는 전투형장교로 관리하고 있다. 넷째, 비전투분야의

30) 최광표 외, 앞의 논문, pp. 242~243.; 김인규, "'당(唐)나라 군대'가 진짜 강한 군대다" 『조선일보』(2011년 1월 11일자).

과학 및 연구기술 소요인원은 민간자원을 활용하고, 대령급 이상의 전투병과 장교는 군사적 관리능력을 배양할 수 있는 환경이 구비되어 있다.[31] <표 3-8>은 이스라엘군 장교단의 계급별 최소 진급 연한을 정리한 내용이다.

〈표 3-8〉 이스라엘 장교단의 계급별 최소 진급 연한

<table>
<tr><th>계 급</th><th>최소연한</th><th>경력관리</th><th>능률평가</th><th>진급권한</th><th>비 고</th></tr>
<tr><td>소 위</td><td>1년</td><td>자동 진급</td><td>야전적응성</td><td rowspan="4">지역사령관</td><td>-</td></tr>
<tr><td>중 위</td><td>3년</td><td rowspan="5">지휘관과 참모,
교관 중 최소
2개직위 경험</td><td rowspan="5">‘우’이상</td><td rowspan="4">해당병과장,
장교경력
관리실장과 협의</td></tr>
<tr><td>대 위</td><td>4년</td></tr>
<tr><td>소 령</td><td>4년</td></tr>
<tr><td>중 령</td><td>4년</td><td rowspan="2">총참모장</td></tr>
<tr><td>대 령</td><td>제한 없음</td><td>국방장관 동의</td></tr>
</table>

* 출처: 문병장, 앞의 논문, p. 248.

소위로 임관 후 1년이 경과되면, 지역사령관 책임 하에 야전부대 적응 정도를 평가하여 중위로 자동 진급시킨다. 중위의 대위 진급은 최소한 3년이 경과되어야 하며, 대위부터 중령까지는 4년차 이후부터 진급할 수 있다. 근무평가 결과는 ‘우’ 이상을 받아야 대상자로 선정되며, 지역사령관이 해당병과장 및 장교경력관리실장과 협의하여 결정하고 있다. 중령부터의 진급 권한은 총참모장이 갖고 있지만,

---

31) 전투형장교는 30대 초반에 여단장직을, 30대 중반에 참모부서장을, 40대 초반에 지역사령관 직무를 수행하는 개념이다. 권태영, “우리 군 개혁의 참고모델, 이스라엘 군,” 『한국군사운영분석학회지』 제24권 제1호 (1998), p. 8.

국방장관의 동의를 얻어야 한다. 이처럼 이들은 진급의 공정성과 객관성을 유지하기 위해 적극 노력하고 있으며, 복무관리에 대한 균형성을 보장함으로써 사회 일반의 두터운 신뢰를 받고 있다.

이스라엘은 아랍제국과 비교할 경우 40:1로 아주 열세한 입장이다. 그러나 가용 자원과 여건을 최대한 활용하여 상대적 우위의 입장을 견지하고 있다. 더욱이 장교를 병사 및 부사관 중에서 선발함으로써 상호 동질성과 결속력이 높으며, 소명의식과 국가관이 자연스럽게 함양되고 있다. 특히 남녀 개병주의, 장기간의 예비역 복무, 청소년 및 노인의 노력 동원, 신체장애자 인력을 활용하는 등에 관하여 일말의 의구심이나 불신 현상이 없다. 국가의 기본이념이 한사람의 영웅이나 특정집단 또는 특정계층에 권력을 집중시키려는 것이 아님을 국민들이 인식하여 전폭적으로 신뢰하기 때문이다. 이들은 군사훈련을 평시의 지상임무로 인식하고 있으며, 모든 제도를 시행 간 공정성 및 공개성을 보장하고, 균형된 예산 투자 등으로 군사훈련의 수준을 향상시키고 있다.

군사훈련은 학교교육을 중심으로 하되, 사례연구(Case-Study) 위주로 진행하고 있다. 지휘관이 야전교범으로 정형화된 전술지식에 종속될 경우 경직되고 융통성 없는 사고와 전투지휘방식을 갖게 된다고 믿기 때문이다. 이는 다양하고 우발적인 전투상황에 직면하게 되었을 때 유연한 대처나 창조적인 전투지휘가 제한될 수 있다는 사고방식에서 출발하고 있다.

특히 장교는 병사생활부터 부사관생활을 두루 체득케 하면서 다양한 훈련 실습을 통해 직무수행 능력이 일정 수준에 도달된 이후에야 임관이 가능하도록 체계화되어 있다. 그러나 한편으로는 개인 경험에 의존한 훈련이 창조적이고 다양한 환경에 대처한다고 믿고 있는 시각이 또다른 정형화가 될 수 있다는 우려를 갖게 한다. 하지만 훈련 실습을 통해 강한 전투력을 구사하는 데 일조하고 있다.

특히 이들은 높은 사기를 유지하면서 전투력의 질적 수준을 강화시키고 있다. 이는 여섯 가지 측면으로 정리할 수 있다.

먼저, 교육기관이 통합 및 일원화되어 있다. 교육훈련체계는 한국군과 유사하지만, 사관학교나 국방대학교 또는 대학원 등의 교육제도는 운용하지 않고 있다. 그러나 특수기술 분야를 제외한 공통교육은 기능별로 통합하되, 지상군과 해·공군을 구분하지 않고 운용하고 있다.

둘째, 이론보다 경험, 그리고 형식을 배제한 상태에서 군사훈련을 실천하고 있다. 교육방법 및 내용 면에서 지형·적정 파악 등 실전을 방불케 하는 전술훈련을 반복적으로 진행하고 있다. 특히 장교들은 전시에 지도나 나침반이 없더라도 실 지형과 적의 배치상황 및 특성을 파악할 수 있도록 숙달시키고 있다.

셋째, 분야별 실질적인 전문화 교육을 실천하고 있다. 신병도 기본훈련을 제외하고는 부대·병과별로 고도의 전문 능력을 배양할 수 있도록 시행하고 있다. 이를 위해 5개의 병과별 훈련소와 해·공군 등 종합훈련소를 운용하고 있으며, 직능별 교육훈련 체계가 세분화되어 있다.

넷째, 제대별 지휘관의 재량권을 최대한 보장하고 있다. 그리고 총참모부 훈련처에서 교육각서(MTP)를 하달하고 있으나, 각급 교육기관 및 야전부대의 지휘관들이 훈련시간·내용·방법 등은 조정하여 진행하고 있다. 물론 훈련 결과에 대한 책임도 지휘관의 몫이다.

다섯째, 적의 약점 및 의표를 찌를 수 있도록 전술훈련의 50% 이상을 야간·근접전투 사격에 중점을 두고 있다.

여섯째, 강한 체력단련을 불면불휴(不眠不休)의 원동력으로 인식하고 있으며, 특히 평지나 도로보다 야지 및 산악으로의 행군을 강조하면서 범국민적 운동으로까지 확대하고 있다.

이스라엘은 국방이 곧 '생존투쟁'이라는 인식을 갖고 있으며, 가정 및 사회교육에서부터 철저하게 애국심을 고취시키고 고난의 역사에 관한 생활화 교육을 통해 자발적으로 국가안보 수호에 동참할 것을 강조하고 있다. 국가 차원의 이러한 실천 노력은 장교단과 병사들 간에 격의 없는 소통 문화로 정착되었고, 상호 신뢰하는 전통으로 정착되어 있다.[32)]

2. 직업안정성 평가

이스라엘군은 동질성 측면에서 육·해·공군을 통합하여 초급장교를 충원하고 있으며, 기본자질의 요구 수준은 높은 편이다. 책임성 측면에서 대외 신뢰 수준이 높으며, 장교는 기본적으로 직업장교라는 인식을 갖고 있다. 충원은 병사를 부사관으로, 부사관에서 장교로 충원하는 내부임용 방식을 채택하고 있다. 군 복무 간 전문 학위 교육은 실시하지 않으며, 병과 선택은 개인의 희망과 적성을 최대한

---

32) 육군본부, "이스라엘 군사제도 시찰결과"(1970년 1월, 1992년 2월), pp. 7~14.; 문병장, 앞의 논문, pp. 237~254.

배려하고 있다. 형평성 측면에서 상위계급으로의 진출 및 보직, 고급 장교의 비율은 진급권한자들이 독단적으로 결정하는 게 아니라 중령까지는 해당병과장 및 장교경력실장과 협의하고, 대령 이상은 총참모장이 국방부장관의 동의를 얻는 시스템을 운용하는 등을 통해 신뢰도가 높은 편이다. 다만, 대위부터 대령까지의 정년은 일괄적으로 45세로서 짧은 편이다. 하지만 높은 급여 수준과 사회복귀 프로그램 시행 등을 시행하고 있으며, 취업률은 94%의 높은 수준을 유지하고 있다.[33)]

제5절 독 일

1. 장교단 충원제도

독일은 국민개병제를 채택하고 있는 유일한 유럽 국가로 세계 7위 수준이며, 2014년 기준으로 상비병력은 총 185,921명을 보유하고 있다. 육군은 33.7%인 62,635명으로 구성되어 있다. 계급별 구성비는 중・소위가 37%, 대위 27%, 소령 11%, 중령 21%, 대령 3%로 비교적 중령 비율이 높은 항아리형 구조를 유지하고 있다.[34)]

---

33) "군, 계급별 정년 1~3년 연장 추진... '20년 근무' 보장," 『연합뉴스』(2014년 4월 13일자).; 국방일보, 앞의 내용(2016년 2월 23일자, 16면).; (사) 한국행정문제연구소, 앞의 내용, p. 84.

독일은 1945년 8월 연합군이 주도한 포츠담 협정에서 국방군(Wehrmacht)이 해체되면서 일체 군대를 보유할 수 없는 국가가 되었다. 그러나 6·25전쟁과 동서냉전의 결과로 인하여 1955년 연방군(Bundesweh)을 다시 재건하게 되었다.[35]

18세기 이전까지 독일군의 장교단 진급은 귀족들의 영향력 정도와 정실에 따라 결정되었다. 이러한 환경 속에서 18세기 말 샤론호르스트(Gerhard Johann David von Scharnhorst)가 전쟁대학인 '아카데미커(ROTC)'를 설립하면서 변화가 시작되었다.[36]

---

34) 정길호 외, 앞의 논문, p. 89.; 정선구 외, 『독일 통일과 군간부 인력획득』(서울: 한국국방연구원, 2010), pp. 87~88, 97~102, 131~142.; 외교부 홈페이지(www.mofa.go.kr) (검색일: 2015. 3. 13.).

35) 베어마흐트(Wehrmacht)는 나치당이 집권하기 전까지 독일군을 의미하는 일반명사였다. 이 중 동독은 국가인민군(Nationale Volksarmee)으로, 서독은 연방군(Bundeswehr)로 호칭되다가 동·서독이 재통일된 이후부터 연방군이라는 명칭을 사용하고 있다. 김부영·신현기, 앞의 논문, p. 35.; 위키피디아 홈페이지(http://ko.wikipidia.org) (검색일: 2014. 11. 12.).

36) 1990년 동·서독의 통일 과정에서 위대한 공헌을 하였던 정치지도자 아데나워(Konrad Adenauer), 루드비히 에르하르트(Ludwig Erhard), 빌리 브란트(Willy Brandt), 헬무트 슈미트(Helmut Schmid), 헬무트 콜(Helmut Kohl) 총리를 비롯한 외교안보분야와 경제·복지 분야의 주요 관료들, 대기업의 CEO, 위대한 학문적 업적을 남긴 니체(Nietzsche, Friedrich Wilhelm), 막스 베버(Max Weber)를 포함한 400여 개 대학의 교수, 전쟁사를 통해 위대한 승리를 이끌었던 프로이센의 그나이제나우(August Wilhelm Antonius Graf Neidhardt von Gneisenau), 몰트케(Helmuth Johannes Ludwig von Moltke), 제1·2차 세계대전에서 승리한 슐리펜(Alfred Graf von Schlieffen), 루덴도르프(Erich

샤론호르스트는 장교단 충원에 대하여 「군인을 대상으로 하는 선발 시험의 첫째 목적은 풍부한 교육을 받은 장교단을 확보하는 것이지, 일반 군사학교출신 또는 단순한 기능교육을 받은 장교단을 확보하려는 것이 아니다. 장교를 선발하는 목적은 바로 시민군대로서의 군 지휘관에게 필요한 전문지식과 리더십 그리고 덕성과 인격을 갖춘 인재, 즉 시민사회의 존경을 받을 수 있는 장교단을 확보하는 데 있다.[37]」고 강조하고 있다.

이러한 사회적 환경의 변화는 직업군인 장교단의 진급 환경을 대폭 개선하는 계기로 작용하였다. 소령 이상부터는 능력과 서열, 그리고 잠재능력에 따라 진급되었고, 장군 진급 숫자도 대폭 감소시킴으로써 자연스럽게 국가를 위해 헌신하는 환경으로 변화시켰다. '아카데미커'출신 장교들은 자유롭게 각 분야를 연구 계발하는 분위기 속에서 정신연마와 함께 사물 및 현상을 냉철하게 분석하는 습관 등을 장교단 고유의 문화로 정착시켰다. 이들은 프로이센이 근대화를 달성한 이후 1878년 비스마르크(Otto von Bismarck)와 몰트케 장군 등을 비롯한 장교단은 통일의 주역이 되었다.[38] 독일군의 의무복무 기간은 장인(Meister) 정신에 기반을 두고 13년을 복무하고 있다.[39]

독일의 청소년들은 만 10세가 되면, 대학 진학 여부를 결정하게

Ludendorff), 구데리안(Heinz Guderian), 리핀스키 만슈타인(Fritz Erich von Lipinski Manstein) 등 국가지도층 대다수가 아카데미커 출신이다. 위키피디아 홈페이지(http://ko.wikipidia.org) (검색일: 2014. 11. 12.).

37) 대한민국 ROTC 정무포럼, 앞의 책, pp. 290~296.

38) 대한민국 ROTC 정무포럼, 앞의 책, p. 295.

39) 김부영 외, 앞의 논문, p. 37.

되고 의무적으로 군복무를 하고 있다. 정상적으로 영장을 발부받는 18세 이상 연령대의 대학 진학 희망자와 직업고등학교 희망자 중에서 남성(男性)은 전원이 병과 및 주특기를 자의적으로 선택할 수 있다. [그림 3-5]는 독일 육군의 장교단 충원 체계를 도표로 정리한 내용이다.

[그림 3-5] 독일 육군의 장교단 충원 체계도

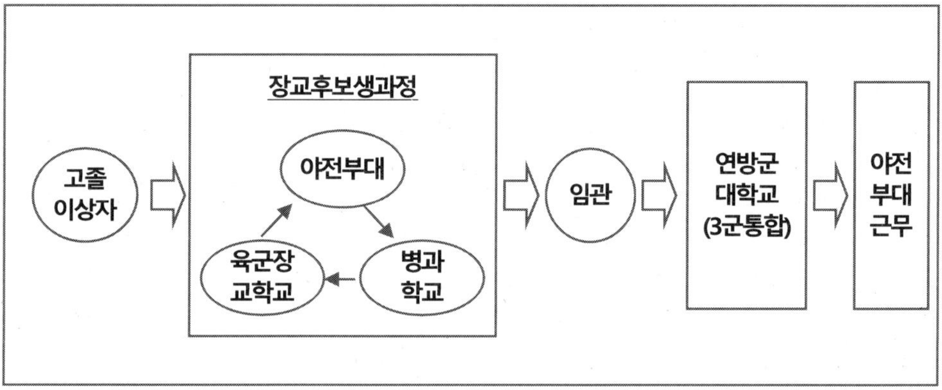

* 출처: 필자가 참고자료를 활용하여 작성하였음.

장교후보생 충원은 쾰른에 위치한 장교지원자 심사센터에서 주관하고 있으며, 육・해・공군을 통합하여 운용하고 있다.[40] 시험은 필기와 논술, 토의와 발표, 체력측정 등의 대입자격국가시험(Abitur)과 면접결과를 가지고 최종 판단한다. 필기시험과 논술은 지적 수준과 역량을 파악하고, 소집단 토론은 단체행동과 토론능력, 기획 및 결정능력, 그리고 요약 및 발표 간 표현력과 비판력을 평가받게 된다. 또

40) 정선구 외, 앞의 책, p. 88.

한 체력검정을 통해 육체적 적성과 지구력을 측정한 후 최종적으로 현역장교와 민간 심리학자들로 구성된 면접관들과의 개별 면접 및 측정결과로 적성을 결정하고 있다.[41] <표 3-9>는 독일군은 초급장교의 적성을 3대 영역으로 구분하여 판단하고 있다.

〈표 3-9〉 독일군의 초급장교 적성 판단 3대 영역

구 분	주 요 내 용
성격적	• 성실성, 지도 및 관찰력, 사회성, 심적 감내력
정신적	• 표현력, 판단력, 사고력, 학습 및 성취욕, 계획 및 결심능력, 직업구상
육체적	• 육체적 능력, 지구력, 체력검정(왕복달리기, 엎드려 팔굽혀펴기, 윗몸일으키기, 제자리 넓이뛰기, 12분 달리기)

* 출처: 최광표 외(2012), 앞의 논문, p. 87.

합격자들은 분류 면접을 통해 육・해・공군 중에서 선택하되, 병과와 연방군 대학에서 수학할 전공과목, 배치부대와 희망하는 복무기간까지 결정한다.[42] 장교후보생(Offizeranwarter)들은 3년 간 육군장교학교와 야전부대 및 병과학교를 오가며 교육과 실습을 진행한다. <표 3-10>은 독일군의 교육과정별 장교단 충원과정을 정리한 내용이다.

---

41) 1박 2일에 걸쳐 성장과정을 분석하고, 태도를 관찰하면서 심리 대화, 행동양식 평가, 지능 및 적성검사 등을 비롯한 심층 면접과 정밀검사에 대한 판정을 진행한다. 최병순, 앞의 책, p. 117.

42) 김부영 외, 앞의 논문, p. 33.

〈표 3-10〉 독일군의 교육과정별 장교단 충원과정

<table>
<tr><th>개 월</th><th>교육기관</th><th>교육과정</th><th>기 간</th><th>계 급</th></tr>
<tr><td>:
41</td><td rowspan="2">연방군대학</td><td rowspan="2">학사-석사학위(Diplom)과정</td><td rowspan="2">42개월</td><td rowspan="2">-</td></tr>
<tr><td>40</td></tr>
<tr><td>39</td><td rowspan="3">-</td><td rowspan="3">소대장 지휘실습</td><td rowspan="3">3개월</td><td rowspan="3">소 위</td></tr>
<tr><td>38</td></tr>
<tr><td>37</td></tr>
<tr><td>36</td><td rowspan="5">야전부대
산업체</td><td rowspan="5">부소대장으로 지휘실습
연방군대학 교육을 위한 실습, 예비교육 시간</td><td rowspan="5">9개월</td><td rowspan="5">상 사</td></tr>
<tr><td>35</td></tr>
<tr><td>:</td></tr>
<tr><td>29</td></tr>
<tr><td>28</td></tr>
<tr><td>27</td><td rowspan="3">육군장교학교</td><td rowspan="3">장교과정</td><td rowspan="3">6개월</td><td rowspan="3">중 사</td></tr>
<tr><td>:</td></tr>
<tr><td>22</td></tr>
<tr><td>21</td><td>병과학교</td><td>휴 가</td><td>1개월</td><td>-</td></tr>
<tr><td>20</td><td rowspan="2">병과학교</td><td rowspan="2">장교후보생과정Ⅱ
유격훈련Ⅰ</td><td rowspan="5">12개월</td><td rowspan="4">하 사</td></tr>
<tr><td>19</td></tr>
<tr><td>:</td><td rowspan="2">야전부대</td><td rowspan="2">지휘실습</td></tr>
<tr><td>10</td></tr>
<tr><td>9</td><td>병과학교</td><td>장교후보생과정Ⅰ</td><td></td></tr>
<tr><td>8</td><td rowspan="8">야전부대</td><td rowspan="2">운전교육, 휴가</td><td rowspan="2">2개월</td><td rowspan="2">병 장</td></tr>
<tr><td>7</td></tr>
<tr><td>6</td><td rowspan="3">보충교육</td><td rowspan="3">3개월</td><td rowspan="3">-</td></tr>
<tr><td>5</td></tr>
<tr><td>4</td></tr>
<tr><td>3</td><td rowspan="3">기초군사훈련</td><td rowspan="3">3개월</td><td rowspan="3">장교후보생
(무등병)</td></tr>
<tr><td>2</td></tr>
<tr><td>1</td></tr>
</table>

* 출처: 최병순, 『육군인사관리의 현재와 미래』(1998), p. 32.; 김종탁 외, “사관학교 양성교육 개선방안”(서울: 한국국방연구원, 2008), p. 42.

독일은 정규사관학교가 없으며, 장교후보생들은 병사생활부터 장교생활까지 체득한 후 임관시키고 있다.[43] 이들은 각자가 희망하는 병과부대에서 통합하여 군사훈련을 진행한다. 다만 기초군사훈련은 3군의 해당부대와 학교에서 구분하여 진행하고 있으나, 연방군사대학에서는 3군 장교들이 동일하게 교육을 받는다.[44]

충원과정은 '장교양성과정Ⅰ'과 '장교양성과정Ⅱ'의 2개 단계로 구분하여 실시되고 있으며, '양성과정Ⅰ'은 15개월, '양성과정Ⅱ'는 1~2년에 걸쳐 진행된다.[45] 이러한 과정을 이수한 후에야 장교 자격시험을 치를 수 있다. 합격하면, 9개월 동안 실무부대에서 부소대장 임무를 통해 초급장교로서의 능력을 완전히 구비하고 소대장 임무를 수행하게 된다. 장교후보생들은 상향식 교육훈련체계가 적용되며, 과정별로 야전부대(Einheitstamm)에서 실습을 진행하는 선 학습, 후 실습체계로 정착되어 있다.

기초군사훈련과 주특기훈련은 6개월 기본과정으로 야전부대의 6인 1실 생활관에서 일반병사 및 부사관후보생들과 함께 생활한다. 수료 후 12개월은 각 병과학교와 원소속부대를 순환하며, 분대장교육-분대장 임무수행-유격훈련-공수훈련-소대장교육을 진행하고 있다. 소대장교육을 실시하기 전에는 야전 소대장들의 임무수행 방식도 직접 체득할 수 있다. 이후 6개월 간 제(諸)병과 후보생들은 드레스덴(Dresden)에 위치한 육군장교학교에서 통합교육을 받게 된다.

예를 들면, 교관화 교육을 받은 후 3개월 간 신병교육중대 분대장으로 신병 교육을 실습해야 한다. 또 소대장 교육을 받은 후 5개월

43) 정길호 외, 앞의 논문, p. 90.

44) 김종두, "독일군 장교양성 교육의 교훈," 『국방일보』(2004년 8월 9일자).

45) 최광표 외(2012), 앞의 논문, p. 229.

간 소대장으로 실습해야 한다. 따라서 소위로 임관하기 전까지 최소 1년은 실질적인 지휘자 역할을 체득하고 있다. 임관식은 야전부대의 대대장 이상 지휘관이 국방장관의 위임을 받아 주관하고 있다. 소위의 평균 연령은 25~26세로 병사들보다 많으며, 복무경험도 일반병사들 보다 많기 때문에 병사들의 신뢰도가 높고 완벽한 임무 수행이 가능한 수준이다.

군사교육은 '내적 지휘(Innere Führung)'와 '임무형 지휘(Auftragstaktik)'로 구분하고 있다. 내적지휘는 독일 기본법의 가치와 기준이 연방군 내에서도 동일하게 구현되어야 한다는 개념에서 출발하고 있다. 이를 통해 독일연방공화국 군인은 자유민주주의적 기본질서를 긍정적으로 수용하고 수호하도록 강조하고 있다.[46] 즉, 자유와 민주주의, 그리고 법치국가의 원칙들을 군에 정착시킴으로써 '제복입은 국민(Staatsbürger in uniform)' 정신을 실천한다는 개념이다. 이에 기초하여 제2차 세계대전 당시 구 독일군이 '인도(人道)에 반하는 범죄행위'를 거부할 수밖에 없었던 '상관의 명령에 절대 복종'이라는 전통을 기본법에 '항명권'으로 명문화시키는 등을 통해 혁신적으로 변화시켰다.[47]

독일군은 현장 실습을 통한 실무교육, 즉 직장 내 훈련(On the Job Training)을 중요시한다. 장교단은 단기복무자를 제외하고는 30세 전후에 전원이 또다시 일반부대장교 기본교육과정(Stabs Offizeier

46) *Das Militarische Wei buch Deutchlands* (1994), spalte 701, 705.

47) 오동룡, "김관진과 독일 육사 출신들: 실전 위주로 배워 야전에 강하다,"『월간조선』(2014년 7월호).

Lebrgang)을 거치게 되고, 15% 내외의 최우수자는 장군참모교육과정(Lehrgang General Astabgang) 대상자로 선발되어 2년 간 추가적으로 교육을 진행한다. 장군참모자격(Im General stabsdienst)을 취득하면, 대부분 대령 이상의 계급까지 보장받게 된다. 그리고 선발되지 못한 장교들도 다양하게 진행되는 보수교육의 혜택을 받을 수 있다.

외부의 시각은 선발된 '장군참모장교(Generalstabsoffizier)'들과 '일반부대장교(Truppenoffizier)'들과의 위화감에 대하여 의문을 가지지만, 부정적으로 확산되지 않고 있다. 그간의 근무평정 결과와 객관적 검증자료, 각 개인의 인생 가치관 등의 결과가 충분히 반영된 상태에서 선발하기 때문이다. 이를 통해 약 85%의 일반부대장교들은 스스로 '직업안정성'이 보장된 생활을 영위하고 있다. 나머지 약 15%의 장교들이 힘든 군생활을 감내하겠다는 의지에 기초하여 '진급과 명예'를 추구하고 있는 것이다. 그러나 '일반부대장교'라고 하여 최종계급이 중령까지로 한정되어 있는 것은 아니다. 이들 중 상당수는 대령으로 진출하고 있고, 일부는 장군으로도 진출하고 있다.[48)]

독일에 유학하였던 김영진 대위(육사 67기)는 "독일 육사 제78기 위탁교육 귀국보고서(2009)"에서 「독일 장교 교육과정의 가장 두드러진 특징은 훈련병 과정부터 시작해 장교에 도달하도록 하는 상향식 교육체계로 생도들은 야전부대로 들어가 기초군사훈련을 받는데 훈련병과정-이등병과정-일등병과정을 거친 후 분대장과정과 소대장

48) 신종태, "정예 독일군 장교 어떻게 만들어지는가?," 『조선뉴스프레스』(2014년 11월 13일자).

과정을 이수하고 소위로 임관한다.」고 언급하고 있다.[49] 상향식 교육훈련은 지휘관(자)의 직책과 역할에 맞는 합리적인 전투지휘 능력과 역량을 발휘할 수 있는 체계로 확립되어 있다.

이들은 42개월에 걸친 병사과정과 부사관 생활 체득, 그리고 소위로 임관된 이후에도 야전에서 소대장으로 임무를 수행하고 다시 4년여에 걸쳐 연방군대학의 일반학 교육과정에 입교하여 석사학위를 취득하고 이는 장교단이 사회의 엘리트 집단으로 인정받는 데 기여하고 있다. 또한 몰트케(Helmuth Johannes Ludwig von Moltke), 슐리펜(Alfred Graf von Schlieffen) 장군 등이 체계적으로 발전시킨 '장군참모장교'와 '일반부대장교' 유형의 복무관리 및 인사운영 체계가 작동되고 있다.[50] 이는 <표 3-11>과 같이 장교단의 직책 분야에 따라 세부 역할을 구분짓거나 전문성을 보장하려는 측면이 크다.

---

49) 오동룡, 앞의 자료, 2014년 7월호에서 재인용.

50) 일반적으로 'Generalstabsoffizier'를 번역할 때 '일반참모장교'로 기술하는 경우가 많았으나, 최근에 장군참모장교로 번역함이 타당하다는 연구서들도 등장하고 있다. 연방군 지휘참모대학은 1957년 창설되어 일명 클라우제비츠 캠프(Clauzewitz Camp)로 불리고 있으며, UN회원국, EU, NATO 등에서 합류한 장교들과 함께 생활한다. 또한 UN기구, 일반기업, 정부기관 등과의 다양한 교류활동 및 공동 학술연구 등을 통해 국민 속의 군대를 행동으로 실천하고 있다. 그리고 교육기간 중 세계정세와 정치, 사회, 경제 등을 다루며, 각국의 전사적지 답사 등의 현장학습을 진행하는 고등교육기관이다. 이한홍 역, 독일군 『장군참모장교제도』(서울: 화랑대연구소, 2004)를 참고.

〈표 3-11〉 독일군 장교단의 직책 및 분야별 역할과 전문성 보장, 진출률

구 분	주 요 내 용	진출률
장군참모장교 (Generalstabsoffizier)	• 진급: 대령 이상까지 보장 • 근무제대: NATO군사령부, 독일군의 사단급이상 제대 • 국가안보와 군사전략을 책임질 전문직업군인으로 양성 ※ 조기 인재 선발과 소수 정예주의 원칙에 따라 선발된 엘리트 장교로 여단급 이상 지휘관에 대하여 책임지고 부대 운용에 대한 자문과 전투부대 지휘관으로 국방 전반을 담당하는 엘리트집단	중령: 80% 이상 대령: 55%
일반부대장교 (Truppenoffizier)	• 최종계급: 중령까지 보장 • 근무제대/담당분야: 일정한 지역에서 장기간 근무하는 대대급이하 제대의 지휘관 ※ 군 전투력을 유지하는 역할	

* 출처: 곽상엽, "육군 초급장교 인적자원관리 발전 방향,"(경희대학교 대학원 석사학위논문, 2013), pp. 45~48.; 조영진 외, 앞의 논문, p. 104.

장군참모장교 교육 입교자들은 함부르크에 있는 연방군 지휘참모대학에서 외국군 장교들과 2년여 동안 다양한 교육과정을 거치면서 소명의식과 국가관을 고양시키고 있다.

1967년부터 1970년까지 독일군 초급장교 과정을 이수한 이한홍(육사26기, 독일어과 명예교수) 당시 대령은「우리 군에서는 사관학교 출신과 비사관학교 출신 사이에 갈등이 존재하는 것이 현실이지만, 독일군 장교양성 과정에는 우리처럼 사관학교・학사・ROTC과정 등 출신 구별이 없도록 시스템을 구축하여 장교단의 화합과 단결에 장

점이 많다.」라고 언급하고 있다. 또한 1976년부터 1978년까지 유학한 합참 유제승(육사 35기) 당시 대령은 「독일군 장교 교육은 단순히 병사와 같이 생활한다는 차원을 떠나 상·하 간은 물론 수평관계를 역지사지(易地思之)의 입장에서 생각해 볼 수 있도록 다양한 교육체계가 마련되어 있다.」라고 경험적 사례를 언급하고 있다.[51]

이스라엘 군사학자이자 미 해병대 지휘참모대의 마틴 밴 크레벨트(Martin Van Crevelt) 교수(1989)는 『전투력(Kampkraft)』에서 독일군 전투력의 가장 큰 핵심은 '군 내부의 조직력'이라고 강조하면서, 「전 세계적으로 독일 육군은 전투 수행에 있어서만큼은 가장 훌륭한 조직이다. 군기, 사기, 부대 응집력 그리고 탄력성(융통성) 차원에서 사실상 20세기의 어느 군대도 독일과 필적할 수 없다.」라고 표현하고 있다. 또한 「독일군은 장교의 자질과 군인집단의 응집력뿐만 아니라 지휘통솔기법, 교육훈련기법, 군 인사행정이나 전투의 효율성 유지, 정신교육, 상벌제도 측면에서 나름대로 장점을 가졌다.」는 점을 강조하고 있다.[52]

연방군은 '제복입은 국민(Staatsbûrger in Uniform)'이나 '내적 지휘', '임무형전술' 등의 전술개념을 통해 강한 군대 전통을 계승하고 있다. 특히 이들이 갖고 있는 관점 및 존재의 이유는 과거 지향했던 '세계정복을 위한 무력수단'이라는 관점이 아니라 '군은 사회의 하위체계로서 세계평화에 이바지하는 데 사용하는 수단'으로 인식하고 있다. 또한 초급장교 과정부터 각자 적성에 따라 병과를 명확하

51) 김종두, 앞의 자료, 2004년 8월 9일자.

52) Martin van Cleveld, *Kraft* (Freiburg: 1989), pp. 102~207.

게 구분짓고 있다. 이들은 형식적인 교육훈련 방식을 일체 배제한 상태에서 실무 중심으로 교육훈련체계를 확립하고 있으며, 네 가지의 특성을 가지고 있다. 첫째, 다른 국가와는 달리 정규사관학교를 운영하지 않는다. 둘째, 연방군 소속의 군인들은 예외 없이 기초군사훈련을 실시하고 있다. 병사에서 소대장급에 이르기까지 전 단계를 체득한 후에야 초급장교의 책임과 의무를 부여하고 있다. 셋째, 모든 병사들은 상위계급으로 신분 전환이 가능하다. 이는 부사관 출신이 수차례에 걸쳐 장군으로 진출한 사례에서도 잘 알 수 있다. 특히 평시 정원 중에서 15.4%는 교육부수 정원으로 두고 있어 부대운용에 지장이 없다.[53] 넷째, 복무형태는 단기복무장교와 장기복무장교로 구분하여 관리하고 있는데, 장기복무장교의 경우에는 '장군참모장교'와 '일반부대장교'로 구분하여 공정하게 관리하고 있다. 특히 복무기간 중 6년차부터 11년차까지는 직업장교 즉, 장기복무장교로 지원하여 선발하고 있다.[54]

주목할 만한 점은 복무기간은 4년부터 25년까지로 관리하고 있지만, 별도의 의무복무 기간 개념은 적용하지 않고 있다. 진급기회가 임관동기 전체의 26~27%에 그치다 보니 복무기간에 따라 국가에서 전직에 필요한 자질 배양을 위해 직업훈련 기회를 제공하고 있다. 2010년 인력구조 모델에 의하면, 직업군인 24%, 기한군인 53%, 징집병 22%의 구조로 되어 있다.[55] 이는 소수획득-장기 활용의 전형적

53) 김종탁, "독일연방군 복무제도의 특징과 시사점," 『주간국방논단』 제1215호 (08-31) (서울: 한국국방연구원, 2008), p. 6.

54) 정길호 외, 앞의 논문, pp. 90~91.

인 구조로 볼 수 있다.

2. 직업안정성 평가

독일군은 동질성 측면에서 중앙에서 직접 충원하는 방식을 채택하고 있으며, 기본자질의 요구 수준이 높은 편이다. 책임성 측면에서 대외 신뢰 수준이 높으며, 장교는 기본적으로 직업장교라는 인식을 갖고 있다. 충원은 고등학교 졸업자를 대상으로 하는 내부임용 방식을 채택하고 있으며, 군 복무 간 전문학위교육을 별도로 실시하고 있다. 병과는 개인 희망과 적성을 최대한 고려하여 선발하고 있다. 형평성 측면에서 상위계급으로 진출 및 보직, 고급장교의 비율은 '장군참모장교'와 '일반부대장교'로 구분하여 공정하게 관리되고 있다. 특히 정년은 대위가 55세이고, 대령이 61세로서 계급별 차이가 크게 나지 않는 구조로 되어 있다. 아울러 군복무 중 교육비 지원과 11~16%의 법정 의무고용 비율 등을 적용하고 있으며, 취업률은 90%를 유지하고 있다.[56] 그리고 전역 이후 6년까지 취업지원을 받을 권리를 보장하고 있으며, 전역과 동시에 공무원으로 신분을 변경할 수 있도록 '공무원 편입증명서'를 발행해 주는 등의 혜택도 적극 실천하고 있다.[57]

55) '기한군인'이란 한국 육군의 단기 또는 중기복무자와 유사한 의미이다. 김종탁, 앞의 논문, p. 6.

56) 국방일보, 앞의 내용, 2016년 2월 23일자, 16면.; (사) 한국행정문제연구소, 앞의 내용, p. 84.

57) 노양규, 앞의 내용, p. 9.

제6절 시사점

앞에서 살펴 본바와 같이 외국군의 장교단은 상위계급 진출과 각종 보직관리 등에서 공정한 자유경쟁체계가 확립되어 있으며, 군내외의 신뢰가 상당한 수준으로 구축되어 있다. 그리고 장교는 기본적으로 모두가 직업이라는 개념을 갖고 있다. <표 3-12>는 4개 국가의 장교단 충원제도와 특징을 비교한 내용이다.

〈표 3-12〉 4개 국가의 장교단 충원제도와 특징 비교

구 분		미 국	영 국	이스라엘	독 일
동질성	교육기간	14주~4년	15.5개월	3.5년	36개월
	충원제도	3개과정	3개과정	단일화	단일화
	교육통제/책임기관	과정별 상이	육군총장	총참모장	육군총장
	전문충원기관	과정별 상이	중앙	통합	중앙
	요구수준	과정별 상이	높음	높음	높음
책임성	대군신뢰수준	높음	높음	높음	높음
	대외적 인식	직업장교	직업장교	직업장교	직업장교
	충원 대상 (임용방식)	과정별 상이 (외부임용)	학사학위 이상 (외부임용)	현 역 (내부임용)	고교졸업자 (내부임용)
	직업윤리의식	높음	높음	높음	높음
	병과선발	기준 불명확	개인희망/적성	개인희망/적성	개인희망/적성
	전문 학위교육	병행 실시	병행 실시	없 음	별도 실시
형평성	진급 및 보직	자유경쟁	자유경쟁	자유경쟁	자유경쟁
	고급장교 비율	균형	균형	균형	균형
	정년제도	긴 정년 / 재취업 보장	짧은 정년 / 재취업 보장	짧은 정년 / 재취업 보장	긴 정년 / 재취업 보장
	취업률	95%	94%	94%	90%

추가적인 특성을 세 가지로 정리하면, 첫째, 초급장교 획득 간 객관적이고 일관성있는 기준을 적용하기 때문에 공신력이 높다. 그리고 획득원이 일원화됨으로써 인력 수급의 균형과 조절도 가능하다. 이를 통해 탄력적인 대응이 가능하고, 예산을 집중함으로써 효율성이 높다. 이는 군사교육의 전문성 확립과 전투에만 전념할 수 있는 환경이 조성되어 있음을 의미한다. 각 국가의 고유한 특성에 따라 보편주의적 가치 및 기준에 부응하기 위해 최선을 다하고 있음이 여실히 보여지고 있으며, 미국과 영국은 외부임용 방식을, 이스라엘과 독일은 내부임용 방식을 채택하고 있다.

이들은 사회·정치적 여건에 부합된 우수인재가 확보될 수 있도록 기능하고 있으며, 자유경쟁체계를 통해 균형된 복무관리와 직업안정성을 보장하고 있다. 이는 직업군인 장교단에 대한 신뢰 수준을 높이는 결정적 유인(誘因)으로 볼 수 있다. 특히 후보생과정은 해당 국가의 여건에 따라 다소의 차이는 존재하고 있으나, 생도과정과 동일한 조건 및 혜택이 보장되도록 적극 노력하고 있다.

미국의 경우 생도과정은 '웨스트포인트'에서, 후보생과정은 일반대학교 내에 설치되어 있는 '학군단'에서 시행하고 있는 반면에 영국과 이스라엘, 독일은 생도와 후보생과정을 통합하여 시행하고 있다. 이는 장교단이 특권의식이나 집단 이기주의에 빠져들지 않아야 한다는 인식에 기초하고 있음을 의미하고 있다. 즉, 직업군인 장교단 내부에 갈등과 불신이 생성될 경우 군과 국가 발전에 심각한 문제가 야기될 뿐만 아니라 그간의 역사적 경험을 통해 국민들에게도 그 여파가 부정적인 영향으로 미치게 됨을 체득하였기 때문이다.

둘째, 국민들이 장교단에 요구하는 사항은 직무지식과 지적역량을 비롯하여 전문기술의 습득, 군사엘리트와 민간엘리트 간의 긴밀한 네트워크 형성과 협업, 군사안보 대표기관으로서의 공정한 처신, 단체성에 근거한 올바른 법규 준수 및 솔선수범, 책임성과 형평성을 준수하면서 본연의 역할에 전념하는 것이다.

이스라엘과 독일은 이전까지의 권위주의와 격식을 타파하고 분권화체계를 확립하였으며, 현장교육을 중시하는 실용주의적 전통으로 자리매김 하고 있다. 특히 초급장교로 하여금 병사 생활과 부사관 생활을 체험할 수 있는 교육훈련체계가 확립되어 있다. 이는 병사들과 장교단의 상호 공감대 및 결속력을 강화시켰고, 긍정적인 리더십으로 발전하는 계기를 가져왔다. 이와 같은 제도적 동질성과 높은 대군신뢰 및 호감도는 장교단의 사기 진작과 소명의식 고취에 긍정적인 시너지 효과를 가져오고 있다.

셋째, 미국을 제외한 나머지 국가는 1~2개로 통합된 초급장교 충원 방식을 유지하고 있다. 이는 장교단 충원제도를 통합 및 단일화함으로써 출신 간 갈등 요인을 근본적으로 해소시키는 효과를 가져오고 있다. 이를 통해 장교단 내부에 폐쇄·배타적 기류가 생성될 여지를 없애고, 상위계급으로의 진출 결과를 누구나 신뢰할 수 있는 환경으로 정착되어 있다.

넷째, 외국군 장교단은 국가 차원의 전직지원 보장 및 혜택을 통해 평균 93.3%의 취업률을 보장하고 있다. 제도화되어 있는 전직지원 노력은 민간 노동시장의 우수인재를 군조직으로 충원할 수 있음과 동시에 장교단이 본연의 직무수행에 전념하도록 만들고 있다. 특히 전역 후에도 사회에서 기여할 수 있는 기회를 증대시켜줌으로써 국가가 책임진다는 신뢰와 확신을 주는 중요한 역할을 수행하고 있다. 이러한 환경은 직업안정성 보장에 결정적으로 영향을 미치고 있으며, 모든 장교는 '직업군인'이라는 개념을 정착시키는 또다른 유인이 되고 있다.

각 국가는 획득원에 따라 의무복무 기간에 다소의 차이는 있으나, 최소 복무기간은 3년에서 5년을 유지함으로써 의무적으로 복무하는 병사와 장교의 개념을 근본적으로 차별화하고 있다.

외국군의 사례를 통해 볼 때 '출신 우선주의'라는 의미는 존재하지 않는다. 이는 국민들로 하여금 장교단이 폭넓은 신뢰를 받게 하는 결정적 유인으로 작용하고 있다. 이러한 환경은 장교단이 자연스럽게 '전투력 발전과 유지'라는 본연(本然)의 목적과 역할에 몰입하도록 만들고 있다. 이들은 부하들에게 "이것이 나아갈 방향이고, 왜! 우리가 그 방향으로 가야 하는지, 어떻게 하면 거기에 도달할 수 있을지"를 정확하게 이해하도록 세심하게 지도해주고 있다. 이러한 분위기는 부하들로 하여금 상급자를 기꺼이 믿고 따르게 만들었으며, 특히 권한은 최대한 하부구조로 위임하고 있다. 목적과 방향이 제대로 서고 상호 이해하는 가운데 의사소통이 원활하여야 공동의 목표를 성취하기 위한 구성원들의 노력 하나하나가 제자리를 찾을 수 있다.

외국군의 장교단 충원제도는 각 국가의 국제정치적 위상과 경제적 수준, 사회·문화적 정서에 따라 다소 차이가 존재하고 있다. 그러함에도 불구하고 장교단 충원을 중요한 부문으로 인식하고 있는 점은 공통적으로 식별되고 있다.

제 4 장

육군 장교단 충원제도의 변천과정

제1절 개 요

한국은 정부수립 이전인 1945년 11월 13일 미 군정청의 주도로 국방사령부[1])를 창설하였다. 이어서 12월 5일 군사영어학교를 모체로 하여 창군하였으나, 이듬해인 1946년 4월 30일 군사영어학교는 해체되었다.[2]) 이후 6·25전쟁의 발발로 급속하게 늘어난 초급장교 소요를 충족시키기 위해 다양한 형태의 충원제도를 도입하였고, 변화를 거듭하여 왔다.

당시 미국의 국제정치적 관점은 한반도가 공산화될 경우 주변국

1) '국방사령부'는 육군부와 해군부로 구성된 군무국과 경무국으로 편성되었으며, 1946년 3월 20일 군정법령 제64호에 의거하여 '국방부'로 개칭되었다. 육군본부, 『국군의 脈』(1992), p. 396.

2) 한용원, 『創軍: 미군의 역할과 민군관계를 중심으로』(서울: 학림출판사, 1982), p. 78.

가로 파급되지 않게 하는 데 일차적인 목적을 두었다고 볼 수 있다. 미국의 국제정치적 입장이 소련과의 협조보다 대결분위기를 유지하기 위해 '트루먼 독트린'을 채택한 시기였기 때문이다. 국제정치적으로 낮게 평가된 한반도는 정치·경제적 지원에 국한(局限)하되, 주한미군은 철수시키기로 결정하였다.[3] 이는 1945년 미군이 한반도에 진주한 이래 1948년 4월에 국가안전보장회의에서 공식적으로 철군을 결정함으로 인해 1949년 6월에 주한미군군사고문단(The United States Military Advisory Group to the Republic of Korea) 약 500명만 잔류시킨 점에서도 확인할 수 있다.[4]

미 군정청은 초기 창군요원을 선발하는 과정에서 부족한 초급간부를 충원하는 데 급급하였을 뿐, 한국군의 미래에 대한 청사진은 중요하게 생각하지 않았다.[5] <표 4-1>은 창군 초기 시행되었던 초

3) 국방부 전사편찬위원회(편), 『국방조약집 제1집』(서울: 전사편찬위원회, 1981).; Humphrey Hubert H. and John Gleen, U. S. Troop Withdrawal from the Repblic of Korea, A Report to the Committee on Foreign Relation, United States Senate, 95th Congress, 2nd Session, January 9, 1978(Washington, D. C.: U. S. Government Printing Office, 1979).; 서울신문사(편), 『주한미군 30년: 1945~1979』(1982).

4) 하영선, 『한반도의 전쟁과 평화: 군사적 긴장의 구조』(서울: 청계연구소, 1989), pp. 22~27.

5) 전원을 참위(현재의 소위)로 임관시키고 능력에 따라 진급을 시키기로 원칙을 정하였으나, 예외적으로 군번 1번에서 5번까지는 정위(현재의 대위)로 임관시키고, 참령(현재의 소령)출신인 이성가(李成佳)와 서류상으로만 교육을 받고 연대창설요원으로 부임한 백선엽(白善燁), 김백일(金白一), 최보근(崔楠根)은 부위(현재의 중위)로, 부교장 원용덕(元容德)은 참령으로, 창군의 산파

급장교의 충원 배경과 변천 특성을 종합한 내용이다.

〈표 4-1〉 창군 초기 초급장교의 충원 배경과 변천 특성

구 분	충원 배경	관련 법규	충원 구분
1940년대 창설기	· 남조선경비대 창설 · 한국군 독립	· 국방경비대(1948. 8. 4.) · 국군조직법(1948. 11. 30.) · 국군징계령(1949. 6. 25.)	· 군사영어학교 · 단기육사교 · 갑종간부후보생 · 여군장교 · 기타
1950년대 시련 및 확장기	· 동란기 소요 충족 · 사후수습 및 부대 확장 · 간부 정예화계획	· 육군 보충장교령(1950. 8. 28.) · 정규군인 신분령(1953. 12. 14.)	· 종합 · 현지임관 · 갑종간부후보생 · 정규육사교 · 여군장교 · 기타

* 출처: 육군본부, 『육군인사역사 제2집』(서울: 육군본부, 1987), pp. 252~266.; 필자가 현재의 용어로 바꾸었음.

<표 4-2>는 초급장교의 출신별 6·25전쟁 참전 현황을 종합한 내용이다.

〈표 4-2〉 초급장교 출신별 6·25전쟁 참전현황

구 분	계	군사영어 학교	경비사관 학교	단기 육사교	갑종간부 후보생과정	종합간부 후보생과정	현지임관 과정	기 타
인원(명)	30,435	110	1,268	3,387	10,508	4,759	9,686	717
비율(%)	100	0.3	4.2	11.1	34.5	15.7	31.8	2.4

* 출처: 육군본부, 『육군인사역사 제1집』(1969), pp. 257~258.; 육군사관학교 50년사편찬위원회, 『육군사관학교 50년사』(1996), pp. 869~871.; 육군본

역할을 하였던 이응준(李應俊)은 정령(현재의 대령)으로 임관하였다. 육군본부(1992), 앞의 책, p. 9.

부(1992), 앞의 책, pp. 410~435.; 『육군역사일지(1945~1950)』.; 오자복 외, 『갑종장교단약사』(1997), p. 109.; 갑종장교단 중앙회 홈페이지(http://www.kocs.or.kr/) (검색일: 2015. 3. 21.).; 잘못 계산된 수치는 필자가 수정하였음.

6·25전쟁 당시 참전한 초급장교들의 규모는 군사영어학교, 갑종간부후보생과정 등을 비롯하여 총 30,435명이었다. <표 4-3>은 당시 월남에 파병된 장교들의 출신별 배출현황을 종합한 내용이다.

〈표 4-3〉 초급장교 출신별 월남전쟁 참전현황

구 분	계	갑종간부후보생과정	정규육사교	ROTC	3사교	간호사관학교	기 타
인원(명)	22,403	14,712	2,342	1,234	1,135	64	2,916
비율(%)	100	65.7	10.5	5.5	5.0	0.3	13.0

* 출처: 육군본부(1969), 앞의 자료, pp. 257~258.; 육군사관학교 50년사편찬위원회, 앞의 자료, pp. 869~871.; 육군본부(1969), 앞의 자료, pp. 410~435.; 오자복 외, 앞의 자료, p. 109.; 갑종장교단 중앙회 홈페이지(http://www.kocs.or.kr/) (검색일: 2015. 3. 21.).

1964년 9월부터 1973년 3월까지 실시된 월남전쟁에 파병된 288,656명 중 장교는 갑종간부후보생과정과 정규 육사교 출신 등을 포함한 22,403명이다.[6] 여기서 종합 및 현지임관과정은 1952년 진해에서 정규육사교가 재개교되면서 폐지되었으므로 제외하였다. <표 4-4>는 창군 초기 이래 장교단 충원제도가 발전되어 온 경과를 정리한 내용이다.

6) 최용호, 『베트남전쟁과 한국군』(국방부 군사편찬연구소, 2004), p. 409.

〈표 4-4〉 한국 육군의 연도별 장교단 충원제도 발전경과(1945~2014년)

구 분	주 요 내 용
1945. 11. 13.	국방사령부 설치
1945. 12. 5. ~1946. 4. 30.	군사영어학교 설치, 군사영어반 시행・폐지
1946. 5. 1.	남조선경비사관학교 개교
1946. 6. 16.	조선경비사관학교 개교
1948. 9. 1.	조선경비대 국군으로 편입
1948. 12. 15.	국방부 직제령(대통령령 제37호) 법제화 유효
1950. 1. 27.	육군보병학교 설치, 갑종과정 시행
1950. 8. ~1969. 8. 30.	종합 및 현지임관과정 시행, 폐지
1951. 10. 30.	정규4년제 육사교로 재개교(경남 진해)
1954. 6. 23.	육사교 이전(서울 태릉)
1948. 9. 5.	육사교(단기)로 재개명
1961. 6. 1.	ROTC제도 도입
1966. 3.	교수사관제도 시행
1968.	갑종과정 폐지
1969. 3. 18.	단기사관학교(2사・3사)제도 도입
1973.	ROTC 장학생 모집제도, 장교 직능화 관리제도 시행
1981. 6. 27.	학사사관후보생과정(KAOCS) 도입
1982.	3사생도과정 폐지(9. 9.), 기술사관과 학사과정 신설
1987. 5.	정훈사관제도 시행
1987. 9.	재정사관제도 시행
1991. 3.	군악・의정・간호사관제도 시행
1996. 5. 13.	간부사관후보생과정 도입
2003. 2.	민간대학 군사학과제도 시행 * 2015년 현재 13개 대학교가 실시
2004. 3.	변리사제도 시행
2014.	과학기술 전문사관제도 사행

* 출처: 육군본부, 『육군인사역사 제2집』(1987), pp. 9~18.; 육군본부 정책과 (2015).; 필자가 추가 작성 및 재정리하였음.

6·25전쟁 간 미군 측에서 전시 군사원조 형태로 지원한 공병·통신·차량 등의 최신장비는 군을 최첨단 기술과 과학 장비를 보유한 집단으로 탈바꿈시켰다.[7] 이로 인해 1950년대 한국사회에서 가장 먼저 선진화된 집단은 군조직이었다. 각 군은 1985년까지 통신·수송·항공·공병·항해·전자·비행학교 등 454개 과정에서 총 571,938명의 기술 인력을 배출하였다.[8] 그리고 보유한 기술과 장비 등을 활용하여 도로 건설 등 사회간접자본의 형성에도 크게 기여하였음은 다수의 선행연구(한용원, 1982; 국방부, 1984; 양병기, 1991; 화랑대연구소, 1992; 조영갑, 1993)를 통해 확인할 수 있다. 이를 종합적으로 탐구해 본 결과 육군의 장교단 충원제도는 3개 시기 6개 부문으로 구분하였다.

미군정 및 건군기는 임시 직업군인제도의 태동기로서 군사영어반과정, 단기육사교, 갑종과정, 종합 및 현지임관과정으로 정리하였다. 그리고 전쟁 및 정비기는 정규육사교 출범을, 자주국방기는 ROTC, 단기사관학교(제2·3사교), 학사사관후보생과정(KAOCS), 간부사관후보생과정 등이 신분별로 다르게 도입되었기에 별도 문단으로 구분하였다.

7) 국방부, 『국방사(1945. 8~1950. 6)』(서울: 삼화인쇄주식회사, 1984), pp. 355~385.

8) 육군사관학교, 『군대와 국가발전』(1981), p. 100.

제2절 미군정 및 건군기

1. 군사영어반과정(1945. 12. 5.~1946. 5. 1.)

한국 육군의 장교단 충원에 관한 변천과정은 미군정 초기 군사영어학교가 설립된 내면적 배경부터 알아볼 필요가 있다. 당시의 사회환경과 국방경비대 창설 과정을 먼저 이해하여야 실체적 진실에 접근할 수 있다고 보기 때문이다.

초대 국방사령관에 취임한 쉬크(Schick Lawrence E.) 준장은 1945년 12월 5일 통역관 양성 및 군의 간부요원 확보를 위해 서울 서대문구 냉천동 소재의 감리신학교에 군사영어학교를 설치하였다. 당시 군사영어학교의 입교자격은 일본군, 만주군, 광복군출신 장교 및 준사관 중에서 중등학교 이상을 졸업하고 영어에 대해 약간의 지식을 구비한 자로 제한하였다.[9] 이때 입교 전 경력으로 인해 계파가 조장될

9) 초대 교장에 버린(Burin) 중령, 부교장에 원용덕 참령(현재의 소령)이 임명되었으며, 다음해인 1946년 2월 27일 태릉으로 이전하였다. 본래 교명(校名)은 '군사언어학교(Military Language School)'가 적합하였지만, 주로 영어를 가르쳤기에 한국군 측에서 '군사영어학교'라는 용어를 사용하였다. Sawyer Robert K., *Military Advisors in Korea: KMAG in Peace and War, Office of the Chief of Military History* (Department of the Army, Washington D.C., 1962), p. 12.; Robert T. Oliver는 미군 진주(進駐) 당시 한국에는 중학교 이상 교육을 받은

것을 우려한 하지(Hodge John R.) 주한미군사령관의 지시에 따라 군정청은 소장(少壯) 계층의 군 경력자만 받아들였고, 어떠한 군사단체와도 연계가 없던 이형근, 최경록은 개별적으로 응시하게 하는 등 계파주의 생성을 예방하는 데 노력하였다.[10]

당시 한반도의 정세는 무질서한 상태였다. 1945년 9월 8일 38도선 이남에 진주한 주한미군의 참모회의 보고서를 보면, 경찰이 활동을 중지한 상태에서 치안대 요원들이 공장을 강탈하는 등의 무법행위가 만연하고 있음을 적시(摘示)하고 있다.[11] 군정청도 30여 개에 달하는 사설군사단체들이 오히려 국내 치안상황을 혼란스럽게 만들고 있는 것으로 인식하고 있었다.[12] 이에 따라 사설군사단체를 강제로 해산시키고 국방군으로 통합 및 창설시키기 위해서는 군사영

자가 25,000명에 불과했다고 지적하고 있다. 박일영 역, 『이승만 秘錄』(서울: 한국문화출판사, 1982).

10) 김양명, 『한국전쟁사』(서울: 일신사, 1976), p. 43.

11) C. L. 호그 저, 신복룡・김원덕 역, 『한국분단보고서 상』(서울: 풀빛, 1992), p. 183.

12) HQ, USAFIK, G-2 PERIODIC REPORT, 1945. 10. 31.~11. 1. #53; HQ, USAFIK, G-2 PERIODIC REPORT, 1945. 11. 4.~5. #57; HQ, USAFIK, G-2 PERIODIC REPORT, 1945. 12. 3.~4. #86; HQ, USAFIK, G-2 PERIODIC REPORT, 1945. 12. 5.~6. #88; HQ, USAFIK, G-2 PERIODIC REPORT, 1945. 12. 8.~9. #91; HQ, USAFIK, G-2 PERIODIC REPORT, 1945. 12. 20.~21. #103; HQ, USAFIK, G-2 PERIODIC REPORT, 1945. 12. 29.~30. #111; General Headquarters Supreme Commander For the Allied Powers, Summation of Non-Military Activities in Japan and Korea No. 1, 1945, pp. 9~10.; 한용원, 『한국의 軍部政治』(서울: 대왕사, 1993), pp. 97~103.; 국방군사연구소, 『建軍 50年史』(1998), pp. 22~25.

어학교를 건설적인 방향으로 전환시킬 필요가 있다고 판단하였다.[13)]

이후 군정청은 입교시킬 대상을 일본군과 만주군, 광복군 출신들로 선정하여 각 20명씩 고르게 입교시키려고 계획하였다. 하지만 좌익계 사설군사단체인 국군준비대와 학병동맹 측이 국민의 자유를 억압한다고 반발하기 시작하면서 문제로 불거지게 되었다. 이러한 와중에 광복군도 응시를 기피하게 되면서 군사영어학교의 정상적인 개교가 어려워지게 되자 군정청은 적격자를 추천받는 방향으로 계획을 변경하였다.[14)] 이러한 분위기는 창군 초기 장교들의 출신 간 균형을 유지하려는 군정청의 계획을 어렵게 만들었다.[15)] 그 결과 중국군출신 조개옥(趙介玉)이 2명을 추천하였고, 만주군출신 원용덕(元容德)과 일본육사 출신 이응준(李應俊)이 이외의 대다수 인원을 추천하였다.[16)] 이로 인해 비이념적 시각에서 능력 중심으로 창군

---

13) Sawyer Robert K., 앞의 책, pp. 11~12, 21.

14) 김운태, 『미 군정의 한국 통치 』(서울: 박영사, 1992), pp. 252~253, 289.; 이혜숙, "미 군정의 구조와 성격: 조직과 자원을 중심으로," 『사회와 역사 45』(서울: 한국사회사학회, 1995), p. 22.

15) 육군사관학교 50년사 편찬위원회, 앞의 책, pp. 32~34.; 노영기, "주한미군의 對韓 정세 인식과 창군계획: 사설군사단체에 대한 대응과 '뱀부계획'의 입안과정을 중심으로," 『한국민족운동사 연구』 45(2004), p. 45.

16) 이응준은 한민당계인 인촌 김성수의 소개로 미 군정에 근무하면서 찾아온 사람들을 군사영어학교에 추천하였다. 특히 1946년 1월 5일 국방부 군사고문으로 취임한 이후에 작성한 '건군에 관한 기초방안'을 미 군정청에 제출한 공로로 군사영어반 교육에 참가하지 않았지만, 대령으로 임관하였다. 이응준, 『회고 90년』(산운기념사업회, 1982), pp. 13~14, 234~241.; 한용원, 『創軍』(서울: 박영사,

요원을 선발하려는 군정청의 계획은 처음부터 실패하였다.

군정청은 1947년 6월 3일부터 한국을 남조선 과도정부(South Korea Interim Government)로 개칭하고 자율권을 부여하였지만, 내부적으로는 거부권을 통해 막강한 영향력을 행사함으로써 한국 정부의 독자적인 영향력 발휘는 사실 상 불가능하였다. 미군정 책임자인 아놀드(Arnold Archibald V.) 소장은 1945년 10월 31일 시크 준장으로부터 "국방을 위한 준비작업은 미 정부가 수행해야 할 가장 우선적인 임무 중의 하나"라는 요지의 보고를 받게 되자 곧바로 주한미군사령관 겸 미군정사령관인 하지 중장에게 건의하였다.[17] 그리고 11월 13일 군정법령 제28호로 공포한 후 국방사령부 창설 준비계획을 수립하도록 지시하였다.[18]

1945년 지금의 감리교신학대학 자리에 설립된 군사영어학교는 주한미군과의 통역에 따른 어려움을 해결하기 위한 목적에서 시작되었다.[19] 하지만 구체적으로 들여다보면, 당시의 정치・사회적 측면을 고려할 때 통역관을 양성하기 위한 단순한 목적으로만 보기에는 일말의 의구심을 갖게 한다. 미 군정청의 임무가 한반도의 경제적 측면보다는 대소(對蘇)방어를 위한 세계의 정치・군사적 역할을 수행하는 데 우선적인 목적을 두고 있었기 때문이다. 당시 미 전쟁성

1984), pp. 75~81.; 한용원(1982), 앞의 책, p. 77.

17) Sawyer Robert K., 앞의 책, p. 9.

18) 육군사관학교, 『2014~2015 육군사관학교 요람』(2015), p. 4.

19) 국방부 전사편찬위원회, 『한국전쟁사 Ⅰ-해방과 건군』(서울: 육군본부, 1967), p. 258.; 국방부 군사편찬연구소, 『건군사』(서울: 국방부, 2004), pp. 322~323.

도 버지니아(Virginia) 대학에 최초로 군정학교를 설립한 이래 시카고(Chicago)·예일(Yale)·스탠포드(Stanford) 등의 6개 대학에 추가적으로 설립하였다.[20] 그러나 맥아더 장군이 일본에서는 군정을 하지 않는 것으로 결정함에 따라 대일(對日)군정팀은 한국으로 전환되었다. 이에 따라 1945년 9월 10일 한국에 미 군정청이 설치되어 1948년 8월 15일 정부가 수립될 때까지 2년 11개월에 걸쳐 미군정이 실시되었다.[21]

당시 미국의 개입은 한국 민주주의의 확립과 안정이라는 협의(狹義)적 차원보다는 국제정치적 차원의 자유민주주의 체제 안정과 질서를 구축하는 데 우선을 두고 있었음이 다양한 경로를 통해서도 확인할 수 있다.[22] 이의 연장선 상에서 판단해 볼 때 군사영어학교는 단순하게 통역관을 양성하려는 목적보다 미 군정청이 추진하고 있던 '알파계획(Alpha plan)'에 기초한 장교단의 충원을 위한 군사학교로서의 성격을 띠고 있음을 추측해 볼 수 있다. 이는 두 가지 관점에 근거하고 있다.

첫째, 군사영어학교가 개교된 시점이 미 본토에서 '알파계획'에 관한 회신이 도착한 1946년 1월 초순 이전인 1945년 12월 5일이었다는 점이다. 군사영어학교는 '알파계획'이 입안된 직후 미 본토에서 검토가 진행되고 있던 시기에 이미 설립이 완료되어 있었다. 이는 '알파

20) Hong Dr. C. Leonard, *American Military Government in Korea - War Policy and the First Year of Occupation - 1941~1946* (Histories Division Office of the Chief of Military History Department of the Army, 1970), p. 14.

21) 한용원(1982), 앞의 책, pp. 161~175.

22) 이혜숙, 앞의 논문, pp. 14~15.

계획' 중 실현이 가능한 분야를 먼저 진행한 것으로 이해할 수 있는 부분이다. 군사영어학교 입교자들의 면면이 과거 일본과 만주 등지에서 군사경력이 있는 약 200명을 모집하여 군사에 필요한 기초영어 교육을 실시하는 것을 단순하게 통역관을 양성하는 기관으로만 보기는 어렵다.[23] 특히 과거의 경(학)력에 따라 계급이 다르게 부여되었고, 임관일이 각기 상이하였던 측면에도 주목할 필요가 있다. 결과론적으로 이들은 이후 창군의 주역으로서 대다수 장군으로 진출하였으며, 더욱이 정부의 주요직책을 역임한 사실을 통해서도 입증할 수 있다.

둘째, 국방군 창설계획에 일정부분 관여하였던 이응준과 원용덕 등이 입교자의 대다수를 추천했다는 점에서 '알파계획'을 조기에 시행한 것으로 볼 수 있다. 1월 15일 국방경비대가 창설되었고, 초급장교 소요는 급격하게 증가되었다.[24] 이는 국방경비대와 군사영어학교가 불가분의 관계에 있음을 반증하는 것으로 다시 2개 단계를 거치면서 국방경비대의 규모는 조정되었고, 군사영어학교의 입교자 수도 변화되었다.

제1단계는 '알파계획' 단계로서 당시 이합 집산되어 있는 사설군사단체를 적절하게 통제해야 할 필요성에서 시작되었다. 그리고 한국 정세에 대한 심도 있는 판단과 군대 창설을 비롯한 국방 전반에 대한 연구도 필요하다는 인식에서 '장교단(board of officers)'이 설치

23) 육군본부, 『6.25사변 육군전사 제1권』(1953), p. 67. ; 노영기, 앞의 논문, p. 177.

24) 육군본부, 『創軍前史』(1980), p. 68.

되었다. 장교단은 1945년 11월 10일, 11월 13일, 11월 16일 세 차례에 걸쳐 한국의 군사·정치적 상황을 판단하여 방어 위주의 군대 창설을 계획하였고, 국방계획 전반을 포괄적으로 논의하였다. 이에 기초하여 작성된 「장교단 경과보고서」(Report of proceeding of Board of Officers)는 11월 22일 주한 미군사령부에 제출되었다.[25] 주목할 만한 내용은 사설군사단체(unofficial organization)의 구성원 중 중국군 및 일본군 근무경력자들은 국방경비대 장교 및 자문요원으로 활용이 가능할 것으로 판단하였다는 점이다. 반면에 당시의 경제·사회적 환경에서 군대를 운영할 수 있는 능력과 자원, 그리고 장비는 불충분한 것으로 판단하였다.

이에 따라 최초로 창설된 한국군의 규모는 총 50,000명으로 육·공군이 45,000명, 해군·해안경비대가 5,000명이었다.[26] 또한 군사교육을 진행하기 위해 육군사관학교(Korean Military Academy)·항공학교(Flight School)·해안경비사관학교(Coast Guard School)·경찰학교(Police Academy) 등의 설치 필요성이 주장되고 있다.[27] '장교단'의 활동은 이처럼 한국군 창설을 비롯한 국방상황을 광범위하고 심도있게 진단하는 등의 활동을 주로 수행하였다.[28] 미 삼부조정위원회 극동소위원회(State-War-Navy Coordinating Committee Subcommittee for the Far East)는 이를 검토한 후 합동참모부(Joint Chiefs of Staff) 명의로 1946

25) 노영기, 앞의 논문, pp. 174~176.

26) Sawyer Robert K., 앞의 책, p. 9.; 한용원(1982), 앞의 책, p. 72.

27) HQ. USAFIK, "Report of proceeding of Board of Officers"(1945. 11. 18.).

28) History of the United States Armed Forces in Korea 3, pp. 68~70.

년 1월 9일 일본 극동군 최고사령관인 맥아더(Douglas MacArthur) 장군에게 결과를 통보하였다.[29]

제2단계는 하지 주한미군사령관이 시크 준장의 후임인 참페니(Champany Arther S.) 대령에게 대규모 군대를 창설하는 내용의 '알파계획'을 폐기하고, 규모를 줄이도록 지시하면서 시작되었다. 추가적인 지침을 토대로 작성된 '뱀부계획(bamboo plan)'은 초기의 '알파계획'보다 감소된 25,000명으로 1946년 1월 9일 미 합동참모부의 승인을 거쳐 결정되었다.[30]

1946년 1월 11일 조선경비대총사령부가 설치되었다.[31] 그리고 1

---

29) "합동참모부가 동경의 더글러스 맥아더 육군대장에게" (1946. 1. 9.).; 국산편찬위원회, 『주한 미군사고문단 문서(KMAG: Korean Military Advisory Group)』(1999), p. 48.

30) 뱀부계획은 프러시아의 칸톤 시스템(Kanton system)과 유사한 제도로서 일정한 주둔지를 기준으로 하여 의무병들을 징집하는 '필리핀식 경찰예비대'를 구상한 내용이다. 평시에는 경찰예비대로서 경찰을 지원하는 임무를 수행하다가 국가 비상사태가 발생되면, 즉각 동원하여 국토방위 임무를 수행하는 역할이다. 최초 남한의 8개 도에 각 1개 연대씩 창설한다는 개념으로 1946년 1월 15일부터 우선적으로 각 1개 중대(장교 6명, 사병 225명)를 창설 후 점차 연대규모로 확대하는 계획이다. 노영기, 앞의 논문, p. 179.; 한용원(1982), 앞의 책, p. 73, 135.

31) 초대사령관 송호성 정령(현재의 대령)은 경비사관 2기로 지원하였으나, 문맹(文盲)으로 시험답안지를 쓰지 못했다. 그러나 과거 상관이었던 만주군출신의 유동열 통위부장이 특별히 배려하여 1946년 10월 17일 참령(현재의 소령)으로 임관하였다. 이후 제3연대장으로 임무를 수행하다가 총사령관에 보직되었다. 송호성 대령은 학력과 군사지식은 저급하였으나, 통위부장의 비호(庇護)

월 27일부터 4월 30일까지 태릉에 위치한 국방예비대 제1연대 막사에서 군사영어반 교육이 진행되었다. 입교한 학생들은 '애국심과 소명의식'이 충만한 비무장 사설군사단체 조직원들이었다. 이러한 시도는 사설군사단체가 난립되어 있는 혼란스러운 환경 속에서 각기 다른 군사적 배경 및 경력자들을 대상으로 통일이 어려웠던 여건을 해소하는 계기가 되었다.

그러나 미 군사제도와 교리를 도입하는 과정에서 언어 장벽은 우선적으로 해결되어야 할 문제였다. 이러한 와중에 군사영어반 모집계획은 창군의 모체가 될 핵심간부 요원들이 절실하였던 국방사령부의 목표와도 일치하는 것이었다. 하지만 당시의 정치・사회적 분위기는 소련의 신탁통치 결정을 둘러싸고 우익계열의 반탁 지지학생들이 좌익계열의 찬탁 지지학생들을 강제로 학교에서 몰아내는 분위기 등으로 인해 혼란스러운 상황이었고, 모집인원도 군정청의 예상보다 훨씬 적었다.[32] 일부 학생들은 장래가 불확실하다는 이유로 퇴교하는가 하면, 교육을 수료한 후에도 임관하지 않고 군정청 관리로 전향하는 사례가 많이 발생하였다.[33] 이러한 내외부적 환경은 군사영어반 모집을 어렵게 하였으나, 서서히 창군의 모체로 변화되어 갔다. <표 4-5>는 군사영어반과정 입교자들의 입교 전 학(경)력과 연령대, 출생지, 그리고 진급 현황을 종합한 내용이다.

아래 2년 간 재직하였다. 국방부 전사편찬위원회, 앞의 책, p. 270.

32) 국방부 전사편찬위원회, 앞의 책, pp. 259~260.

33) 佐佐木春隆(강창구 역), 『한국전쟁사 상권: 건국과 시련』(서울: 병학사, 1977), p. 95.

〈표 4-5〉 군사영어반과정 입교자들의 학(경)력 · 연령 · 출생지별, 진급자 현황

• 입교전 학(경)력별

구 분	계	중국군	만주군	일본육사	학병	지원병
인원(명)	110	2	18	12	72	6

• 출생지별(100명만 확인)

구 분	남한(59)					북한(39)			만주
	서울 · 경기	충청	경상	전라	강원	평안	함경	황해	
인원(명)	13	17	16	9	4	16	20	3	2

• 연령대별(95명만 확인)

구 분	1919년 이전	1919~1923년 (당시 23~27세)	1923년 이후
인원(명)	23	65	7

• 진급자 현황

구 분	계	장군급 이상	장군급 이하
인원(명)	110	78 * 대장: 8, 중장: 26, 참모총장: 12, 합참의장: 5	32

* 출처: 국방부 전사편찬위원회, 앞의 책, pp. 258~260.; 고정훈, 『秘錄 軍(상권)』(동방서원, 1967).; 육군본부, 『육군역사일지(1945~1950)』.; 육군사관학교 50년사 편찬위원회, 앞의 책, pp. 36~37.; 한용원(1982), 앞의 책, pp. 77~87.; 국방부 군사편찬연구소, 앞의 책, pp. 139~140.

입교 인원들은 다양한 출생지 및 학(경)력과 연령대가 다양하였고, 계급 수준도 병사에서 장관급까지 다양하였다.[34] 이들은 대다수 30

세 이전에 장군으로 진급하였으며, 15년 이상을 장군으로 복무한 사례도 많았다. 당시의 사회적 환경은 이들 중에서 국방장관이 3명, 국무총리가 2명, 국회의장의 2명이나 선출되었던 과정에 미루어 짐작해볼 수 있다.[35] <표 4-6>은 군사영어반과정의 차수별 초급장교 배출 현황을 정리한 내용이다.

〈표 4-6〉 군사영어반과정 차수별 초급장교 배출현황

(1946년 2월 15일~5월 1일)

구 분	계	제1차	제2차	제3차	제4차	제5차	제6차
수료일	-	2. 15.	2. 26.	3. 4.	3. 15.	3. 29.	5. 1.
인원(명)	110	51	11	3	1	32	12

* 출처: 육군본부, 앞의 책, p. 257.

1946년 2월 15일 처음으로 51명을 배출한 군사영어반은 단기 교육을 통해 기초군사영어와 미군교리 및 장비조작법을 습득하였다. 이후 5월 1일까지 여섯 차례에 걸쳐 총 110명이 배출되어 건군의 핵심 역할을 담당하게 되었다. 이들이 1대(1948년)부터 18대(1969년)에 이르기까지 20여 년에 걸쳐 육군참모총장을 독식하였다는 점에서 당시의 사회적 위상과 역할을 짐작할 수 있다.

34) 홍두승, “민군관계의 변화와 전망,” 『계간 사상』(1990), pp. 106~107.; 홍두승, 『한국 군대의 사회학』(서울: 나남, 1993), pp. 58~59.

35) 한용원(1982), 앞의 책, pp. 78~79.

2. 단기육군사관학교(1946. 6. 15.~1950. 6. 25.)

1946년 5월 1일 태릉에서 '군사영어학교'를 모체로 하는 '남조선 국방경비사관학교'가 개교되었다. 제1기는 임관하지 못한 60명과 각 연대에서 선발된 병사 28명을 포함한 총 88명이 입교하였다. 또한 '조선경비대훈련소(Korea Constabulary Training Center)'로 창설되었지만, 한국 측이 '경비사관학교', '육사교'로 호칭하면서 'Officer Training School'로 표기하다가 '조선경비사관학교'로 명칭으로 사용되었다.[36)]

이전에 군사경력을 보유한 제1기생들은 단기간의 교육 진행을 통해 1946년 6월 15일 참위(현재의 소위)로 임관시켰다. 이는 창군 초기 시급하게 요구되었다. 간부 충원의 필요성과 사관후보생 대다수가 과거 군사경력자였다는 점이 많은 영향을 미쳤던 것으로 보인다. 그러나 당시 짧게는 1개월(+)에서 길게는 1년까지 실시하는 단기교육만으로 장교단을 정예화시키기는 어렵다는 여론이 많았다. 전쟁이 발발할 당시 단기육사교는 1년 과정에 입교하여 졸업을 불과 1주일 앞둔 재학생과 4년 과정에 입교한 지 25일밖에 되지 않는 2개 기수

36) 육군사관학교 30년사 편찬위원회, 『大韓民國 陸軍士官學校 30年史』(1978), p. 67.; 육군사관학교 60년사 편찬위원회, 『陸軍士官學校 60年史』(2006), p. 10.; 1946년 6월 15일 군정법령 제86호에 의해 '조선국방경비대'가 '조선경비대'로 개칭됨에 따라 '조선국방경비사관학교'도 같은 해인 6월 16일 '조선경비사관학교'로 변경하였다. 한용원, 앞의 책, p. 87.

가 재학 중이었다. 전자는 생도1기 또는 육사10기로, 후자는 생도2기(현재의 육사11기)로 호칭되며, 민족의 수난을 최전선에서 겪었다.[37] <표 4-7>은 초기 경비사관학교와 단기육사교의 입교 기수 및 임관자를 종합한 현황이다.

〈표 4-7〉 경비사관학교와 단기육사교 입교 기수 및 임관자 현황
(1946~1950년)

<table>
<tr><th colspan="3">구 분</th><th>입교자(명)</th><th>입교일자</th><th>임관일자</th><th>교육기간</th><th>임관자(명)</th><th>장성수(임관자와의 비율%)</th><th>입교 전 경력</th></tr>
<tr><td rowspan="6">경비사관학교</td><td colspan="2">제1기</td><td>88</td><td>1946. 5. 1.</td><td>1946. 6. 15.</td><td>1개월</td><td>53</td><td>22(41)</td><td rowspan="4">장교, 하사관(이하 부사관), 민간인</td></tr>
<tr><td colspan="2">제2기</td><td>263</td><td>1946. 9. 23.</td><td>1946. 12. 14.</td><td>3개월(-)</td><td>193</td><td>81(41)</td></tr>
<tr><td colspan="2">제3기</td><td>338</td><td>1947. 1. 13.</td><td>1947. 4. 19.</td><td>3개월(+)</td><td>300</td><td>63(21)</td></tr>
<tr><td colspan="2">제4기</td><td>120</td><td>1947. 5. 16.</td><td>1947. 9. 10.</td><td>4개월(-)</td><td>107</td><td>18(16)</td></tr>
<tr><td colspan="2">제5기</td><td>420</td><td>1947. 10. 23.</td><td>1948. 4. 6.</td><td>6개월(-)</td><td>380</td><td>65(17)</td><td>월남자</td></tr>
<tr><td colspan="2">제6기</td><td>282</td><td>1948. 5. 5.</td><td>1948. 7. 28.</td><td>3개월(-)</td><td>235</td><td>23(9)</td><td>병사 및 부사관</td></tr>
<tr><td rowspan="15">단기육사교</td><td rowspan="3">제7기</td><td>정기</td><td>602</td><td>1948. 8. 9.</td><td>1948. 11. 11.</td><td>3개월(+)</td><td>561</td><td>41(7)</td><td>민간인</td></tr>
<tr><td>특별</td><td>246</td><td>1948. 8. 17.~9. 13.</td><td>1948. 10. 12.</td><td>2개월(-)</td><td>190</td><td>41(22)</td><td>군사 경력자</td></tr>
<tr><td>후기</td><td>350</td><td>1948. 11. 12.</td><td>1948. 12. 21.</td><td>1개월(+)</td><td>345</td><td>16(5)</td><td>부사관</td></tr>
<tr><td rowspan="8">제8기</td><td rowspan="3">정기</td><td>948</td><td>1948. 12. 7.</td><td rowspan="3">1949. 5. 23.</td><td rowspan="3">6개월(-)</td><td rowspan="3">1,264</td><td>120(9)</td><td rowspan="3">군사 경력자</td></tr>
<tr><td>37</td><td>1949. 1. 27.</td><td>9(82)</td></tr>
<tr><td>315</td><td>1949. 3. 19.</td><td>5(3)</td></tr>
<tr><td>특별1</td><td>11</td><td rowspan="3">1948. 12. 7.</td><td>1949. 1. 1.</td><td>3주</td><td>11</td><td>11(6)</td><td rowspan="2">군사 경력자</td></tr>
<tr><td>특별2</td><td>160</td><td>1949. 1. 14.</td><td>5주</td><td>145</td><td>17(7)</td></tr>
<tr><td>특별3</td><td>190</td><td>1949. 3. 2.</td><td>3개월(-)</td><td>181</td><td>30(5)</td><td rowspan="3">부사관, 민간인</td></tr>
<tr><td rowspan="2">특별4</td><td rowspan="2">250</td><td rowspan="2">1949. 2. 21.</td><td>1949. 3. 29.</td><td>5주</td><td>148</td><td>39(28)</td></tr>
<tr><td>1949. 4. 27.</td><td>9주</td><td>99</td><td>-</td></tr>
<tr><td colspan="2">제9기</td><td>647</td><td>1949. 7. 15.</td><td>1950. 1. 14.</td><td>6개월</td><td>579</td><td>-</td><td>병사 및 민간인</td></tr>
<tr><td colspan="2">제10기(생도1기)</td><td>313</td><td>1949. 7. 15.</td><td>1950. 7. 10.</td><td>1년</td><td>425</td><td>-</td><td>민간인</td></tr>
<tr><td colspan="3">계</td><td>5,580</td><td>-</td><td>-</td><td>3주~1년</td><td>5,216</td><td>601(11.5)</td><td>-</td></tr>
</table>

37) 양희완, 앞의 책, pp. 177~178.

* 출처: 육군본부(1987), 앞의 책, p. 258.; 육군본부(1992), 앞의 책, pp. 410~435.; 『육군역사일지(1945~1950)』.; 육군사관학교 50년사 편찬위원회, 앞의 책, p. 871.; 한용원(1982), 앞의 책, pp. 87~96.; 張昌國, 『陸士卒業生』(1984), pp. 67~295.; 전쟁기념사업회, 앞의 책, pp. 281~300.에서 식별된 상이한 현황 등은 필자가 육군 인사역사 제2집(1987)을 기준으로 자료를 재정리하였음.

1948년 9월 5일 국군이 창설되고, '육사교'로 재 개칭되면서 제1기에서 제6기까지 1,268명의 장교가 배출되었다. 이승만 대통령과 군 수뇌부는 오래 전부터 정규 직업군인 사관학교의 필요성을 통감하고 있던 차에 1949년 단기과정인 육사교를 일반대학교와 같은 4년제 군사교육기관으로 발전시키는 방안을 추진하기 시작하였다.[38] 그러나 미비한 교육시설과 부족한 전술학교관 등의 문제로 인해 상당히 어려운 여건이었다. 이처럼 혼란스러운 가운데 수석고문관으로 있던 미 그랜트 소령이 생도1기(육사 10기)부터 시작하려던 계획을 전면 수정하여 생도1기는 2년제 과정으로 단축하여 실시하고, 생도2기부터 4년제 과정으로 실시할 수 있도록 수정하였다. 여러 가지의 우여곡절 끝에 정규 4년제 과정이 시작되었으나, 불과 20여 일만에 6·25전쟁이 발발하게 되면서 생도들은 포천지구 전투에 투입되었고, 4년제 군사교육기관으로의 전환은 또다시 중단되었다. 이후 1951년 10월 30일 국방부 일반명령(육) 제163호에 근거하여 비로소 교관요원을 확보할 수 있었다.

육사교가 배출한 기수 중 '조선경비사관학교'에 해당되는 기수는

38) 육군사관학교 50년사 편찬위원회, 앞의 책, p. 133.

제6기까지이고, 제7기부터는 '단기육사교'로 개칭된 이후에 입교한 기수였다. 군 당국은 1946년 6월 15일부터 1950년 7월 10일까지 배출된 육사교 출신을 각급 제대의 하위직에서 상위직에 이르기까지 고르게 보직하여 건군의 모체로 활용하고자 구상하였다. 1948년부터는 보병학교 및 기타 각 병과학교가 추가적으로 창설되어 간부 정예화를 달성하는 데 기여함과 동시에 부대창설 소요도 충족되도록 하였으며, 갑종간부후보생과정을 시행하면서 병과별로 장교 임관이 가능하게 되었다.

3. 갑종간부후보생 · 종합 및 현지임관과정

1) **갑종간부후보생**(OCS)**과정**(1950. 1. 27.~1969. 8. 30.)

6·25전쟁 초기 육군의 진급제도는 정치적 측면과 전장 상황에 따라 3~6개월 만에 급속하게 이루어지는 불안정한 상황이 지속되었다. 이는 잔류되어 있는 초급장교가 불과 850여 명에 불과하였던 반면에 야전에서 요구되는 소요는 8개 사단과 5개 여단 규모인 950여 명이었던 데서도 알 수 있다. 이로 인해 교육기간이 짧게는 3주, 길게는 16주로 들쑥날쑥 되다 보니 초급장교들의 전투지휘능력 및 전술지식 수준도 덩달아 저하될 수밖에 없었다. 이에 따라 추가적으로 도입된 제도가 갑종간부후보생과정(OCS, 이하 갑종과정)으로 1950년 1월 27일 6개월로 계획된 제1기가 경기도 시흥 소재의 육군보병학교로 입교하게 되었다.[39)]

갑종과정은 창군 초기 뱀부계획의 시행에 따른 부대 증·창설 등으로 인해 부족해진 초급간부 소요를 충족시키기 위해 도입되었으며, 민간인을 선발하여 임관시키는 최초의 장교후보생과정이었다. 당시는 고학력자가 절대적으로 부족한 환경이었기 때문에 지원자 중 고졸학력 이상인 자는 '갑종'으로 분류하여 '소위'로, 중졸 이하인 자는 '을종'으로 분류하여 '일등중사(현재의 하사)'로 임관시켰다. 이후 1961년 ROTC제도가 도입되어 1963년 제1기 2,646명이 배출되면서 갑종과정은 초기에 비해 규모가 대거 축소되었다. 이에 따라 목적도 초기의 '초급장교'에서 '중급장교'를 양성하는 과정으로 전환되었다.

갑종과정은 1950년 7월 15일 제1기생 363명을 최초로 배출한 후 1969년 폐지될 때까지 230개기 45,424명을 배출하였다. 갑종출신 장교들은 6·25전쟁 기간 중 육군 전체 장교 32,970명 중 32%에 달하는 10,508명이 참전하였다. 이들은 월남전쟁에도 육군 전체 장교 22,403명 중 65.7%에 해당하는 14,712명이 참전하여 5.4%인 805명이 전사하였다.[40)]

이러한 와중에 육군본부는 1968년 북한군 특수부대가 청와대를 기습하였던 1·21사태를 계기로 전체 초급장교의 수준을 고졸에서 대졸 학력으로 높이겠다는 취지에서 1970년 제2·3사관학교를 창설

39) 광복 직후의 일본군식 용어로 일본군 편제에서 '갑종'은 장교를, '을종'은 부사관을 의미하고 있다. 오자복 외, 앞의 책, p. 109.

40) 종합(6,987명, 21.2%), 현지임관(9,686명, 29.4%), 육사(4,962명, 15.0%), 군사영어반(11명, 0.4%)으로서 이 중 갑종장교는 제1기에서 제49기까지 805명이 전사하였다. 갑종장교단 중앙회 홈페이지(http://www.kocs.or.kr/) (검색일: 2015. 4. 11.).

하였고, 갑종과정은 폐지되었다.[41] <표 4-8>은 갑종과정 중 대표병과 위주의 임관자를 종합한 현황이다.

〈표 4-8〉 갑종과정 배출현황(대표병과 위주)

구 분	임관기수	기 간	인원(명)
계	-	-	43,991
보 병	제1~230기	1950. 7. 15.~1969. 8. 30.	25,900
포 병	제1~99기	1951. 9. 1.~1969. 8. 23.	7,480
기 갑	제1~10기	1962. 4. 28.~1969. 8. 23.	265
공 병	제1~114기	1948. 12. 21.~1969. 5. 10.	4,949
통 신	제1~61기	1948. 3. 29.~1969. 8. 30.	2,196
병 기	제1~41기	1949. 3. 29.~1957. 11. 30.	1,641
병 참	제1~21기	1950. 2. 13.~1955. 8. 20.	1,093
수 송	제1~10기	1953. 9. 26.~1955. 10. 15.	467

* 출처: 육군본부(1987), 앞의 책, p. 260.; 갑종장교단 중앙회 홈페이지 (http://www.kocs.or.kr/) (검색일: 2015. 4. 11.).

1960년 6월 1일 전투병과사령부가 창설되기 이전에 임관한 갑종과정은 양성교육이 진행되는 과정에서 일부는 특과병과로 변경되는 등으로 인해 보병과 기타병과 간에 동기라는 개념이 희박하였다. 특히 제1・2기는 현역과 민간인 중에서 선발하여 교육훈련을 진행하던 와중에 6·25전쟁이 발발하면서 후보생 신분으로 전사하였기 때문에 수료증조차 받지 못한 인원들도 많이 발생하였다.

1954년 7월 6일 육군본부는 교육총감부와 교육총본부를 창설하고

41) 육군본부(1987), 앞의 책, p. 260.; 이정훈, "대장 對 대위: 제35대 재향군인회장 선거 파격 기류," 『신동아』 제665호 (2015년 2월호), pp. 426~435.

교육훈련에 관한 지휘감독 및 조정, 검열 임무를 부여하였다. 그리고 행정 및 기술병과학교는 육군본부 직할로 예속시키고 보병・포병・기갑학교 등을 비롯한 전투병과학교와 제2훈련소 교재창을 교육총본부가 지휘 감독하도록 통제하였다.[42)]

조영길(갑종172기) 전 국방부장관은 「한국전쟁 초기부터 갑종장교들이 많은 희생을 치렀으며, 이들의 희생이 나라를 구하는 데 기여한 것에 대해 의문을 품는 사람은 없다. 갑종장교라는 한계 때문에 능력이 뛰어남에도 불구하고, 자기 능력을 다 발휘하지 못한 면도 없지 않았다.[43)]」라면서 그들의 국가에 대한 헌신 노력을 강조하고 있다. 갑종과정은 전체 장군단의 0.5%인 약 200여 명이 장군으로 진급하였고, 이들 중 5명은 육군대장으로 진급하였다.[44)]

2) **종합 및 현지임관과정**(1950. 8.~1951. 8. 18.)

종합 및 현지임관과정은 6·25전쟁 초기 초급장교들의 과도한 피해 및 손실과 부대 증・창설로 인해 필요해진 소요를 조기에 보충하기 위한 목적으로 시행되었다. 전쟁이 발발한 직후인 8월 15일 부산 동래에 설치된 육군종합학교에서 '종합 및 현지임관과정'을 시행하

42) 오자복 외, 앞의 책, pp. 111~134.

43) 김경수, "역사 속으로 사라진 甲種장교", 『주간조선』(2007년 5월 27일).

44) 육군대장으로 진급한 5명은 오자복(3기), 정호근(5기), 조영길(172기), 정수성(202기), 권영기(222기)이다. 갑종장교단 중앙회 홈페이지(http://www.kocs.or.kr/) (검색일: 2015. 4. 11.).

여 장교영어반과 단기육사교, 그리고 공병, 군의, 법무, 병기, 통신, 헌병, 항공 등의 특수병과를 임관시키는 등 총 7,002명을 배출하였다. 6·25전쟁 초기 연 84,426명의 손실 중에 3.4%인 2,886명이 초급장교였음을 보더라도 당시 초급장교들의 피해 규모와 충원의 어려움을 느낄 수 있다. 이에 따라 1950년에는 초급장교 10,477명을 보충하였으며, 이는 손실율의 5배에 해당하는 규모였다.[45] 1950년 8월 28일 이렇게 어려운 현실을 타개하고자 대통령령 제382호인 '육군보충장교령'을 공포하였다. <표 4-9>는 종합출신 배출 현황을 정리한 내용이다.

〈표 4-9〉 종합출신 배출현황(1950년 10월 15일~1951년 8월 18일)

구 분	제1기	제2기	제3기	제4기	제5기	제6기	제7기	제8기	제9기	제10기
인원(명)	144	134	140	148	160	146	122	123	138	131

구 분	제11기	제12기	제13기	제14기	제15기	제16기	제17기	제18기	제19기
인원(명)	142	130	142	136	142	130	185	160	150

구 분	제20기	제21기	제22기	제23기	제24기	제25기	제26기	제27기	제28기
인원(명)	200	177	188	198	194	198	160	89	166

구 분	제29기	제30기	제31기	제32기	계
인원(명)	125	90	141	130	4,759

* 출처: 육군본부(1987), 앞의 책, p. 258.

45) 육군본부(1987), 앞의 책, p. 258.

종합출신과정은 보병과 포병병과 위주로 27개기 4,759명을 배출하였다. 2007년 기준으로 대령까지 진급한 인원은 0.9%인 45명이다.[46] 당시에는 추가적으로 장성급 지휘관의 추천과 소정의 절차를 거쳐 병사 및 하사관(이하 부사관)을 장교로 임관시키는 현지임관과정도 시행되었다. 전황의 다급함 때문에 추천절차는 생략되는 경우가 많았으며, 심지어 훈련병을 대상으로 이루어지는 경우도 많았다.[47] 현지임관 방식을 통해 배출된 초급장교의 규모는 1950년부터 시작되어 1955년까지 13,681명이었다.[48] <표 4-10>은 현지임관과정 배출 현황을 정리한 내용이다.

---

46) 2004년과 2005년 정기 인사에서 장군진급 대상자이던 단기사관 출신의 모 대령은 육사 출신 장군으로부터 「부사관 출신이 대령까지 진급했으면 출세한 줄 알아야지, 주제넘게 무슨 장군이냐.」, 「단기사관은 초급장교로 활용하기 위해 양성한 것이니 장군은 절대 안된다.」는 말을 공공연하게 듣게 된다. 현지임관과정 중 육군준장은 유기환, 황종우, 김일만, 서기원, 안도열이 진출하였고, 육군소장은 김영동, 김용근, 한상권, 김병주, 이명구, 이규식, 이영구 등이 진급하였다. 신우용, "육군의 서자(庶子) 단기사관은 장군이 될 수 없는가," 『신동아』 통권 제577호(2007), pp. 313~317.

47) 1950년 8월, 한국군 제26연대 창설시 연대 편성을 담당하였던 미 군사고문단의 프랭크 루카스(Frank W. Lukas) 대위는 가두 모집을 통해 충원한 신병들 중에서 부사관 및 소대장을 임명하였고, 11월에 재창설된 2사단의 경우도 같은 방식으로 소대장을 충원하였다. 2사단 창설에 참여한 미 군사고문단의 토마스 로스(Thomas B. Ross) 소령은 차출한 훈련병 중에서 교육수준이 높은 인원을 선발하여 중대급 이하의 장교로 임관시키도록 조치했다. Sawyer Robert K., 앞의 책, pp. 144~147.

48) 육군본부, 『六·二五 事變 後方戰史 人事篇』(豊文社, 1956), p. 121.

〈표 4-10〉 현지임관과정 배출현황(1950년 8월~1950년 11월 27일)

구 분	계	예 소	예 현	특 임	현 임	사 임	인 임	고 하
인원(명)	9,686	1,577	655	112	5,125	1,017	232	968

* 출처: 육군본부(1987), 앞의 책, p. 258.

현지임관 출신 9,686명 중 장군진급자는 0.1%인 14명으로 이 중 육군준장은 5명, 육군소장은 9명을 배출하였다.

제3절 전쟁 및 정비기

1. 정규육군사관학교 출범(1952. 1. 1.~)

1) 출범 배경 및 발전 경과

'정규육사교'는 창군 초기인 1946년 5월 1일 '남조선국방경비사관학교'로 처음 개교하였다가 같은 해 6월 16일 '조선경비사관학교'로 개명되었다. 이후 1948년 9월 5일 '육사교'로 재 개명하였으나, 6·25 전쟁으로 인해 휴교되었다가 1951년 10월 31일 경남 진해에서 정규 4년제 과정으로 재 개교되었다. 이승만대통령은 재입교 행사에서 "여러분은 이 나라의 보배요 기둥이다. 그 동안 수고 많았다. 이 사관학교 창설은 내가 하와이에 있을 때부터 꿈꾸어 온 것인데, 오늘 이렇게 여러분을 대하니 눈물이 나온다.[49]"는 연설을 통해 사관생도들로 하여금 위기에 처한 국가를 위하여 목숨을 바치겠다는 결의와 막중한 사명감을 깨닫는 계기로 만들었다. 육사교는 국가 차원에서 처음부터 고급장교와 미래의 군사지도자를 양성하는 데 목표를 두었다.[50] 이를 통해 단기육사교와는 달리 초기부터 강한 소명의식과 엘리트의식을 생성시켰다.

육사교는 1951년 10월 진해에서 모집한 정규과정 제2기(생도11기)부터 1955년 10월 1일 법령 제374호(사관학교 설치법)가 공포됨으로써 일반대학교와 같은 4년제 정규대학과정으로 공식 인정되었다. 1955년 10월 4일 156명의 졸업생들을 최초로 배출하였다.[51] 이는 국가적으로 정규사관학교가 존재하고 있다는 자부심과 외적 위상을 확립할 수 있게 하는 계기가 되었고, 군 내부적으로는 단기육사교 및 타 과정과의 차별화가 시작되는 시기로 볼 수 있다.

정부수립 초기 정치·사회적으로 부패상이 심각한 상황에서 국비장학생으로 엘리트교육을 받고 배치된 이들은 야전부대에서 자신감 넘치는 패기와 부패를 척결하는 올곧은 기개 등으로 국민들의 많은 신뢰와 사랑을 받았다.[52]

육사교를 중심으로 시행된 해외유학은 이들을 선진 자본주의 문물을 받아들이는 직접적인 통로가 되게 하였고, 엘리트 의식을 고조시켰다. 당시 사회적 환경 및 여건을 돌아볼 경우 미국의 선진화된

---

49) 육군사관학교 50년사 편찬위원회, 앞의 책, pp. 150~151.에서 재인용.

50) 육군본부(1987), 앞의 책, pp. 257~259.; 조영진 외, 앞의 논문, p. 80.

51) 육군사관학교 50년사 편찬위원회, 앞의 책, pp. 193~198.

52) 육군사관학교 60년사 편찬위원회, 앞의 책, p. 13.

환경을 우선적으로 받아들일 수 있는 유일한 곳이 육사교였다. 그리고 이어진 국가 차원의 전폭적인 혜택을 비롯한 집중 지원 환경은 육사교를 국비장학생 집단으로서 국가경제 발전에 필요한 각 부문의 고급 기술인력을 사회로 배출시키는 역할을 전담하게 만드는 중요한 변곡점이 되게 만들었다. <표 4-11>은 1949년부터 1960년까지 육사교에서 실시된 해외 군사유학 현황을 정리한 내용이다.

〈표 4-11〉 육사교의 해외 군사유학 현황(1949~1960년)

구 분	계	1949	1950	1951	1952	1953	1954	1955	1956	1957	1958	1959	1960
인원(명)	11,609	12	-	317	814	1,038	1,193	1,751	1,080	1,402	1,076	1,357	1,569

* 출처: 육군사관학교, 앞의 책, p. 151.: 필자가 추가하여 작성하였음.

이들은 육사8기생 이전까지 젊은 정규육사교 후배들로부터 선배로 인정받지 못했다. 이는 정규교육을 받지 않은 세대와 정규교육을 받은 세대는 구분되어야 한다는 정규육사교의 명예심과 독존감(獨尊感)에서 비롯되었다. 또한 생도 시절부터 체득한 3대 신조와 5대 도덕률은 이들로 하여금 자치근무제도 및 명예제도에 대한 상당한 자부심을 갖게 하였다.[53] <표 4-12>는 육사교에서 1955년부터 최

53) 3대 신조와 5대 도덕률은 미 육사의 아버지로 불리는 실버너스 테이어(Sylvanus Thayer) 대령이 정착시킨 교육제도와 방법으로 육사교에서 도입하여 적용한 제도이다. 3대 신조는 ① 국가와 민족을 위하여 생명을 바친다! ② 언제나 명예와 신의 속에 산다! ③ 안일한 불의의 길 보다 험난한 정의의 길을 택한다!이다. 5대 도덕률은 1961년 교장이었던 강영훈 당시 중장이 17기생에 대한 졸업 기념으로 제시한 것으로 ① 사관생도는 진실(truth)만을 말한다. ②

근까지의 기수별 배출 현황을 정리한 내용이다.

〈표 4-12〉 정규육사교의 기수별 배출현황(1955년 10월 4일~2014년 3월 6일)

기 별	제11기	제12기	제13기	제14기	제15기	제16기	제17기	제18기	제19기	제20기
임관(명)	156	164	175	179	176	178	177	181	205	156

기 별	제21기	제22기	제23기	제24기	제25기	제26기	제27기	제28기	제29기	제30기
인원(명)	178	181	177	180	203	183	188	210	249	304

기 별	제31기	제32기	제33기	제34기	제35기	제36기	제37기	제38기	제39기	제40기
인원(명)	384	314	305	327	296	335	294	325	298	295

기 별	제41기	제42기	제43기	제44기	제45기	제46기	제47기	제48기	제49기	제50기	제51기
인원(명)	291	278	304	286	298	292	303	249	268	276	261

기 별	제52기	제53기	제54기	제55기	제56기	제57기	제58기	제59기	제60기	제61기	제62기
인원(명)	248	209	201	190	213	216	249	254	243	236	216

기 별	제63기	제64기	제65기	제66기	제67기	제68기	제69기	제70기	제71기	계
인원(명)	220	207	212	213	210	199	206	199	217	14,437

* 출처: 육군사관학교 50년사 편찬위원회, 앞의 책, pp. 869~871.; 육군본부(1987), 앞의 책, p. 259.; 육군사관학교 총동창회 홈페이지(http://www.kmaaa.or.kr/) (검색일: 2015. 2. 12.).; 육군사관학교 평가실(2015).; 필자가 도표로 재정리하였음.

사관생도의 행동은 언제나 공명정대하다. ③ 사관생도의 언행은 언제나 일치한다. ④ 사관생도의 언행은 부당한 이득을 취하지 않는다. ⑤ 사관생도는 자신의 언행에 대하여 책임을 진다. 육군사관학교 50년사 편찬위원회, 앞의 책, p. 216.

육사교는 1951년 제11기 156명을 입교시키면서부터 특수목적대학으로서 4년제 정규교육을 진행하고 있으며, 최근까지 14,437명을 배출하였다. <표 4-13>은 2009년 기준으로 사회에서 활동하고 있는 육사교 출신들의 정치・경제・사법・언론 재직자 현황을 종합한 내용이다.

〈표 4-13〉 한국 육사교 출신 정치・경제・사법・언론재직자 현황(2009년)

구 분	계	정계/관료	경찰/법조계	경제계	
				주요기업	일반기업
인원(명)	584	46/61	1/11	5	330

언론계	학계	국방관련기관	공기업	준정부기관
5	1	75	14	35

* 정계/관료: 국회의원 및 청와대기획관, 위원장급 이상/지자체 행정부지사, 구청장, (부)시장・(부)군수
* 경찰/법조계: 총경급 이상/부장검(판)사 이상 및 변호사
* 경제계: 법인기업체 및 개인사업체 대표이사 및 사장급 이상
* 언론계: 중앙(지방)매체 논설위원 및 편집인 이상
* 학계: 전・현직 대학총장
* 국방관련기관: 정부출연 연구기관, 연구단체 및 학회의 부장급 이상
* 공기업/준정부기관: 시장형・준시장형 공기업, 기금관리・위탁집행 준정부기관 및 기타 공공기관 등의 지점장(지사장)급 이상
* 출처: 육군사관학교 총동창회, 「회원명부 2009」(서울: 육군사관학교 총동창회, 2009), pp. 644~679.; 육군사관학교 총동창회 홈페이지(http:// www.kmaaa. or.kr); 현황은 필자가 실셈하여 정리하였음.

2) 소명의식 및 직업윤리 함양을 위한 교육훈련 프로그램

초기의 교육훈련 프로그램은 제식훈련, 분·소대전술, 화기 기계훈련 위주로 진행되었다. 하지만 제식훈련과 군수교육은 미국식으로, 전술훈련 및 개인·공용화기 기계훈련, 내무생활은 일본식으로 실시되는 등 교육훈련체계는 매우 혼란스러웠다. 그러나 기간이 경과하면서 미국의 신무기류가 도입되고 미군 교리에 대한 이해 수준이 높아지면서 점차 미국식으로 진행하는 비중이 높아졌다. 8기생부터 국사, 영어 등의 일반학 교육과 중대전술훈련으로까지 확대되었으며, 교육기간도 초기의 1개월에서 3개월로 늘어나게 되어 총 528시간으로 확대되었다.[54] 이후 전체 군사학 시간은 학년별 일반학기와 하기 군사훈련을 포함하여 총 1,712시간을 실시하고 있다.[55]

전문직업성과 직업윤리 함양을 위해 1954년부터 일반학과정에 전사(戰史)와 지휘심리교육이 포함되었고, 1961년부터는 개인 및 집단행동에 대한 이해와 지휘력 향상을 도모하기 위해 지휘심리학이 정식과목에 포함되었다.[56] 이후 1982년 4학년과정은 전사와 지휘론, 군사관리 과목을 진행하였다. 특히 전공과정 이외에 일반대학교의 부전공과 동일한 안보과정과 인문과정에 군사(軍史)와 철학, 사학(史學)을 포함하여 진행하고 있다.

<표 4-14>는 소명의식 및 직업윤리를 함양하기 위해 1982년에 개

54) 육군사관학교 50년사 편찬위원회, 앞의 책, pp. 47~50.

55) 육군사관학교 50년사 편찬위원회, 앞의 책, pp. 406~410.

56) 육군사관학교 50년사 편찬위원회, 앞의 책, pp. 282~396.

정한 교과목으로서 최근까지 시행하고 있는 선택과정과 분야, 그리고 과목을 정리한 내용이다.

〈표 4-14〉 육사교의 소명의식 및 직업윤리 함양 과정, 지정 과목

과 정	분 야	주과목	부과목
안 보	군 사	· 군사사상사, 전쟁론, 군대발전사, 한국군사사상사	· 동양전례연구, 서양전례연구, 한국군제사, 서양근대외교사
	국제관계	· 한국정치론, 국제관계론, 군대사회학, 동북아국제정치	· 정책과학, 사회과학방법론, 공산권지역연구, 후진국발전론
	관 리	· 국방경제학, 조직구조론, 사회심리, 군사심리, 상담심리 등	· 국제경제학, 재정학, 인사관리, 교육학
인 문	철 학	· 도덕철학, 교육철학, 사회철학 등	· 동양철학특강 등
	사 학	· 한국민족주의운동사, 역사철학 등	· 한국경제사상사

2014

과 정	분 야	필 수	선 택
교 양	인문사회	· 국사, 철학과 윤리, 심리학	· 세계사, 사회학, 동북아역사, 교육학
군사학	국방전략/지휘관리	· 전쟁사Ⅰ·Ⅱ, 국가안보론, 헌법과 군사법 등	· 미래전쟁연구, 군상담심리 등
일반학	기 초	· 세계사	· 교육학, 사회학, 논리학
	전 공	· 군사사, 국제관계, 군사인문 등	

* 출처: 육군사관학교 50년사 편찬위원회, 앞의 책, pp. 399~400.; 육군사관학교, 앞의 책, p. 102.; 현황은 필자가 도표로 재정리하였음.

육사교는 일반학과정에 세계사 및 군사사를 포함시켜 전장 환경을 폭넓게 이해시킴과 동시에 직업윤리 및 고유문화 연구 여건을 구비하고 있다. 최근 교양 필수과정에 국사, 철학과 윤리, 심리학, 동북아

역사 등을 포함시켰으며, 일반학과정에 군사사와 군사인문을, 군사학 과정에 전쟁사Ⅰ·Ⅱ, 헌법과 군사법 등의 교육을 진행하고 있다.[57]

제4절 자주국방기

1. ROTC제도 도입(1961. 6. 1.~)

1) 도입 배경 및 발전 경과

ROTC는 6·25전쟁 이후 부족한 초급장교의 보충과 4년제 대학교를 졸업한 학사학위자 이상의 우수한 초급장교를 획득하고, 평시 예비전력을 확보하려는 목적에서 도입한 제도이다. 미 ROTC제도를 벤치마킹하여 1961년부터 4년제 일반대학교에 최초로 학생군사훈련단을 설치하였다. 초기 전국의 16개 종합대학교에서 3~4학년 재학생을 대상으로 하는 지원자를 선발하였고, 1963년 2월 제1기생을 배출한 이래 안정적으로 시행되고 있다.

(1) ROTC제도 창설에 관한 역사적 배경 및 형성과정

미군정이 진행 중이던 1953년 4월 아이젠하워(Eisenhower Dwight D.)는 대통령 당선인 자격으로 한국 전선을 방문하고 귀국한 후 타

57) 육군사관학교, 앞의 책, pp. 101~131.

스카(Tasca Henry J.) 박사를 대표로 하는 사절단 5명으로 하여금 한국의 경제 발전과 방위력을 강화하기 위한 방법 및 수단을 찾아보도록 지시하였다. 휴전 직전 타스카 박사는 "한국경제의 강화를 위한 대통령 보고서"(Strengthening the Korean Economy, Report to President)를 아이젠하워에게 보고하였다. 이 보고서는 이후 10억 $의 군사·경제 원조를 제공하는 한국 재건 안으로 활용되었으며, 한국이 ROTC제도를 도입하는 데 결정적인 역할을 하게 된다.[58] 1957년 주한미군사령관 겸 UN군총사령관으로 부임한 ROTC 출신인 조지 데커(George H. Decker) 장군은 타스카 보고서를 근거로 하여 한국 정부와 체결한 '국가재건과 재정안정 계획에 관한 합동경제위원회 협약'에 따라 경제조정처(Office of Coordinate)를 설치하게 된다. 이 기구는 주한미군사령관이 한국의 경제 재건계획, 군사력 강화와 군사원조의 구체적인 지원계획 등을 직접 관리하도록 하였고, 종료될 때까지는 비밀문건으로 분류하여 관리되었다.

1960년 학군단제도가 최초로 도입되어 1961년 4월에 전국 16개 종합대학교에 설치된 학군단본부에서 장교후보생들을 모집하였다. 그러나 5·16군사쿠데타로 인해 잠시 보류되었다가 다음 해인 1962년에 본격적으로 시행되었다.

한국 육군의 ROTC제도는 미 군사원조의 일환으로 도입되었다.[59] 실제 미국의 경우 쓰라린 역사적 체득을 통해 상비군에 대한 거부감이 사회 일반의 정서로 확립되어 있는 환경에서 문민통제 문화가 정

58) 대한민국 ROTC 50년사 편찬위원회, 앞의 책, pp. 210~212.

59) 대한민국 ROTC 50년사 편찬위원회, 앞의 책, p. 210.

착되어야 한다는 의식이 깊게 생성되어 있었다. 이를 위해 징병제를 저지하기 위한 대안으로 시행하게 된 제도가 ROTC이었다. 유럽이나 미국이 ROTC제도를 시행한 배경은 군사정책적 목적의 달성과 문민통제에 기여하면서 국가 지도계층을 양성하는 데 그 목적을 두었다. 반면에 한국은 징병제를 유지하기 위한 상비군제도의 일환으로 미 ROTC제도를 도입하였다. 특히 한국의 ROTC는 유럽이나 미국처럼 사회 발전에 따라 자연스럽게 도입된 것이 아니라 불안한 국내정세 속에서 부족한 초급장교를 충원하기 위한 임시적 대체 수단으로 급격하게 추진되었다고 봄이 정확할 것이다.[60]

한국이 징병제도 확립과 더불어 대규모 상비군이 필요하다는 인식을 가지게 된 결정적 계기는 6·25전쟁이었다. 이는 당시 10만 명이던 상비군이 휴전협정이 체결될 무렵에는 70만여 명으로 증강되어 있는 등을 통해 그 당시의 일면을 확인할 수 있을 만큼 대폭 증강된 장교단이 급하게 필요하였던 것이다. 미국은 6·25전쟁 이전까지 한국 군대의 규모를 소규모로 판단하였기 때문에 상당한 문제점으로 대두되었다. 한국도 부족한 장교 충원 소요를 해소하기 위해 다양한 제도를 무분별하게 도입한 측면이 짙다. 이 과정에서 한국 육군이 체계적이고 일관된 충원 방식을 유지하기는 쉽지 않았다.

1949년 3월 미 국가안보회의((National Security Council)가 채택한 세 가지의 대한(對韓) 방책은 첫째, 한국을 포기, 둘째, 한국을 무력으로 무조건 지원, 셋째, 제한된 조건 하에서의 지원이었다. 이 중에 세 번째 안이 NSC8/2로 채택되었다. 이를 통해 미국은 한국을 포기

60) 대한민국 ROTC 정무포럼, 앞의 책, p. 130.

한 것도 아니고 반드시 지켜내겠다는 것도 아닌 어중간한 입장에 있었음을 확인할 수 있다. 당시 미국이 NSC8과 NSC8/2에서 판단한 장교의 규모는 50,000명에서 65,000명 수준의 군대에 적합한 수준이었다. 그러나 이 정도 규모는 당시 육군 전체에 부족한 초급장교 숫자를 단기간에 충원하기가 불가능하였다. 그 대표적인 사례가 육사8기였다. 미 임시군사고문단은 당시 육사 한 기수의 정원을 최대 600명으로 제한하였으나, 1949년 5월 23일 임관한 8기는 이를 두 배 이상 초과한 총 1,236명을 배출하였다.[61] 1949년 1월 19일 육군의 소위 총원인 1,164명보다 72명이 더 많은 숫자였다.[62] 하지만 이렇게 초급장교의 규모가 급증되었음에도 불구하고 1948년에서 1949년까지 병력을 증강시킨 수준에는 미치지 못하였다. 육군은 이러한 현상을 해소하기 위해 일제시대 식민지 기간의 군사경험자까지 동원하는 등 초급장교의 부족현상을 해소하기 위하여 적극 노력하였으나, 이마저도 임시 방편에 불과하였다.[63]

6·25전쟁의 발발은 육사교만으로 초급장교를 충원하기는 한계에 봉착하게 만들었다. 이로 인해 육군은 1950년 8월 부산 동래에 육군종합학교를 임시로 설치하는 대책을 마련하였다. 그러면서도 우수한 초급장교를 단기간에 많이 충원할 수 있는 방법을 물색하던 차에 미국에서 시행 중인 ROTC제도에 주목하기 시작하였고, 단기복무 형

61) 『라이트가 그랜트에게 보낸 서한』, RG 338, KMAG, Box 4., 국사편찬위원회 所藏 (1949. 12. 16.).

62) 『Weekly Activities of KMAG』, RG 338, PMAG 1948~1949 / KMAG, 1948~1953 Box 9., 국사편찬위원회 소장 (1949. 1. 19.).

63) 『동아일보』(1948년 12월 24일자, 2면).

태로 변형시켜 도입할 경우 우수인재 확보가 용이하다고 판단하게 되었다.

본래 ROTC제도는 제2공화국 장면 정권이 출범하면서 경제개발계획을 시행하기 위해 고안된 정책과제였다. 이를 박정희 대통령이 초급장교 충원을 검토하는 과정에서 그대로 승계하였던 것이다. 초급장교가 턱없이 부족한 실정을 해소할 수 있는 이 제도는 초급장교의 충원 소요를 충족시킬 수 있었다. 또한 문제점으로 불거진 기본자질 향상, 예비군 자원의 확보 등이 되어야 자주국방의 확립이 가능하다는 차원에서 절박한 과제도 바로 해결할 수 있게 하였다. 국가재정이 부족한 여건 속에서 투자비용을 절약할 수 있다는 측면에서도 상당히 긍정적으로 인식되었다. 특히 군의 지휘통제체계 확립을 위해 가장 심각하게 대두되고 있던 초급지휘자의 자질 문제가 4년제 대학교의 우수한 재학생을 확보함으로써 해소할 수 있었고, 부가적으로 상비전력을 획기적으로 증강시키는 효과까지 가져오게 하였다.

하지만 휴전협정 이후에도 급격한 군비 확장으로 인해 기존의 사관학교와 간부후보생만으로 소요되는 숫자를 충족시키기는 쉽지 않았다. 특히 6·25전쟁을 겪으면서 초급장교가 부족한 현상이 군 전투력 발휘에 심대한 영향을 끼치게 됨을 인식한 군 수뇌부는 평시부터 예비전력 확보 및 관리의 필요성을 절감하게 되었다.[64] 그리고 교육

64) 군인사법(법률 제14180호, 2016. 5. 29.) 제6조 ①항에 의하면, "장교는 장기복무와 단기복무로 구분하여 복무한다."고 명시되어 있다. 중기복무장교라는 개념은 군인사법에 없는 내용으로 육군이 인력 충원 및 관리, 인사운영 차원에서 사용하고 있다. 학생중앙군사학교, 『ROTC 30년사』(1998), p. 27.

정책적 차원에서 국가의 장래를 짊어질 청소년들의 대학교육이 병역 관계로 인해 일시적으로 중단되는 현상은 국가 발전이나, 학생들의 개인적인 입장에서 볼 때도 바람직하지 않은 것으로 판단하였다.[65)]

ROTC제도는 군사과학의 비약적인 발전과 현대전의 양상이 크게 변모하고 있는 시점에서 고도의 지적수준과 과학적 두뇌, 그리고 우수한 리더십을 겸비한 지휘관이 필요하다는 군사적 측면에서 도입되었다고 평가할 수 있다.[66)] [그림 4-1]은 당시 육군 ROTC제도의 운영개념을 정리한 내용이다.

[그림 4-1] 육군 ROTC제도의 설치 및 운영개념도

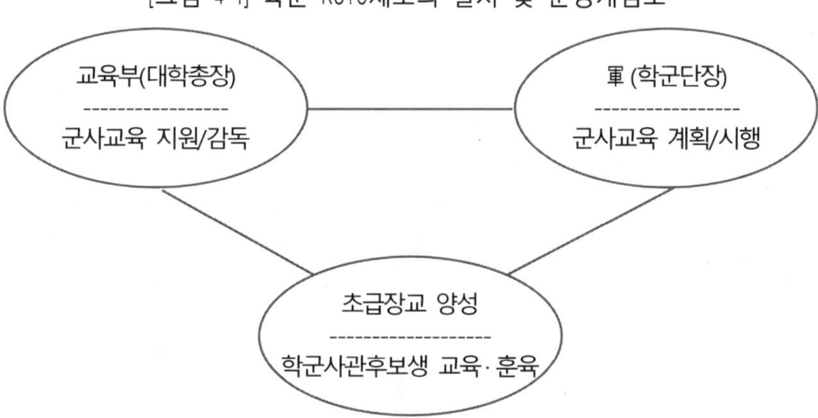

* 출처: 김정수, 앞의 책, p. 21.; 최광표 외, 앞의 논문, p. 59.

65) 윤주학 외, "우수 학군사관후보생 선발 및 양성교육 향상방안 연구"(2006), p. 1.

66) 김정수, 『장교양성 기관의 능률적 편성방안: 학생중앙군사학교를 중심으로』(대전: 육군교육사령부, 1998), p. 21.

1950년대는 병역법(법률 제41호, 1949) 제40조에 따라 학생들이 학업을 마칠 때까지 징집을 연기할 수 있었다.[67] 하지만 대학교 측에서 이러한 규정을 악용하는 사례가 빈번하게 발생하면서 대학교가 각종 병역비리의 온상으로 인식되고 있었다. 이에 국방부가 재학연령을 초과하는 학생들에 대해서는 강제적으로 징집하도록 방침을 정했으나, 각 대학교측은 병역법 상 특례조항을 들어 강하게 반발하기 시작하였다.[68] 이를 타개하기 위해 이전에 실패한 '학교배속장교제도'를 참고하여 제한적으로라도 학생들을 동원하기 위한 대책으로 강구한 조치가 제도 도입 이전까지 한시적으로 시행했던 '학생군사훈련'이다. <표 4-15>는 한국 육군 ROTC제도의 전사(前史) 및 형성과정을 정리한 내용이다.

〈표 4-15〉 한국 육군 ROTC제도의 전사(前史) 및 형성과정

일 자	시행제도 및 채택법안	주요 내용
1948. 11.	• 학교배속장교제도	① 국방부・문교부 예산 부족 ② 6・25전쟁으로 중단
1949. 8.	• 법률 제41호 병역법 제40조	고등학교와 대학에 재학 중인 학생은 징집을 연기
1951. 1. 21.	• 대통령령 제57호 학도군사실시령(學徒軍事實施令) 공포	대학: 주 2H 초급대학+고등학교: 주 4H

67) 제40조 1항은 대통령령으로 지정한 국립대학교, 고등학교, 사범학교와 문교부장관의 인가를 받은 1항의 학교와 동등하거나 준하는 학교에 재학하는 자에 한하여 허용한다. 신세범, 『兵役法解義』(서울: 영문사, 1955), pp. 279~280.

68) "전시학생은 연기, 병사당국서 재확인," 『동아일보』(1953년 2월 21일자, 2면).

일 자	시행제도 및 채택법안	주요 내용
1954. 7. 2.	· 제33회 국무회의 단기입영훈련(短期入營訓練) 실시를 결정	대학교 졸업반을 대상으로 광주 보병학교에서 10주간 단기 입영 후 소위로 임관
1955. 2. 6.	· 국무회의에서 학도군사훈련(學徒軍事訓練) 중지 건(件) 통과	-
1955. 4. 1.	· 국무회의에서 병무행정혁신요강(兵務行政革新要綱) 통과	-
1955. 9. 1.	· 국무회의에서 병무행정혁신요강 시행	-
1957.	· 국방부 병무국, 『美國 學徒軍事訓練團 "ROTC" 해설』 간행	미 학군단 제도를 홍보
1957. 9. 13.	· 국방부와 문교부, 서울대학교에 육군시범학군단 설치 합의	-
1958. 4. 4.	· UN군사령관 조지 데커(George H. Deckor) 대장, 학군단 설치 승인	-
1959. 4. 20.	· 학군단제도 시행을 1960년으로 연기	-
1960. 2. 19.	· 국방부, 육군 학군단 설치를 내부적으로 합의	-
1960. 9. 30.	· 국방부와 문교부, 학군단 설치 최종 합의	-
1960. 10. 18.	· 961년부터 4년제 대학에 학군단 설치를 발표	-
1961. 2. 29.	· 육본일반명령 제27호에 의거하여 대학에 학도군사훈련단창설준비위원회를 설치	-
1961. 4. 20.	· 제58차 국무회의에서 학도군사훈련단 창설준비위원회 건(件) 통과	-
1961. 6. 1.	· 전군 16개 종합대학에 학도군사훈련단 공식 설치	-

* 출처: 황봉관 편, "美國學徒軍事訓練團 'ROTC' 해설," (서울: 국방부 병무국, 1957), pp. 255~258.; 육군본부, 『육군발전사 2권』(1970), p. 135.; 신세범, 앞의 책, pp. 279~280.; 「戰時學生은 延期, 兵事當局서 再確認」, 『동

아일보』(1953년 2월 1일자, 2면).; "각종 고등학교 학교단위 군사훈련폐지에 관한 件" (1955. 2. 6.), 국가기록원 관리번호 BA0085174.; Final Report of General Maddox, chief KMAG 1954 (1954. 10. 16.), RG 550, Entry 1-A(1), Box 44, p. 5.; 이남호, "學徒軍事訓練의 理念과 現況," 『군사다이제스트』 제1권 제1호 (1954), pp. 132~133. 등의 일부 내용이 일치되지 않아 필자가 재정리하였음.

정부는 1951년 1월 21일 대통령령 제57호인 '학도군사실시령(學徒軍事實施令)'을 공포하고 367개 대학교에서 총 162,150명을 선발하였으며, 60개 대학교에서 25,800명, 17개 초급대학에서 11,350명, 290개 고등학교에서 125,000명을 각각 선발하였다.[69] 그러나 예상과 다르게 배속장교 선발이 지체되어 1952년이 되어서야 뒤늦게 군사훈련이 시작되었지만, 육군은 배속장교를 파견하는 데 부정적이었다.[70] 뒤늦게 파견한 배속장교도 육군은 54명, 해군은 13명이었으며, 여기에 예비역장교와 부사관으로 충원된 훈련교관도 445명에 불과하였기 때문에 대학교 당 1~2명의 훈련교관만 배정되었다.[71] 더욱이 군사훈련 장비까지 부족하여 대부분 노획무기 위주로 배정되는 실정이었다.[72] 그러나 정작 중요한 학생들의 참여 열의가 부족하여 결국 손원일(孫元一) 당시 국방부장관과 이선근(李瑄根) 당시 문교부장관의 건의에 의해 1952년 2월 6일 국무회의에서 학도군

69) 황봉관 편, 앞의 책, p. 256.

70) "學徒軍事訓練에 國防文教合意, 六月부터 全國 一齊히 實施," 『동아일보』 (1952년 5월 7일자, 2면).

71) 황봉관 편, 앞의 책, pp. 256~257.

72) "學徒軍事訓練에 虜獲武器를 배정," 『동아일보』(1953년 12월 15일자, 2면).

사훈련의 중지를 의결하였다.[73)]

당시 분위기 상 기초군사훈련을 수료한 대학생들이 장교후보생과정에 응소하는 비율은 50%에 불과하였기 때문이다.[74)] 이러한 와중에 시행된 과도기적 제도가 1954년 7월 2일 제33회 국무회의에서 의결된 '단기입영훈련제도' 이었다. 단기입영훈련제도는 1955년 3월 광주보병학교에서 대학교 졸업반 학생 3,000여 명을 대상으로 하는 10주 간의 기초군사훈련과 병과교육을 수료 후 육군소위로 임관시키는 제도였다. 이 제도는 1954년 7월 12일부터 1955년 2월 26일까지 단계적으로 병과공통교육까지 완료하는 것을 최종 목표로 설정하였으나, 성과를 내지 못하면서 또다른 대안이 절실하게 요구되었다.[75)]

1957년 국방부 병무국은 미 ROTC제도를 국내에 홍보하기 위해 『미국학도군사훈련단(美國學徒軍事訓練團) "ROTC" 해설(解說)』을 간행하였으며, 그 필요성을 세 가지로 정리하고 있다.

첫째, 과학의 발전으로 장교의 과학적 소양이 필요하게 되었다. 이 때문에 높은 교육을 받은 초급장교가 필요한데 사관학교만으로는

73) 李南浩, 앞의 논문, pp. 132~133.; "각종 고등학교 학교단위 군사훈련폐지에 관한 件"(1955. 2. 6.), 국가기록원 관리번호 BA0085174.; 황봉관 편, 앞의 책, pp. 256~257.; 육군본부(1970), 앞의 책, p. 135.

74) 황봉관 편, 앞의 책, p. 258.

75) 미 군사고문단은 이 제도를 ROTC로 칭하고 있으나 한국에서의 ROTC제도란 단기입영훈련제도가 실패한 이후에 시행된 학군단(ROTC)제도를 뜻하는 것이므로 구분되어야 한다. Final Report of General Maddox, Chief KMAG 1954, RG 550, Entry 1-a(1), Box 44 (1954. 10. 16.), p. 5.

필요한 초급장교를 충원하기 어려운 실정이다. 둘째, 전쟁 중 초급장교를 충원하는 자체가 어려운 문제였다. 따라서 비상시에 초급장교를 보충하기 위해 더 우수하고 높은 수준의 교육을 받은 장교가 필요하다. 셋째, 매년 예비군은 증가하고 있는데 예비군 장교는 부족하다.[76]

김용우(金用雨) 당시 국방부장관도 정규사관학교만으로 초급장교를 충당하기는 곤란하므로 일반대학교의 우수한 졸업생이 많이 지원해야 한다고 강조하였다.[77] 1959년 육군본부 인사국에 근무하던 손창규(孫昌圭) 당시 육군대령의 경우 『군사평론(軍事評論)』에 기고한 글에서 「장교로 단기간 복무하는 제도가 없다는 점이 대학생들로 하여금 장교 지원을 하지않는 요인이다.」라고 언급하고 있다. 그리고 현역 장교로 단기간 복무할 수 있는 제도가 없으므로 모든 장교가 장기복무를 지원할 수밖에 없게 되며, 그 결과 '강제 도태'가 될 수밖에 없다는 불가피성을 주장하고 있다.[78] 창군 초기 국가지도부의 강력한 의지로 시행된 육사교 출신의 '진급적체로 인한 강제 도태' 문제가 야기되었기 때문에 단기복무장교를 대량으로 확보하여 이를 해소하려는 목적이 있었음을 부정하기는 어렵다. 이처럼 학군단을 창설한 이면에는 당시 심각한 사회 문제로 커지고 있는 정규사관학교의 진급 적체 현상을 완화시키려는 측면이 내재되어 있음을 식별할 수 있는 대목이다.

---

76) 황봉관 편, 앞의 책, pp. 260~261.

77) 황봉관 편, 앞의 책, pp. 2~3.

78) 손창규, "오늘의 淨軍과 내일의 淨軍", 『軍事評論』 제5호 (1959), pp. 11~16.

국방부는 1955년 3월 4일 현역병 복무연한을 3년으로 하되, 대학생에 대해서는 2년으로 하는 병역법 개정안을 제출하여 국무회의에 상정하였다.[79] 이어서 1955년 4월 1일 국무회의 간 '병무행정혁신요강(兵務行政革新要綱)'을 통과시킨 후 9월 1일 자로 시행하였다.[80] 이 근거에 따라 대학교 2학년 이상의 재학생 중 징집 연령에 달하는 학생들을 수시로 징집한다는 국방부 방침을 발표하였다.[81] 이때의 병역법 개정안이 육군 ROTC제도의 법률적 기초가 되었으며, 대통령이 승인하였다.[82]

---

79) "兵役法 改正案 國務會議에 上程," 『경향신문』(1955년 3월 6일자, 3면).

80) 병무행정혁신요강의 주요 내용은 "1. 병역복무 연한은 3년으로 하되, 학생으로 징집된 자의 복무연한은 2년으로 할 것. 2. 대학생으로서 이미 징집 연기를 받은 자는 졸업 후 징집하되, 복무연한을 3년으로 할 것. 3. 이공계 학생은 졸업 시까지 징집을 연기하되, 복무연한을 3년으로 하고 학교와 학생의 숫자는 엄선할 것. 4. 그 밖의 학생을 포함한 적령자에 대한 징집연기와 후방요원 제도는 일체 폐지하고 징집할 것. 5. 징집기피자와 방조자를 엄중히 처벌하는 법안을 제정할 것. 6. 제대자의 직장 복귀와 학창 복귀를 자동적으로 보장하는 법안을 제정할 것. 7. 재학생으로 징집된 자의 복무기간 중 학업 계속을 위해 교육을 실시할 것."이다. "兵務行政革新要綱," 『경향신문』(1955년 4월 3일자, 3면).

81) "年齡超過한 大學在學生, 隨時로 徵集斷行," 『동아일보』(1955년 9월 22일자, 3면).

82) 병역법 개정안 주요 내용은 "군사훈련과정을 설치한 고등학교 이상의 재학자로서 재학 중 군사교육을 마친 자나 군대에 입영하여 소정의 훈련 및 교육을 마친 자에 대하여는 대통령령이 정하는 바에 의하여 (중략) 소정의 계급을 부여할 수 있다." 국방부 병무국, "병역법 개정안 제38조," 『제53회 국무회의

그러나 병역법 개정안이 통과되기 이전부터 국방부의 입장은 대학생의 복무기간을 2년으로 할 것을 주장하였고, 문교부는 1년으로 할 것을 주장하면서 첨예한 대립이 시작되었다.[83] 이러한 내용은 병역법 제정 당시만 하더라도 문제될 게 없었다. 하지만 6·25전쟁이 발발하면서 초급장교 소요가 증가되는 과정에서 연간 20만 명의 추가 징집이 급작스럽게 필요하게 된 돌발적인 상황이 야기되었다.[84] 이러다 보니 징집대상에서 제외되었던 인력자원까지 추가적으로 징집(徵集)이 필요하게 되면서 국방부 및 정치권의 입장에서는 병력을 최대한 동원해야 하였기 때문에 국민개병제의 형평성 원칙을 강조한 반면에 문교부와 대학교 측의 입장은 달랐다. 국방부가 징집을 연기하기로 했던 이공계 대학생과 여대생을 제외한 전국 대학생의 60%가 1956년 내로 징집대상이 될 경우 대학교에 혼란이 초래될 수밖에 없는 입장에 있었기 때문이다.[85]

당시는 군인복무규정이 정리되지 않아서 징집된 인원이 최소 4년에서 5년씩 복무하는 사례가 흔히 발생하였고, 이는 3년 이상 복무한 인원의 제대 방침을 발표한 1955년 이후에도 지속되었다. 국방부 동원차관보였던 강영훈(姜英勳) 당시 육군중장은 1956년 학생들

록』(1955. 9. 2.), 국가기록원 관리번호 BA0085175, p.848.; "兵役法 改正案 李大統領 裁可," 『경향신문』(1955년 3월 6일자, 3면).

83) 국방부 병무국, "학생병역기간에 관한 제보고," 『제5회 국무회의록』(1956. 1. 13.), 국가기록원 관리번호 BA0085176, p. 50.

84) 李政烋, "兵役法改正案의 通過를 보고," 『國會報』 14 (1957), p. 18.

85) "文敎部의 立場과 主張: 憂慮되는 學園의 空白," 『新太陽』 제44호 (1956), p. 90.

의 징집 연기가 병사들의 사기에 악영향을 끼치고 있음을 공개적으로 비판하였다.[86] 이철승(李哲承) 당시 민의원도 1956년 대학교 재학생들의 징집 유보조치에 대한 이승만 대통령의 특별담화를 비판하면서 대학생들은 생계에 어려움이 없지만, 징집 인원들은 영세농민이나 빈한한 노동자 가정이 대다수이다 보니 상대적으로 불평등이 조장된다고 강하게 성토하였다.

당시 중앙교육위원회의 유진오(兪鎭午) 고려대학교 총장과 조동식(趙東植) 동덕여자대학교 학장도 재학생에 대한 연기제도는 철폐되어야 하고, 복무기간은 1년으로 하고 복학 후에 잔여 복무를 하도록 해야 한다고 주장하였지만, 국방부는 이를 거부하였다.[87] 이러한 상황 속에서도 1956년 초를 기준으로 20~27세의 대학생 46,607명, 고등학생 51,102명이 징집 유보 혜택을 받았다.[88]

여기에서 흥미로운 점은 1950년대 중반 한국에서 전개되었던 대학생들의 징집에 관한 논쟁과정에서 모든 주체들이 '국민개병제'의 원칙을 암묵적으로 인정하면서 논쟁을 하고 있다는 점이다. 이는 한국사회의 주요 엘리트계층인 군부가 이미 대학생들의 병역문제에 관해 주도권을 장악했기 때문에 대학교 측과 지식인 사회는 피동적일 수밖에 없던 입장이었음을 확인할 수 있다. 1957년 7월 31일 병

86) 강영훈, "學生徵集延期制度廢止의 必要性," 『新太陽』 제44호 (1956), pp. 87~89.

87) "在學生은 一年 服務토록: 中央教委 三案件을 建議키로," 『동아일보』(1956년 2월 18일자, 3면).; "國防部서 學生徵集延期問題 中央教委 建議案을 拒否," 『경향신문』(1956년 2월 24일자, 3면).

88) 이철승, "兵務行政의 不平等性," 『新世界』 제1호 (1956), pp. 147~148.

역법 개정안 제43조가 민의원에서 통과됨으로써 대학교에 학군단을 설치할 수 있는 법적 근거가 마련되었다.[89]

1957년 9월 13일 국방부와 문교부는 1958년부터 서울대학교에서 육군 ROTC제도를 시범적으로 시행하는 데 합의하였다.[90] 이는 재학 간 4년에 걸쳐 매년 5주씩 교육훈련을 실시하는 프로그램으로 미국과 동일하게 진행하였다.[91] 당시 육사교의 연간 야외훈련이 24주라는 점을 감안하여 학도군사훈련의 기간도 20주로 결정하였다. 이후 국방부의 병역법 개정안에 반대하던 대학교들의 인식이 점차 긍정적으로 변화되면서 제도의 시행이 검토되기 시작하였다.

12월 23일 국방부는 총 39개 대학교의 재학생 24,680명이 학군단 교육을 희망한다고 발표하였다.[92] 하지만 문교부와의 협의과정에서 배속장교와 훈련장소 문제로 인해 다시 이견(異見)이 발생하였다. 이는 국방부가 현역장교로 임관시킬 것인지, 아니면 예비역 장교로 임관시킬 것인지에 대한 명확한 기준을 설정하지 않은 게 발단이었다.[93]

---

89) "고등학교 이상의 재학생으로서 재학 중 대통령령의 정하는 바에 의하여 군사교육을 마친 자에 대하여는 ~ 재영기간을 단축할 수 있으며, 현역 또는 예비역의 무관에 채용하거나 계급을 우대하여 부여할 수 있다," 병역법(법률 제444호).

90) "學徒軍事訓練 復活", 『동아일보』(1957년 9월 13일자, 3면).

91) "四年間에 20週 曰, 學徒軍事訓練 要領 協議," 『조선일보』(1957년 9월 14일자, 2면).

92) "39個大學 二萬五千名 志願," 『동아일보』(1957년 12월 24일자, 3면).

93) "學徒軍事訓練 흐지부지, 國防・文敎 未合意," 『경향신문』(1958년 1월

이러한 와중에 1959년 4월 20일 ROTC제도의 시행은 자질을 구비한 훈련교관과 장비 및 예산, 그리고 대학교와 학생들의 관심이 부족하다는 사유 등으로 인해 다시 연기되었다. 이는 대다수 국민이 1910년 8월 29일 한일합방에서 시작되어 해방된 1945년 8월 25일까지 34년 11개월 17일 동안 일제식민지 시대를 몸으로 체득하였던 악몽에서 벗어나지 못했는데, 일정기간 군사훈련을 받는다는 사실이 일제말기의 대학생 강제징집을 연상하게 되었기 때문이다.[94] 여기에다가 ROTC제도를 시행할 경우 배속장교단으로 인한 딱딱한 군대 분위기가 대학교 내의 자유로운 학업 분위기를 침해하게 될 것으로 우려한 측면도 많이 있다.[95] 1960년 2월 19일 국방부는 내부적으로 적용 대상을 4년제 대학교로 제한하고 고등학교와 2년제 대학에도 적용하려는 '학도군사훈련단' 계획을 폐지하기로 결정하면서 극적으로 공감대가 형성되기 시작하였다.[96] 1960년 3월 15일 국방부 일반명령(육) 제15호에 근거하여 육군본부 병비국(兵備局)에 학도과가 설치되면서 ROTC 설치에 관한 실무 작업이 본격적으로 추진되었다.[97]

21일자, 2면).

94) "학생군사훈련 실시에 관한 건"(의안번호 296호), 『제58회 국무회의』(1961. 4. 20.), 국가기록원 관리번호 BA0085205, p. 1.

95) 이한우, "兵學一致와 ROTC制," 『조대신문』(1958년 1월 1일자, 2면).

96) "ROTC 豫備將校訓練團 明年四月一日부터 實施," 『조선일보』(1960년 2월 20일자 석간, 3면).; "來年부터 實施키로, 國防部 學徒軍訓에 합의," 『동아일보』(1960년 2월 20일자, 3면).

97) 병비국은 국가총동원, 출진(出陣), 동원, 생산 등 전쟁수행에 관한 국가계획을 담당한 부서를 의미한다. 육군본부(1970), 앞의 책, p. 136.

1960년 10월 18일 다음 해부터 4년제 대학교에 학군단을 설치하는 것으로 공식 발표하면서 ROTC는 소위로 2년 간 복무하도록 규정하였다. 반면에 임관시험에 탈락하면 육군 병장으로 1년 간 복무하도록 규정하였다.[98] 1961년 2월 28일 육군본부 일반명령 제27호에 의거하여 학군단 설치 대상 대학교에 '학도군사훈련단 창설준비위원회'가 설치되었다[99]. 4월 20일 개최된 제58회 국무회의는 국방부와 문교부가 제출한 「학생군사훈련 실시에 관한 건」을 원안대로 통과시켰다. 이 건은 전국의 16개 종합대학교에 학군단을 설치하여 3학년 재학생 3,000명을 모집한다는 내용이었다.[100] <표 4-16>은 창설 초기의 학군단 편제이다.

〈표 4-16〉 창설 초기의 학군단 편제

직 책	계 급	비 고
학군단장	대 령	1명
부단장	중 령	학생 500명 이상의 학교 및 분교당 1명
교 관	소령~대위	학생 100명당 1명

98) "來年부터 大學生에 豫備將校訓練," 『경향신문』(1960년 10월 19일자, 3면).

99) 육군본부(1970), 앞의 책, p. 136.

100) 서울대학교, 고려대학교, 한양대학교, 충남대학교, 경북대학교, 부산대학교, 동아대학교, 전남대학교, 전북대학교, 조선대학교 등을 선정한 이유는 ① 시험적 성격, ② 병역의무에 대한 기회 균등에 따른 지역별 안배, ③ 각 지역 군부대의 지원능력, ④ 종합대학교의 충분한 재정능력과 학급 편성의 용이성에 있다. "학생군사훈련 실시에 관한 건"(의안번호 296호), 제58회 국무회의 (1961. 4. 20.), 국가기록원 관리번호 BA0085205, pp. 3~4, 272.

직 책	계 급	비 고
조 교	병장~상사	교관 1명당 1명
행정서기	하사~상사	학생 200명당 1명
보급서기	병장~하사	학교당 2명

* 대령급 학군단에 편제되어 있는 행정관들은 2014년 12월 1일부로 육군본부의 편성 조정에 따라 직위가 삭감되었다. 『육군본부』(2014년 7월 9일).
* 출처: "학생군사훈련 실시에 관한 건" (의안번호 296호), 『제58회 국무회의』 (1961. 4. 20.), 국가기록원 관리번호 BA0085205, p. 272.

1961년 총 3,200명의 학생이 학군단에 입단하였다.[101] <표 4-17>은 ROTC제도에 대한 학생들의 여론을 조사한 결과이다.

〈표 4-17〉 ROTC제도 실시에 대한 여론조사 현황(1961년)

학 교 명	조사대상(명)	찬 성(명)	반 대(명)
계	15,526	12,370	3,156
서울대학교	2,596	1,806	760
부산대학교	2,160	925	1,235
경북대학교	34	25	9
전북대학교	573	460	113
전남대학교	2,735	2,556	179
경희대학교	44	27	17
동아대학교	330	237	93
한양대학교	1,120	1,062	58
건국대학교	264	188	76
성균관대학교	966	582	384

101) 육군본부(1970), 앞의 책, p. 137.

학 교 명	조사대상(명)	찬 성(명)	반 대(명)
조선대학교	2,390	2,340	50
중앙대학교	727	635	92
동국대학교	1,587	1,497	90

* 출처: “학생군사훈련 실시에 관한 건” (의안번호 296호), 『제58회 국무회의』(1961. 4. 20.), 국가기록원 관리번호 BA0085205, p. 274.; 대한민국 ROTC 50년사 편찬위원회, 앞의 책, p. 711.

조사결과를 외형적으로 살펴보면, 전반적으로 찬성하는 여론이 높다. 하지만 서울대학교와 부산대학교, 그리고 성균관대학교의 사례에서 볼 수 있듯이 대학교 내의 군사훈련 실시에 대한 거부감 또한 무시할 수 없는 수준이었다. 사회 분위기가 취업과 직업문제로 인한 고민이 제일 많았던 시기였기 때문에 전역 후 취업에 대한 어려움을 우려하는 의견이 많았다. 이에 근거하여 판단해보면, ROTC제도 시행에 대한 여론을 찬성으로만 보기에는 무리가 있음이 사실로 보인다. <표 4-18>은 1961년도 학군단에 대한 지원 및 경쟁률이다.

〈표 4-18〉 초기 학군단 지원 및 경쟁률(1961년)

대 학 명	지원자(명)	정원(명)	경쟁률
서울대학교(제101학군단)	767	600	1.28:1
성균관대학교(제103학군단)	456	250	1.82:1
연세대학교(제107학군단)	252	200	1.26:1
부산대학교(제110학군단)	400	200	2:1
건국대학교(제113학군단)	150	100	1.5:1

* 출처: “ROTC 總七六七名 志願,” 『대학신문』(1961년 5월 11일자, 1면).; “ROTC 15일부터 訓練에,” 『대학신문』(1961년 5월 15일자, 1면).;

"ROTC 본교엔 250명," 『주간성대』(1961년 5월 2일자, 1면).; "군사훈련 반편성 완료," 『연세춘추』(1961년 5월 13일자, 1면).; "ROTC 1週에 5시간 訓練," 『부산대학신문』(1961년 3월 1일자, 3면).; "學徒軍事訓練實施," 『부산대학신문』(1961년 5월 15일자, 3면).; "軍訓 16日부터 實施," 『건대신문』(1961년 5월 13일자, 1면).

특히 제도가 도입되기 이전인 1956년에서 1960년까지 5년 동안 전체 초급장교의 계획 대비 응소율은 <표 4-19>와 같이 평균 49.5%에 불과하였다.

〈표 4-19〉 한국 육군의 초급장교 연도별 응소현황(1956~1960년)

연 도	계획인원(명)	응소인원(명)	응소율(%)
계	34,014	16,827	49.5
1956년	5,430	3,140	57.8
1957년	5,430	2,874	52.9
1958년	11,490	5,257	45.8
1959년	5,832	3,478	59.6
1960년	5,832	2,078	35.6

* 출처: 김두성, 『한국병역제도론』(서울: 제일사, 2003), p. 143.

계획대비 응소율을 살펴보면, 경제・환경적 측면에서 직업군인을 바라보는 시각과 흐름이 긍정적이지 않음을 알 수 있다. 그러나 이러한 사회적 분위기에도 불구하고 육군은 1950년대 고질적 문제인 초급장교의 안정적인 충원 기반이 마련되었다. 대학생활 중 군사교육을 받고 졸업과 동시에 예비역 소위로 임관시켜 2년 간 복무하면, 소집이 해제되는 이 제도는 다수의 우수인재를 초급장교로 획득하는 데 결정적으로 기여하였다.[102]

하지만 제도가 시행된 이후에도 취업문제는 계속 제기되었으나, 의무복무 기간에 장교로 복무할 수 있다는 측면에서 긍정적으로 인식되었다.[103] 또한 대학교 내에서 군사훈련을 진행하는 데 대하여도 부정적 여론이 없지 않았지만, 어차피 징집을 피해갈 수 없는 사회적 분위기 속에서 상대적으로 나은 복무환경을 선택하는 분위기로 인해 점차 지원율도 높아졌다. 1961년 6월 1일 ROTC는 5·16군사쿠데타 직후의 혼란스러운 상황 속에서 '학도군사훈련단'이라는 명칭으로 최초 창설되었다. <표 4-20>은 창설 초기 16개 학군단에 기간 편성된 배속장교와 병사 현황을 정리한 내용이다.

〈표 4-20〉 한국 육군 ROTC 창설 초기 16개 학군단의 기간편성 현황

(단위: 명)

학 교 명	계	장 교	병 사
서울대학교	50	18	32
고려・성균관대학교	16	6	10
전남대학교	17	6	11
전북대학교	15	5	10
연세・경희・경북・부산대학교	14	5	9
중앙대학교	12	4	8
동국・한양・건국・충남・동아・조선대학교	9	3	6

* 출처: 대한민국 ROTC 50년사 편찬위원회, 앞의 책, p. 712.

---

102) 육군본부(1987), 앞의 책, p. 260.

103) "국방부・문교부서 ROTC방문, 후보생 대표와 회견후 수업상태 시찰," 『연세춘추』(1962년 3월 26일자, 1면).; "魅力없는 ROTC," 『고대신문』(1961년 4월 29일자, 3면).

학군단은 연대급에 준하는 행정 및 교육 지원을 받도록 되었지만, 편성기준에 일관성이 없었다. 하나의 사례로 서울대학교는 한 학년 당 정원이 600명으로 편제 상 12명의 장교가 배속되어야 정상이었지만, 실제로 18명이 보직되었다. 이는 1895년 한국 최초의 국립 고등교육기관으로서 1944년 10월 구 경성제국대학 건물에서 국립 종합대학교로 설립된 서울대학교의 위상을 고려한 조치였다.[104] 반면에 성균관대학교는 정원이 250명인데도 교관은 6명이었으며, 한양대학교는 정원이 150명인데도 배속된 교관은 2명에 불과하였다.[105]

하지만 ROTC 출신 장교의 장기복무 지원율은 평균 3.1%로 육군의 목표치였던 30%에 훨씬 못 미쳤다. 그 원인을 육군인사역사 제2집(1987: 260)은 아래의 세 가지로 정리하고 있다. 첫째, 대학시절 ROTC를 지원하는 근본동기가 짧은 기간에 장교로서 병역의무를 마치고자 하는 데 있으며, 둘째, 군의 계급구조상 상위계급으로 진출하는 문이 좁고, 셋째, 국가의 경제성장이 높아짐에 따라 사회로의 진출 욕구가 증대된다는 점에 있다.[106]

---

104) 『대학신문』, 앞의 자료 (1961년 5월 11일자, 1면).; "서울대 60년사," 서울대학교 홈페이지(http://www.snu.ac.kr/).

105) "ROTC 본교엔 250명," 『주간성대』(1961년 5월 2일자, 1면).; "本校 ROTC教育," 『한양대학보』(1961년 5월 10일자, 1면).

106) 호봉승급의 경우 실제 양성교육 과정 간 군사훈련 기간은 비슷하지만, 1985년 이후 육사 출신은 4년간 내무생활을 하므로 비육사 출신에 비해 1~2호봉이 더 높게 책정되어 있다. 같은 해 임관한 기수를 비교 시 육사 출신은 3사출신에 비해 +1호봉, ROTC 출신에 비해 +1.5호봉이 더 높게 책정되어 있다. 반면에 양성교육 과정의 1인당 예산 소요 비용은 ROTC는 육사생도의 5.7%, 3사생

(2) ROTC제도의 변천 경과

대학생들을 대상으로 하는 학생군사교육은 1948년 8월 1일 정부 수립을 기점으로 시작되었다. 이에 관한 발전 및 변천사는 다양한 관점에 기초하여 분류되고 있다.

육군본부(학생군사교육 발전사: 1986)는 초창기(1948년 8월~1950년 5월), 수난기(1950년 6월), 재건기(1961년 6월~1971년 2월), 정비기(1971년 3월~1975년 8월), 강화기(1975년 9월~1980년 4월), 정착기(1980년 5월~1992년 9월), 도약기(1992년 9월~현재)의 7개 단계를 거치면서 제도적으로 진화해왔다고 강조하고 있다.

또한, 최홍섭(2003)은 제도적 변화가 컸던 시점을 기준으로 하여 창설기와 제도정착기(1961~1975년), 과도기(1976~1984년), 발전기(1985~1991년), 도약기(1992년~최근)의 4개 단계를 거쳐 제도가 발전되었다고 주장하고 있다.

한국국방연구원(2012)은 육군이 ROTC제도를 도입한 이후의 과정을 중심으로 태동기(1960년대), 제도정착기(1970~1980년대), 성장기(1990년대~최근)의 3개 단계로 구분짓고 있다.

<표 4-21>은 육군의 ROTC제도에 관한 변천과정을 시대별로 구분시 한국국방연구원(2012)의 3개 시기를 토대로 하되, '단기입영훈련제도'는 제도 도입 이전의 과도기적 단계로 판단하여 4개 시기로 정리하였다.

도의 23% 수준에 불과하다.

〈표 4-21〉 한국 육군의 ROTC제도 변천과정

구 분	연 도	연도별 주요 진행	비 고
과도기	1951년	·'대통령령 제57호「학생군사훈련실시령」' 공포	고등학생과 대학생에 대한 군사훈련
	1954년	·'단기입영훈련제도' 의결(제33회 국무회의) 실패	사관후보과정
태동기	1960년	·육군본부 병비국에 학도과를 설치하여 학군사관제도 창설 준비에 착수	학군무관 제도 도입
	1961년	·ROTC 실시요강 발표 ·국방부 일반명령 제27호(6. 1.) 발령 ·전국 16개 종합대학에 '학도군사훈련단' 창설 * 2군사 예속으로 통제	
	1962년	·학군장교 복무기간을 2년으로 확정(군인사법 제7조 1항)	
	1964년	·학군단을 2군사령부 및 교육사령부로 예속 변경	
	1968년	·학군장교 복무기간 연장(2년 →2.4년)	
제도 정착기	1970년	·학군단을 2군사령부에서 군관구사령부 및 교육사령부로 예속 변경	지휘통제 기반 구축
	1972년	·'학도군사훈련단(學訓團)' → '학생군사교육단(學軍團)'으로 변경	
		·학군사관 출신 장교의 자체 장학금 기금 모집 및 시행	
	1973년	·장기 및 복무연장 학군장교 획득을 위한 군 장학제도 시행	
	1974년	·학군단을 교육사령부에서 각 관구사령부 및 종합행정학교로 예속 변경 ·학군무관후보생(ROTC) 제도와 학생 교련을 통합한 군사훈련제도 실시	
	1976년	·학생병영훈련소(일명 '문무대' 창설)	
	1985년	·학생중앙군사학교(경기도 성남 소재)를 창설하여 학군단 교육훈련을 전담	

구 분	연 도	연도별 주요 진행	비 고
성장기	1992년	· 전국에 산재한 학군단을 학생중앙군사학교로 예속 통제 · 학생중앙군사학교는 교육사령부로 예속을 단일화 · 학생중앙군사학교의 일반대학생 군사교육 임무를 해제	정책제도 발전 추진
	1995년	· 예비군교육처 신설, 전문교관을 통한 교육체계 확립	
	1996년	· 학군단 지휘통제 폭의 과다로 학군단을 권역화하여 중간제대를 운용	
	2007년	· 동 · 하계 입영훈련 장소 확대 시행(육군훈련소)	
	2010년	· 숙명여자대학교에 여성학군단 창설	
	2011년	· '학생중앙군사학교'를 '육군학생군사학교'로 변경 및 이전 (충북 괴산 소재) · 성신여자대학교에 여성학군단 창설	
	2012년	· '육군학생군사학교(충북 괴산 소재)'로 부대조직 개편	
		· 한국국방연구원, ROTC 종합발전계획 연구	
		· '권역책임학군단' 제도 시행: 일부 지휘권 부여	
	2015년	· 5개 교대 인가 취소(2월 1일 부) * 진주교대, 대구교대, 서울교대, 광주교대, 부산교대	
	2016년	· 이화여자대학교에 여성학군단 창설	

* 출처: 국방군사연구소, 『建軍 50年史』(1998), pp. 193~197.; 학생중앙군사학교, 앞의 책(1993), pp. 28~42, 67, 212~226.; 학생중앙군사학교, 『ROTC 40년사』(1994), pp. 46~47.; 국방부 홈페이지(http://www.mnd.go.kr/) (검색일: 2016. 6. 27.).; 신대원, "이화여대, 세 번째 여대학군단으로 선정," 『헤럴드 경제』(2016년 2월 24일자).; 최광표 외, 앞의 논문, pp. 60~61. 의 현황이 상이하여 필자가 사실 조사를 거쳐 재정리 및 추가 작성하였음.

첫째, 1960년대 이전까지는 '과도기'로서 1951년 대통령령 제57호인 「학생군사훈련실시령」을 공포하고 전국의 고등학교와 대학교에서 군사훈련을 실시하였다. 그러나 일관성이 미흡하였고, 배속장교들의 활동 등은 제약을 받고 있는 상태였다. 여기에 행정지원은 미약한 데다가 대학교 측의 무관심은 군사훈련을 받는 학생들의 처우와 경비문제 등에서 많은 문제점들이 야기되었다. 이를 개선하기 위해 1954년 7월 10일부터 1955년 2월 말까지 고등학교와 대학교 졸업자들은 전남 광주 소재의 육군보병학교 및 예비사단에서 10주 간의 군사훈련을 실시 후 초급간부로 임관시키는 '단기입영훈련제도'를 실시하였지만, 효율성이 저하된다고 인식되어 또다른 대안이 시급하게 요구되었다.

둘째, 1960년대는 '태동기'로서 제도 도입을 위한 준비 및 태동기였다. 1960년 3월 15일 육군본부 병비국에 학도과를 설치하여 ROTC제도의 창설 준비에 착수하였다. 1961년 2월 28일 '학도군사훈련단 창설준비위원회(잠정)'가 설치됨과 동시에 ROTC제도 설치안을 정부에 건의하여 4월 제58차 국무회의에서 의결되었다. 마침내 6월 1일 국방부 일반명령 제27호에 의거하여 육편 500-500 TD/A(분배 및 배당표)에 의해 편성된 전국 16개 종합대학교의 '학도군사훈련단'이 2군 예속으로 창설되었다. 이후 1964년 학군단이 2군사령부에서 다시 관구사령부 및 교육사령부로 예속 변경되었고, ROTC제도는 본격적으로 시행되었다. <표 4-22>는 훈련통제 책임과 입영훈련 전담기관 현황을 정리한 내용이다.

〈표 4-22〉 한국 육군 ROTC의 훈련통제 책임과 입영훈련 장소, 전담기관 현황

구 분	훈련통제 책임	입영훈련 장소/전담기관
1961~1976년	2군사령관	2군 · 향토사단
1977~1981년	종합행정학교장	종합행정학교(서울, 경기, 강원)
		2군 · 향토사단(기타 지역)
1982~1983년	2군사령관	종합행정학교
		2군 · 동원사단
1984~1985년	종합행정학교장	종합행정학교 · 전투교 · 3사교
		기술교 · 2훈련소
1986~1988년	2군사령관	학군교(서울, 경기, 강원)
		2군 · 동원사단
1989~1992년	교육사령관	학군교
1993~2007년	학생중앙군사학교장 (이하 학군교장)	학군교(서울, 경기, 강원, 충청, 전라)
		3사교(경상, 부산지역)
2007~2013년	학군교장	학군교(4학년 후보생)
		육군훈련소(3학년 후보생)
2014년~	학군교장	학군교

* 출처: 학생군사훈련처, 『대한민국 학생군사교육발전사』(서울: 육군본부, 1985), pp. 80~89, 159~160.; 학생중앙군사학교, 『ROTC 40년사: 부편 II. 제도변천 경과 및 내용』(1994), pp. 234~239.; ROTC50년사 편찬위원회, 앞의 책, pp. 613~616.; 필자가 추가 및 재정리하였음.

셋째, 1970년대부터 1980년대까지는 학군단의 지휘통제 기반이 확립된 '제도정착기'였다. 1972년 '학도군사교육단'에서 '학생군사교육단'으로 명칭을 변경하였으며, ROTC 출신 장교들의 자체 장학금 기금을 모집하였다. 1973년 우수한 ROTC 획득을 통해 장기 및 복무연장을 시키기 위해 군 장학제도가 시행되었다. 1974년 학군단을 교

육사령부에서 각 관구사령부 및 종합행정학교로 예속 변경시켰으며, ROTC와 학생 교련을 통합하여 군사훈련을 시행하였다.

넷째, 1990년대 이후 ROTC와 관련된 정책 및 제도 개선을 추진하는 '성장기' 이다. 1992년 ROTC는 전국에 산재된 학군단을 '학생중앙군사학교'에 예속시켰으며, 다시 교육사령부 예속으로 일원화시켰다. [그림 4-2]는 학군단 지휘체계의 변천과정이다.

[그림 4-2] 한국 육군의 학군단 지휘체계 변천과정

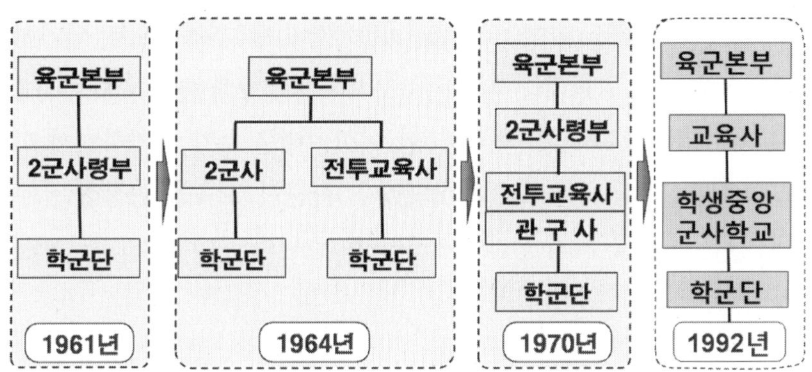

* 출처: 국방군사연구소, 앞의 책, pp. 193~197.; 대한민국 ROTC 50년사 편찬위원회, 앞의 책, p. 562. 외 다수.; 필자가 재정리하였음.

이어서 '학생중앙군사학교'의 일반대학생에 관한 군사교육 임무가 해제되었고, 1995년 육군본부는 '예비군교육처'를 신설하여 전문교관을 활용한 교육훈련 체계를 시도하였다. 1996년 학생중앙군사학교의 지휘통제 폭이 과도하게 확대되어 학군단을 시·도 단위로 권역화하여 참모기능은 없는 연락담당 형태의 중간제대 학군단을 운용하게 되었다. 2010년 숙명여대학군단을 창설하여 최초로 여성후보생을 배출하였다. 2011년 경기도 성남 소재의 '학생중앙군사학교'가 충북 괴산으로 이전하면서 '육군학생군사학교'로 개칭됨과 동시에 조직개편을 단행하였다. 초기 이후 육군의 학군단 인가는 많이 확대되고 변화되었다(연도별 학군단 인가 및 설치현황은 <부록 4-1>을 참조하시오).

2012년부터는 전국을 10개 권역으로 분할하여 중간제대를 잠정적으로 관리 및 운용하는 '권역책임학군단' 제도를 시행하면서 권역책임학군단장에게 제한된 지휘권을 위임하였다. 2013년 5개 대학교(경동대, 우송대, 남서울대, 광주대, 경남과학기술대)를 추가적으로 인가하였고, 2015년 5개 교대(진주교대, 대구교대, 서울교대, 광주교대, 부산교대)는 인가를 취소하였으며, 2016년 이화여대를 추가 인가하면서 학군단 수는 111개 대학교로 확대되었다. 학군단 교육을 관장하는 부대도 많은 변화를 거쳐 현재의 학군교로 일원화되었다. <표 4-23>은 학군단 관장부대 변천과정이다.

〈표 4-23〉 시대별 학군단 관장부대의 변천과정

구 분	관장부대	
	교내교육	병영훈련
1966. 6. 1.~1974. 2. 8.	2군	향토사단
1974. 3. 1.~1976. 6. 30.	2군, 종합행정학교	
1976. 7. 1.~1982. 12. 1.		종합행정학교, 향토사단
1983. 4. 1.~1985. 9. 1.	교육사	2군 훈련단, 종합행정학교
1985. 9. 2.~1992. 8. 31.	1·2·3군, 학군교	1·2군 훈련단, 35사단, 학군교
1992. 9. 1.~ 현재	학군교	학군교

* 출처: 학생중앙군사학교(1993), 앞의 책, pp. 66~69.; 학생중앙군사학교(1994), 앞의 책, p. 31.; 최근 현황은 필자가 재정리하였음.

학군단의 교육훈련은 3·4학년 재학 중에 실시하는 교내교육과 병영훈련으로 구분되어 있다.[107] 교육훈련을 진행하기 위한 군사학 교재와 예산 부족 등의 현실에도 불구하고 ROTC 출신 장교들의 수준은 간부후보생출신 장교들과 비교해 큰 차이가 없었고, 기술 및 행정분야 병과에서 우수하다는 평가를 받았다.[108]

초기 육사교의 1인당 교육 소요비용이 1,220,079원, 간부후보생은 278,290원이었던 반면에 ROTC의 교육비용은 22,351원에 불과하였다. 그러나 지원 예산에 비해 교육성과가 뛰어나다는 점에서 군 수뇌부를 만족시켰다. 특히 육사교에서 장교 한 명을 배출하는 비용이면, 학군단에서는 56명을 배출할 수 있다는 점도 장점으로 작용하였다.[109] 1960년대 초반 육군의 초급장교 소요는 연간 4,500명이었으나, 1965년 한 해에 학군단에서 배출된 초급장교는 2,843명이었다.[110] <표 4-24>는 1963년 ROTC가 제1기로 2,646명을 최초로 배출한 이래 최근까지의 배출 현황을 정리한 내용이다.

---

107) 육군제3사관학교, 『장교양성 교육제도 연구』(영천: 제3사관학교 충성대연구소, 1996), p. 37.; 학생중앙군사학교(1994), 앞의 책, p. 15.

108) "軍訓 16日부터 實施," 『건대신문』(1961년 5월 13일자, 1면).; "大學敎育과 ROTC," 『건대신문』(1962년 4월 5일자, 3면).; 최준명, "ROTC 소개," 『군사평론』 제28호 (1962), pp. 75~76.; 林淳爀, "學徒軍事訓鍊制度의 發展策: 均衡된 3軍兵力確保를 中心으로," 『國防硏究 16』(1964. 12.), p. 167.

109) 朴世煥, "大學生과 軍事訓練," 『高大文化 8』(1968), p. 208.

110) *Quaterly Historical Summary(U): Office of the Senior Personnel/ Adjustant General Advisor, ROKA, January-March 1965*, RG 550, Entry 1-A(1), Box 238 (1965. 4. 23.), p. 1.

〈표 4-24〉 한국 ROTC 기수별 배출현황(1963~2015년)

기 별	제1기	제2기	제3기	제4기	제5기	제6기	제7기	제8기	제9기	제10기
임관(명)	2,646	2,614	2,843	2,916	3,033	3,199	2,942	2,452	2,605	3,009

기 별	제11기	제12기	제13기	제14기	제15기	제16기	제17기	제18기	제19기	제20기
인원(명)	3,041	2,677	2,455	2,504	3,432	3,633	3,601	3,028	3,039	3,655

기 별	제21기	제22기	제23기	제24기	제25기	제26기	제27기	제28기	제29기	제30기
인원(명)	3,054	3,594	3,832	3,727	3,605	3,544	3,546	3,531	3,509	3,466

기 별	제31기	제32기	제33기	제34기	제35기	제36기	제37기	제38기	제39기	제40기
인원(명)	3,459	3,615	3,959	3,893	3,759	3,436	3,122	3,977	3,106	3,124

기 별	제41기	제42기	제43기	제44기	제45기	제46기	제47기	제48기	제49기	제50기
인원(명)	3,195	3,143	3,416	3,663	3,481	3,998	3,960	3,696	4,067	4,296

기 별	제51기	제52기	제53기	계
인원(명)	4,385	4,549	4,981	181,012

* 출처: ROTC중앙회 홈페이지(http://www.rotc.or.kr/) (검색일: 2014. 12. 22.).; 학생중앙군사학교(1993), 앞의 책, pp. 212~226.; 학생중앙군사학교(1994), 앞의 책, pp. 200~203.; 대한민국 ROTC 50년사 편찬위원회, 앞의 책, p. 610.; 육군학생군사학교 평가과 (2015).; 필자가 도표로 재정리하였음.

최근까지 ROTC는 총 181,012명을 배출하였다. 이 중 2010년 현재 한국 400대 상장기업 중 대표이사로 총 52명이 재직 중에 있으며, 타 기업의 대표이사 경력을 포함할 경우 재직기간은 평균 9.3년이다. 이 중 오너CEO는 14명이고, 나머지도 한국을 대표하는 전문경영인으로 활동하고 있다. <표 4-25>는 한국 400대 상장기업의 ROTC 출신 오너 및 전문경영인 현황, <표 4-26>는 정치 · 경제 · 사법 · 언론 재직자 현황을 종합한 내용이다.[111)]

〈표 4-25〉 한국 400대 상장 기업의 ROTC 출신 오너 및 전문경영인 현황

구 분		기업 명칭 및 직책
계		52명
오 너 (14명)		일진그룹 허진규 회장, 이건산업 박영주 회장, E1 구자용 사장 서울도시가스 김영민 회장, 화성산업 동아백화점 이인중 회장, SAMT 성재생 부회장, 대교 강영중 회장, GS리테일 허승조 사장, 현대중공업 정몽준 고문, LS니꼬동제련 구자명 부회장, 동국제강 장세주 회장, 빙그레 김호연 회장, 신도리코 우석형 회장,
전문 경영인 (38명)	삼성	삼성전자 이기태 사장, 이상완 사장, 삼성석유화학 허태학 사장, 신세계 구학서 사장, 삼성토탈 고홍식 사장, 삼성물산 이상대 사장, 삼성생명 이수창 사장, 호텔신라 이만수 사장
	LG	LG전자 우남균 사장, LG이노텍 허영호 사장 등
	SK	SK텔레콤 손길승 명예회장, SK케미칼 김창근 부회장
	동부	동부한농 최성래 사장, 동부화재 김순환 사장, 동부생명 조재홍 사장
기 타		유한킴벌리 문국현 사장, 하이트맥주 윤종웅 사장

* 출처: 대한민국 ROTC 정무포럼, 앞의 책, pp. 186~187.; GLOBAL LEADER(경제전문월간지, 2008년 6월호).; http://www.chosun.com/ (검색일: 2015. 3. 13.).; 한국경제신문(2013년 3월 7일자, 12월 2일자).; 대한민국ROTC중앙회, 『회원 · 직장 · 직능별 명부(1961~2014)』(서울: 금성기획, 2014).; 필자가 재정리하였음.

※ 400대 기업 이외 ROTC 출신 CEO 현황 (2014년)

한화국토개발 성하현 부회장, 유닉스전자 이충구 회장, 대한송유관공사 조헌제 사장, 세중여행 천신일 회장, 서울메트로 강정호 사장, CJ푸드빌 정진구 사장, 한국유나이티드제약 강덕영 사장, 킨텍스 김인식 사장, 조선호텔 이석구 사장, 현대홈쇼핑 홍성원 사장, 삼성 중국본사 박근희 사장, 현대멀티캡 김인철 사장, GS스포츠 이완경 사장, LG노텔 이재령 사장, 지투알 이인호 회장, 동서산업 김상환 사장, 올림푸스한국 방일석 사장, 나모텍 정준모 사장 등

111) 대한민국 ROTC 정무포럼, 앞의 책, p. 187.

* 출처: 대한민국 ROTC 정무포럼, 앞의 책, pp. 187~188.; 대한민국ROTC중앙회, 『회원·직장·직능별 명부(1961~2014)』(서울: 금성기획, 2014)

〈표 4-26〉 한국 ROTC 출신 정치·경제·사법·언론재직자 현황(2014년)

구 분	정계/관료	경찰/법조계	경제계	공기업	금융기관	언론계	학계	계
인원(명)	196	101/31	298	489	608	551	50	2,334

* 정계/관료: 국회의원 및 청와대기획관, 위원장급 이상/지자체 행정부지사, 구청장, (부)시장·(부)군수
* 경찰/법조계: 총경급 이상/부장검(판)사 이상 및 변호사
* 경제계: 자본금 100억 이상의 대표이사 및 사장급 이상
* 공기업: 시장형·준시장형 공기업, 기금관리·위탁집행 준정부기관 및 기타 공공기관 등의 지점장(지사장)급 이상
* 금융기관: 주요 시중은행 지점장 및 본점 부장급 이상
* 언론계: 중앙(지방)매체 논설위원 및 편집인 이상
* 학계: 전·현직 대학총장
* 출처: 대한민국 ROTC 50년사 편찬위원회, 앞의 책, pp. 650~663.; 국방일보(2003년 2월).; GLOBAL LEADER(경제전문월간지, 2008년 6월호).; 조선닷컴(http://www.chosun.com/) (검색일: 2015. 3. 13.).; 한국경제신문, 2013년 3월 7일자, 12월 2일자.; 대한민국ROTC중앙회, 앞의 책.; 현황은 필자가 실셈 조사하여 종합하였음.

2) 소명의식 및 직업윤리 함양을 위한 교육훈련 프로그램

ROTC의 교육훈련 프로그램 대상은 4년제 대학교를 졸업한 학사학위자이기 때문에 인문학적 소양은 갖추었다는 전제 하에 기초 군사지식을 습득시키는 데 중점을 두고 있다. 초기는 대학교에서 실시하는 교육이 350시간, 방학기간 중 예비사단에서 실시하는 야영훈련

이 352시간인 총 702시간으로 화기학, 소부대 전술학, 학술학, 제식훈련 등을 비롯한 기타 교육으로 구성하였다.[112] 1971년 사관후보생과정과 일반대학생 군사교육과정이 일시적으로 통합되면서 711시간으로 증가되었으나, 9월 1일부로 다시 분리되어 652시간으로 재조정되었다.[113] 1990년부터 가입단훈련(현재의 기초군사훈련)이 별도로 신설되면서 40시간을 추가적으로 실시하였고, 1991년부터는 동계입영훈련을 추가하여 실시하고 있다.[114] 최근에는 학년 당 656시간을 실시하고 2년 간 총 1,312시간의 군사교육 및 훈련을 실시하고 있다.[115]

교육훈련은 주로 제식훈련과 개인 및 공용화기 기계훈련, 지휘통솔 등 초급장교로서의 품성과 덕성을 계발하는 데 중점을 두고 진행하고 있다. 특히 하계입영훈련 시에는 군인정신 함양과 개인 및 공용화기 사격술, 분・소대 전술훈련 등의 기초가 되는 전술전기 과목위주로 편성하여 병영생활을 체득케 함으로써 실무부대 적응능력을 함양시키고 있다. 그러나 초기부터 교육훈련 프로그램 편성 간 직업윤리나 지휘심리, 군사사(軍事史) 등은 편성하지 않았다.

미국 ROTC의 경우 도입 초기부터 군사사를 정규과목으로 채택한 이유는 군대윤리 즉, 직업윤리에 대한 전반적인 이해와 기본적인 소양을 배양하기 위해 반드시 필요하였기 때문이다. 1950년대 미국

112) 최준명, 앞의 논문, p. 68.; "각종 교재와 훈련복 지급," 『연세춘추』(1961년 5월 29일자, 1면).

113) 학생중앙군사학교(1994), 앞의 책, p. 34, 53.

114) 학생중앙군사학교(1994), 앞의 책, pp. 53~55.

115) 육군학생군사학교, 『2015년 학교교육계획』(2015), pp. 12-3~4.

ROTC의 표준 교과목을 보면, 한국과 마찬가지로 군사학 교육에 집중되어 있다. 하지만 군사사는 필수과목으로 선정하여 30시간을 배정하고 있음은 주목할 만하다(미국 ROTC의 표준 교육커리큘럼은 <부록 4-2>, 한국 육군 ROTC의 표준 교육커리큘럼은 <부록 4-3>을 참조하시오).[116]

1971년부터 교내교육 간 국방론, 전쟁론, 전사 등을 추가하였고, 2001년 지휘관리학과정에서 3학년 교내교육과 동계입영훈련 간 인성교육이 포함되었다. 최근 군대윤리와 인성교육을 추가하여 부정적 일탈행위 등의 사회적 문제가 군내로 유입되는 현상을 예방하고 있다.[117] <표 4-27>은 ROTC의 소명의식 및 직업윤리 함양에 관한 과정과 지정 과목을 정리한 내용이다.

〈표 4-27〉 ROTC의 소명의식 및 직업윤리 함양 과정, 지정 과목

구 분	교내교육	입영훈련
1971년	· 전쟁론, 전쟁사, 전사	-
2001년	· 전쟁사	· 인성교육
2015년	· 군대윤리, 인성교육	-

* 출처: 육군학생군사학교(2001), 앞의 책, pp. 53~55, 68~72.; 육군학생군사학교(2015), 앞의 책, pp. 12-3~4.; 현황은 필자가 재정리하였음.

116) Neiberg Michael S., *2000 Making Citizen-Soldiers: ROTC and the Ideology og American Military Service* (Harvard University Press, 2000), p. 73.: 최준명, 앞의 자료, pp. 77~78.

117) 육군학생군사학교(2015), 앞의 책, pp. 12-3~4.

ROTC제도는 도입 당시부터 단기복무장교를 충원하는 데 목표를 두었기 때문에 군사학 위주의 교육훈련 프로그램으로 편성하였다. 따라서 1970년 이전까지는 전문직업성이나 직업윤리에 관한 교육과목을 편성해야 한다는 인식 자체가 없었다. 이후 1971년 사관후보생 과정과 일반대학생의 군사교육과정이 통합되었다가 분리되는 과정에서 전쟁사 등이 일시적으로 포함되었다. 그러나 다시 제외되었고, 일부 지휘심리에 관한 기초과목이 추가되었다. 초기 교육과정은 당시의 사회 분위기에 비추어 볼 때 인문학적 소양은 충분히 갖추어져 있다고 인정하여 군사기술에만 집중한 측면이 많다. 2000년대에 들어오면서 인성교육과 군대윤리 과목을 포함하여 진행하고 있다.

2. 단기사관학교(2사、3사)제도 도입

1) 도입 배경 및 발전 경과

6·25전쟁 이후 자주국방태세 확립을 위한 군의 확장 및 부대창설과 월남 파병 등으로 인해 초급장교의 충원 수요는 대폭 증가하였다.[118] 또한 북한 무장공비들의 남파활동이 증가되는 등을 비롯하

118) 박정희 대통령은 5·16군사쿠데타 직후 미국의 한국 지지가 약화되고, 1964년 6월 3일 한·일 회담을 반대하는 6·3사태로 인해 정치적 지위가 위협받게 된 상황 속에서 정치·군사적으로 곤경에 빠져 있던 미국의 파월(派越) 요청에 적극 응함으로써 정치적 지위를 강화시키는 계기로 만들었다. 이기종, "한

여 도발 책동이 더욱 노골화되어 감에 따라 군의 전투력 증강 필요성은 더욱 절실해졌다. 이러한 대내외적 안보환경 속에서 육군은 갑종과정만으로는 북한 124군부대 보다 절대 우위의 능력을 가진 초급장교의 양성이 제한된다는 사실을 인식하였다. 이를 계기로 정부 고위층과 군 수뇌부는 2년제 단기사관학교 설립에 관하여 논의하기 시작하였다.

이후 박정희 대통령의 재가를 얻어 1968년 8월 16일 육군본부 일반명령 제12호가 공포되었고, 단기사관학교가 설립되었다. 이어서 1968년 10월 11일 국일명(육) 제49호가 공포되었고, 1968년 10월 15일부로 제2·3사관학교를 창설하였다.[119]

일반적으로 단기사관학교는 부대 창설 및 증편에 따른 초급장교 소요가 급증하여 창설된 것으로 인식되고 있다. 그러나 새로운 국가방위 체제가 필요하다고 판단한 박정희 대통령의 강력한 의지가 있

국군 베트남참전의 결정요인과 결과 연구"(고려대학교대학원 박사학위논문, 1991), p. 107.; 이상우, "다큐멘타리, 월남파병," 『월간조선』(1983년 8월호), p. 225.; "1965년 대통령 연두교서," 『박정희 연설집』(1965년 1월 16일).; 『박정희 연설집』(1965년 1월 26일 담화문 및 2월 9일 담화문).; 『박정희 연설집(부록)』(1965년 1월 17일, 대전 유세).; 『박정희 연설집』(1965년 8월 15일).

119) 1968년 9월 20일 육본 정책회의는 제1사관학교로 육군사관학교를 염두에 둔 상태에서 새로이 창설되는 단기사관학교는 숫자 순서에 의해 분류하되, 보병학교에서 분리되는 광주 소재의 단기사관학교는 '육군제2사관학교'로, 새로 창설되는 영천 소재의 단기사관학교는 '육군제3사관학교'로 명칭을 결정하였다. 육군3사관학교 기획운영처, 『대한민국 육군3사관학교 40년사』(2009), p. 34.

었기에 가능하였다고 해석함이 정확할 것이다. 여기에는 1968년 1월 21일 김신조 일당에 의한 청와대 기습사건, 1월 23일 동해상의 미 정보함 푸에블로호 피랍사건, 10월 30일부터 11월 3일까지 진행되었던 울진・삼척지구 무장공비 120명 침투사건, 그리고 휴전선 일대의 침투활동 등 북한의 무력도발 행위가 격화되고, 1969년 4월 15일 EC-121정찰기 격추사건 등이 연이어 발생하게 되면서 북한의 124군부대를 능가하는 장교들이 양성되어야 한다는 절박한 국민적 공감대의 형성이 많은 영향을 끼쳤다.[120)]

이는 1968년 2월 7일 박정희 대통령이 경남 하동의 경전선 개통식에서 실시하였던 연설을 통해 그 일단을 짐작해 볼 수 있다. 당시 연설의 내용은 크게 세 가지로 정리할 수 있다. 첫째, UN군 중심의 국방태세에서 자주국방태세로 전환하겠다는 의지, 둘째, 향토예비군 250만 명을 무장시키겠다는 의지, 셋째, 연내 무기생산 공장의 건설을 마무리하겠다는 의지의 피력이다.[121)] 박대통령이 UN군에 의존하던 국방을 자주・주체적으로 전환하겠다고 천명한 것이다. 이러한 상황과 주변 여건을 고려해 볼 때 국가재정이 어려운 상황에서 별도의 군사교육 시설은 제한되었기 때문에 기존의 교육시설을 최대한 활용하여 군사훈련을 진행하도록 방침을 정하게 되었다.

---

120) 국방부 정책기획관실 기본정책과, 「특별부록 2: 대남침투・도발사건」, 『2010 국방백서』(2010), p. 250.

121) 육군3사관학교, 앞의 책, p. 30.

(1) 제2사관학교 생도과정(1969. 3. 18.~1972. 2. 26.)

1969년 3월 18일 전남 광주 소재의 보병학교에서 창설된 제2사관학교는 갑종간부후보생과정(OCS) 중 제223기부터 제230기까지의 1,400여 명이 교육하고 있었기 때문에 추가적인 교육 진행은 불가능하였다. 더욱이 수용시설과 교육준비 및 예산 등의 준비도 미비하여 제1기생을 바로 양성하기는 어려웠다. 이로 인해 제대로 시행되지 못하고 있다가 1969년 4월 21일 문중섭(육사7특) 소장이 부임하면서부터 본격적으로 창설준비가 시작되었다. 7월 28일 사관후보생 제2기가 처음으로 입교하면서 단기사관학교로서의 위상을 확립하게 되었다.[122) <표 4-28>은 제2사관학교에서 배출한 기수별 현황을 정리한 내용이다.

〈표 4-28〉 제2사관학교 기수별 배출현황(1970~1972년)

구 분	제2기	제3기	제4기	제5기	제6기	계
교육기간	14~44주					
수료일	1970. 5. 30.	1970. 11. 26.	1971. 7. 16.	1971. 11. 20.	1972. 2. 26.	-
인원(명)	862	281	834	589	181	2,747

* 출처: 육군본부(1987), 앞의 책, p. 261.; 육군3사관학교 기획운영처, 앞의 책, p. 231.

(2) 제3사관학교 생도과정(1970. 1. 17.~1982. 9. 9.)

보병, 포병, 기갑, 공병, 화학병과 등으로 분산되어 있던 이전까지의 장교 충원 과정(recruitment courses)은 통합 및 평준화가 필요한

122) 육군3사관학교 기획운영처, 앞의 책, p. 35.

시점이었다. 이에 따라 5개 병과학교의 충원과정이 폐지되고, 1970년 1월 17일 경북 영천에서 3사교가 창설되었다.[123] 이로써 전문직종인 특간, 군의관후보생과정만 남게 되었다. 당시는 초급장교 양성이 시급하여 불가피하게 육군단기사관학교령이 공포되기 이전에 기존의 갑종 선발규정에 따라 생도를 선발할 수밖에 없었다.

본래 3사교는 육사교와 동일하게 고졸자를 선발하여 2년 간 교육하면서 초급대학 학사자격을 수여하도록 계획되었다. 그러나 창설 당시 단기사관학교 설치법이 제정되지 못함으로써 1972년 제6기까지 교수의 채용과 학교시설의 미비 등으로 인해 제2·3사관학교로 분리하여 교육을 진행하였다. 그러다가 제7기 이후부터 영천으로 통합되어 2년 간 군사교육을 진행한 후 학사학위를 수여하게 되었고, 1982년까지 총 19개기를 배출하였다. <표 4-29>는 전문학사로 임관된 제19기까지 배출된 현황이고, <표 4-30>은 이후 임관된 20기부터 최근까지의 배출 현황을 종합한 내용이다.

---

123) 1974년 12월 21일 공포된 『단기사관학교설치법』이 제9차에 걸쳐 개정됨에 따라 2004년 12월 31일 부로 『육군3사관학교설치법』으로 변경됨으로써 학교의 명칭도 『육군 제3사관학교』에서 『육군3사관학교』로 변경되었다. 이어서 『단기사관학교설치법시행령』도 2005년 7월 27일부로 『육군3사관학교설치법시행령(대통령령 제18972호)로 개정하였다. 육군3사관학교 기획운영처, 앞의 책, pp. 32, 695~709.

〈표 4-29〉 한국 육군 3사교 제1~19기까지의 배출현황(1970~1982년)

구 분	제1기	제2기	제3기	제4기	제5기	제6기	제7기
교육기간	2년						
수료일	1970. 1. 17.	1970. 5. 30.	1970. 11. 28.	1971. 7. 16.	1971. 11. 18.	1972. 2. 25.	1972. 12. 22.
인원(명)	771	805	692	902	540	696	926

구 분	제8기	제9기	제10기	제11기	제12기	제13기	제14기
교육기간	2년						
수료일	1973. 7. 6.	12. 21.	1974. 6. 7.	12. 21.	1975. 9. 5.	1976. 8. 14.	1977. 9. 6.
인원(명)	1,220	1,185	1,145	845	1,003	1,210	1,398

구 분	제15기	제16기	제17기	제18기	제19기	계
교육기간	2년					
수료일	1978. 9. 8.	1979. 9. 6.	1980. 9. 4.	1981. 9. 4.	1982. 9. 9.	-
인원(명)	1,403	1,465	1,331	1,152	1,335	20,024

* 출처: 육군본부(1987), 앞의 책, p. 261.; 육군3사관학교 기획운영처, 앞의 책, p. 722.

〈표 4-30〉 한국 육군 3사교 20기부터의 배출현황(1983~2015년)

기 별	제20기	제21기	제22기	제23기	제24기	제25기	제26기	제27기	제28기	제29기
인원(명)	1,011	1,007	1,404	1,390	1,424	1,401	1,413	811	836	548

기 별	제30기	제31기	제32기	제33기	제34기	제35기	제36기	제37기	제38기	제39기	제40기
인원(명)	748	752	641	381	357	428	470	494	503	469	469

기 별	제41기	제42기	제43기	제44기	제45기	제46기	제47기	제48기	제49기	제50기	계
인원(명)	443	458	478	486	494	493	481	480	485	491	21,746

* 출처: 육군본부(1987), 앞의 책, p. 261.; 육군3사관학교 기획운영처, 앞의 책, pp. 722~723.; 육군3사관학교 평가실(2015).

당시 3사교의 자체 설문조사 결과에 의하면, 90% 이상이 장기복무를 희망하고 있었다.[124] 반면에 육군(육군인사역사 제2집, 1987)은 3사교 출신 장교들 중 60%가 대위급에서 사회로 유출되는 구조는 투자 대 효과를 고려할 경우 양성비용의 부담이 과중한 것으로 분석하고 있다. 또한 3사교 출신이 대량으로 양성되다 보니 육군의 인력구조 상 불균형 현상을 초래하게 되어 인사관리 전반에 문제점이 노출되고 있기 때문에 생도과정을 개편할 수밖에 없다는 불가피성을 언급하고 있는 점은 현실과 다소 괴리된 부분이 많다.

이후 통합된 3사교는 제19기까지 고졸자를 대상으로 2년 간 교육하는 생도과정에서 초대졸업자로 대상을 전환하여 24주 간 교육을 진행하는 후보생과정으로 전환되었다. 이러한 변화로 양성인원이 연간 1,400명에서 1,000명으로 감소되었다.[125] <표 4-31>은 1980년 3사교에서 자체적으로 실시한 설문조사 결과를 정리한 내용이다.

〈표 4-31〉 3사교 출신 장교에 대한 자체 설문조사 결과(1980년)

구 분	우 수	보 통	부 족	모르겠다
군사지식	31.0	49.4	18.6	0.6
일반지식	16.3	51.7	31.4	0.6
행정능력	9.9	56.4	29.6	4.1
창 의 력	16.9	60.5	20.3	2.3

* 출처: 육군3사관학교 기획운영처, 앞의 책, p. 218.

124) 육군3사관학교 기획운영처, 앞의 책, p. 218.

125) 육군본부(1987), 앞의 책, p. 261.

당시의 육군본부 인사관리처장(1982)과 3사교장 권병식 장군(1984~1985)도 야전지휘관들의 의견이 타 출신 장교에 비해 체력과 군사 분야는 우수하지만 부하에 대한 교육능력, 지휘통솔능력, 전문지식, 행정실무능력, 창의력 등에서는 부족하므로 개선시켜야 한다는 데 공감하고 있다.[126]

1981년 4월 16일 육군본부(육작교 330.4)에서 하달된 "장교양성제도 개선 시행지침(지시)"에 명시된대로 생도과정의 마지막 기수인 제19기를 배출하였다.[127] 이후 1983년 1월 1일부터 생도과정이 후보생과정으로 전환되었다.[128] 육군은 이를 사회의 변화 추세에 부응하기 위하여 전문대학 졸업 이상의 고학력자 획득과 예산을 절감하는 차원에서 생도과정을 후보생과정으로 불가피하게 전환하였음을 강조하고 있다. 한편 3사교 내부적으로 육군의 인사제도로 인해 3사교 출신 소령 진출률이 50%에도 미치지 못한다는 등의 부정적 의견들을 많이 제기하였으나, 외부로 표출되지는 않았다.[129] <표 4-32>는 2010년 기준으로 3사교 출신의 정치·경제·사법·언론재직자 현황을 종합한 내용이다.

---

126) 육군3사관학교 기획운영처, 앞의 책, p. 220.

127) 육군3사관학교 기획운영처, 앞의 책, pp. 220~222.

128) 육본의 장교양성제도 개선 시행지침(1981. 4. 16.)에 '전문사관'으로 지시되었으나, 장기복무가 많은 3사교의 전통을 잇는다는 취지에서 '3사사관후보생'이란 명칭으로 바뀌었다. 결과적으로 이 제도는 1995년까지 13개기에 한시적으로 적용되었다. 육군3사관학교 기획운영처, 앞의 책, pp. 228~231.

129) 육군3사관학교 기획운영처, 앞의 책, p. 218.

〈표 4-32〉 한국 3사교 출신 정치・경제・사법・언론재직자 현황(2010년)

구 분	정계/관료	경찰/법조계	경제계		언론계
			주요기업	일반기업	
인원(명)	-/-	1/-	2	534	12

학계	국방관련기관	공기업	준정부기관	계
1	-	7	9	566

* 정계/관료: 국회의원 및 청와대기획관, 위원장급 이상/지자체 행정부지사, 구청장, (부)시장・(부)군수

* 경찰/법조계: 총경급 이상/부장검(판)사 이상 및 변호사

* 경제계: 법인기업체 및 개인사업체 대표이사 및 사장급 이상

* 언론계: 중앙(지방)매체 논설위원 및 편집인 이상

* 학계: 전・현직 대학총장

* 국방관련기관: 정부출연 연구기관, 연구단체 및 학회의 부장급 이상

* 공기업/준정부기관: 시장형・준시장형 공기업, 기금관리・위탁집행 준정부기관 및 기타 공공기관 등의 지점장(지사장)급 이상

* 출처: 육군3사관학교 총동문회, 『동문록 2010』(영천: 육군3사관학교 총동문회, 2010).; 현황은 필자가 실셈 조사하여 종합하였음.

2) 소명의식 및 직업윤리 함양을 위한 교육훈련 프로그램

1968년 10월 13일 육군인사명령(갑) 제190호에 근거하여 창설 초기의 훈육대대장 및 중대장들은 육사 출신 장교로 편성되었고, 시행과정에서도 육사교의 제도를 많이 참고하였다. 또한 6・25전쟁 때 북한군 포병연대장으로 있다가 귀순한 초대 교장인 정봉욱 소장의 경험에 따라 북한군 훈련방법도 많이 원용(援用)되었다.

초창기는 고등학교 졸업자를 대상으로 44주를 실시하다가 1970년

부터 50주에서 62주로 점차 확대되었고, 1972년에 102주로 확대하면서 2년제 초급대학 수준의 교육을 실시하였다. 교육시간은 기수별로 다소 차이가 있다. 제1기와 제2기는 1,936시간을 실시하였고, 제3기는 2,200시간, 제4기부터 제6기까지는 2,731시간으로 늘어났다. 하지만 창설 초기 북한군의 124군부대와 싸워 이길 수 있는 수준이 요구되었기 때문에 주로 체력연마 위주로 진행하였다.[130] 그러나 점차 체력분야에만 너무 치우쳐있다는 군내외의 비판에 직면하게 된다.

이에 따라 1975년 8월 1일부터 학칙에 의거하여 일반학 교육시간은 1,660시간을, 군사학 교육시간은 1,999시간으로 편성하여 2년 간 총 3,659시간으로 편성하였다. 후보생과정으로 전환된 초기는 24주 1,056시간이었다. 1977년부터는 교양과목 수준에 머물고 있던 일반학 교육과정을 문·이과로 구분하여 전문성을 한층 높였다. 1986년부터 1992년까지는 총 36주 1,584시간으로 늘어났으나, 초급장교의 수급 기간과 군 예산이 부족한 이유 등으로 다시 20주 880시간으로 재조정되는 등의 변화가 있었다.[131]

후보생과정으로 전환된 1983년 1월부터 1994년까지 군사훈련 위주의 프로그램을 진행하였다. 이 와중에 지원율의 저조, 학력 및 연령의 열세, 타 과정과 비교할 경우 상대적으로 짧은 교육기간 등이 문제로 부각되면서 1987년 1월 9일 또다시 생도과정의 부활이 필요하다는 방안이 제기되었다.[132] 이후 1993년 11월 30일 3사교에서 사

130) 육군3사관학교 기획운영처, 앞의 책, pp. 76~90.

131) 육군3사관학교 기획운영처, 앞의 책, pp. 239~241, 251~252.

132) 육군3사관학교 기획운영처, 앞의 책, pp. 249~250, 306~307.

관학교 발전방안 세미나 간 논의되었던 "양성제도에 관한 연구결과"가 육군 안으로 채택되면서 1995년 1월 1일부로 생도과정이 재 부활되었다. 이는 5월 19일 대통령령 제14652호인 "단기사관학교 설치법 시행령 개정안"이 공포되는 데 지대한 역할을 하였다. 최근에는 전문대이상 졸업자 또는 4년제 대학교 2학년을 마친 수료자를 입교시키므로서 인문학적 소양이 높아지게 되었고, 임관 시 4년제 대학교 학사 학위를 부여하고 있다.

교육훈련은 주로 신병부터 부사관까지 단계적으로 진행하는 과정에서 생존을 위한 체력연마와 정신력 강화 위주로 군사훈련을 진행하였다. 그러나 1975년 학칙이 제정되면서 전문직업성과 직업윤리과목으로서 지휘심리과목인 국민윤리, 전쟁사, 심리학, 국사 등을 추가적으로 편성하였다. 이후 문화사, 전사(戰史), 국민윤리, 군인정신 등으로 확대되었고, 최근에는 전쟁사, 군대와 윤리, 한국사, 민군관계 등이 편성되어 있다. <표 4-33>은 3사교의 소명의식 및 직업윤리 측면을 함양에 관한 과정, 지정과목을 정리한 내용이다.

〈표 4-33〉 3사교의 소명의식 및 직업윤리 함양 과정, 지정 과목

과정/분야		1학년	2학년	공 통
일반학	인 문	· 국사	· 철학	· 국민윤리, 심리학, 군인정신
	사회과학/비교사회학	· 문화사	· 한국의 윤리, 교육학, 전쟁사, 멸공정신	
군사학	일반학	· 충무공정신		

2014

<table>
<tr><th>과 정</th><th>분 야</th><th colspan="2">필 수</th><th>선 택</th></tr>
<tr><td>교 양</td><td>-</td><td colspan="3">· 한국사</td></tr>
<tr><td rowspan="2">일반학</td><td>문 과</td><td colspan="2">· 군사사학, 안보정책 등</td><td>· 교육학, 사회학, 논리학</td></tr>
<tr><td>이 과</td><td colspan="3">· 무기시스템학, 사이버전 등</td></tr>
<tr><td rowspan="2">군사학</td><td>문 과</td><td rowspan="2">· 전쟁사, 국가안보론, 한국사, 리더십과 상담, 군대와 윤리</td><td>· 군사법</td><td rowspan="2">· 군사전략론, 민군관계, 군행정실무, 군사법 등</td></tr>
<tr><td>이 과</td><td>-</td></tr>
</table>

* 출처: 육군3사관학교 기획운영처, 앞의 책, pp. 123~126, 129~133, 149~157.; 육군3사관학교 기획운영처, 『육군3사관학교 요람 2014』(2015), p. 112, 116.; 필자가 도표로 재정리하였음.

3사교는 육사교와 유사하게 중기복무장교를 양성한다는 목표로 일반학과 군사학 교육을 병행하여 진행하고 있다. 그러나 수시로 변경되는 교과목으로 인해 일관된 진행은 다소 제한되는 실정이다. 이러한 와중에 전문직업성 및 직업윤리를 함양시키려는 실천 노력은 다소 소홀한 측면이 있다. 그러나 1971년 제13기부터 초급대학 인가 기준과 장교로서 갖추어야할 전문지식 및 인격 형성이 필요하다는 의견이 제기되면서 일반학 과목이 다시 편성되었다.[133] 최근에는 일반학과 군사학 과정에 군사사학과 한국사, 전쟁사, 군사법을 편성하는 등 실효성 있는 교육을 진행하고 있다.

---

133) 육군3사관학교 기획운영처, 앞의 책, pp. 149~150.

3. 학사사관후보생과정(KAOCS) 도입(1981. 6. 27.~)

1) 도입 배경 및 발전 경과

학사사관후보생과정(KAOCS, 이하 학사과정)의 도입배경을 이해하기 위해서는 당시의 군내외적 상황을 먼저 짚고 넘어가야 할 필요가 있다. 1980년대 초 국방부는 독자적인 전략발전계획 및 군사교리와 전투대세 완비대책 등을 추진하기 시작하였다.[134] 하지만 군의 상부구조인 간부급의 비중이 상당히 비대해진 상태이다 보니 중간 지휘계층의 비효율성도 많이 발생하였다.[135] 하지만 국방부는 88서울올림픽을 앞두고 한반도의 안보여건이 일촉즉발의 중대한 기로에 있다는 국내안보 논리를 앞세워 또다시 병력 수준을 높이게 되면서 장교단은 점점 더 비대화되어 갔다.[136]

당시 군부의 중심에는 정치권력으로 급성장한 정규 육사교 출신의 신군부가 존재하고 있었다. 그리고 이들의 중심에는 '하나회'가

134) ① 자주적 전략 발전과 전력증강, ② 독자적 전력구조 및 한국적 군사교리의 발전, ③ 공세 지향적 전투태세 완비. 국방군사연구소, 앞의 책, pp. 354~356.

135) 1960년대 이후 간부급의 비중은 점차 확장되었고, 1973년부터 1981년까지 장교는 5만 명에서 6만명 수준으로 약 20%가 증가되었다. 국방군사연구소, 앞의 책, p. 367.

136) 국방군사연구소, 앞의 책, p. 369.

존재하고 있었다.137) 초기의 신군부는 정치에 적극 개입하여 사회의 구악(舊惡)을 일소하고 새로운 정치질서를 창출하는 데 적극적으로 앞장서야 한다는 소명의식을 갖고 있었다. 1980년 12월 4일 육군은 '간부 전문화'를 명분으로 하는 군인사법을 개정하고, 정년·진급제도를 개선하였다.138)

당시 육군참모총장 겸 계엄사령관이었던 정승화 장군은 군내 통제권을 완전하게 장악하지 못한 상태였다. 육군의 상층부는 통제가 가능하였지만, 정규육사 출신들로 포진되어 있는 소장(少壯)층 대령단에는 통제력이 미치지 못하였다. 이러한 사실은 미8군 정보관계자가 「비정규육사 출신 장성들이 육본을 지지하려고 해도 정규육사 출신 대령들이 말을 듣지 않았다. 정규육사 출신들은 상층부에 있는 비정규육사 출신들 때문에 진급이 늦어지는 데 대한 불만이 쌓여 있었고, 능력이 떨어지는 그들 밑에서 수모를 당해왔다는 의식이 팽배해져 있었다.139)」라는 언급에서 당시 소장층 대령단의 내부 분위기를 알 수 있다. 이래저래 1980년대의 대내외적 안보환경은 불안할 수밖에 없었다.

---

137) 전두환 전 대통령이 1963년 중앙정보부 총무국 인사과장과 육군본부 인사참모부에 재직 시 박정희 대통령의 전폭적인 배려와 후원으로 결성된 조직으로서 정규육사 출신 장교로서의 엘리트의식과 선배장교들에 대한 불만 등의 공통된 요구가 존재하였다. 이종각, "신군부의 세력, 하나회," 『신동아』(1988), p. 55.

138) 국방부 정책기획관실, 『국방백서 1989』(1989), pp. 277~278.

139) 조갑제, "실록 제5공화국 (3)배반의 총성," 『월간조선』(2003년 7월호)를 재인용.

1981년 4월 16일 육군은 문무를 겸비한 우수한 중·고급장교 자원을 안정적으로 수급하기 위한 목적으로 학사과정의 도입을 적극적으로 검토하기 시작하였다. 이에 따라 4년제 대학교 졸업자를 대상으로 하는 학사과정제도를 시행하게 되었다. 하지만 초기에는 '학사장교'라는 명칭보다 "단기사관후보생"이라는 호칭을 주로 사용하였다. 이 제도는 학력은 학사학위자 이상으로 하되, ROTC와 동일하게 적은 양성 비용을 투자하더라도 양질의 우수한 초급장교를 충원할 수 있다는 판단에서 시행되었다.[140] 이에 따라 전투병과 위주로 선발된 제1기 632명은 광주 상무대에서 12주 교육을 받고 배출되었다. 그리고 제2기부터는 3사교에서 교육을 진행한 후 임관시켰다. 1980년대 중반부터 2009년까지는 군장학생 제도를 부가적으로 도입하여 연간 2개 기수씩 배출하였다.[141] 학사과정은 1980년대 말부터 장기복무 희망자들이 서서히 증가되기 시작하였다.[142]

초기에는 전반기는 홀수 기수로 행정고시, 외무고시, 기술고시 출

140) 조영진 외, 앞의 논문, p. 35.

141) 육군3사관학교 기획운영처, 앞의 책, p. 487.; 육군3사관학교 홈페이지(http://www.kaay. mil.kr/) (검색일: 2015. 2. 13.).; 육군3사관학교 충성대연구소,『충성대 사관후보생 과정의 역사』(2011), pp. 60~61.

142) 2013년을 기준으로 10,000여 명이 복무하고 있으며, 약 3,000여 명이 영관장교로 근무 중에 있다. 군장학생(복무연장자)의 장기복무 희망률은 전체의 70% 이상을 차지하고 있다. 육군3사관학교 충성대연구소, 앞의 책, pp. 60~68.; 육군학사장교총동문회 홈페이지(http://www.haksa.or.kr/) (검색일: 2015. 2. 13.).; 육군학생군사학교 홈페이지(http://www.armyofficer.mil.kr/) (검색일: 2015. 2. 13.~15.).; 육군학생군사학교 획득과(2014).

신자와 군장학생들을 배출하였고, 후반기는 짝수 기수로 나누어서 시행하였다. 그러나 2010년 이후부터 연 1개 기수로 통합되어 시행되고 있으며, 대다수 전투병과로 임관하고 있다.

교육훈련 장소는 2011년 이전까지는 3사교에서 16주 간 양성교육을 진행하였으며, 2012년부터 충남 괴산 소재의 신학군교에서 교육을 진행 후 배출하고 있다. 학사출신은 2013년 기준으로 4명이 장군으로 배출되었다.[143] 학사출신들은 ROTC 출신 장교들과 유사하게 단기로 의무복무 후 사회로 복귀하여 사회 각계각층에 진출하여 국가 발전에 기여하고 있다. <표 4-34>는 학사장교의 기수별 배출 현황을 정리한 내용이다.

143) 2016년 현재 장군 7명의 기수 및 병과는 제3기는 보병 1명, 제5기는 병기와 기갑 각 1명, 제6기는 항공과 공병 각 1명, 제9기와 제11기 각 1명이다.

〈표 4-34〉 한국 육군의 학사장교 기수별 배출현황(1981~ 2014년)

기 수	입교(명)	퇴교(명)	임관(명)	교육기간	교육장소	비 고
제1기	632	3	629	1981. 6. 27.~9. 19.	육군 보병학교	12주
제2기	694	7	687	1982. 5. 3.~7. 24.		12주
제3기	930	28	902	1983. 3. 21.~6. 11.		12주
제4기	587	5	582	1983. 4. 18.~7. 9.		12주
제5기	923	14	909	1984. 3. 19.~6. 9.		12주
제6기	486	3	483	1984. 4. 14.~7. 7.		12주
제7기	1,025	4	1,021	1985. 3. 18.~6. 8.		12주
제8기	958	18	949	1986. 3. 10.~7. 26.	육군3사관학교	20주
제9기	1,281	15	1,266	1987. 3. 3.~7. 25.		20주
제10기	380	-	380	1987. 10. 10.~1988. 2. 27.		20주
제11기	1,227	17	1,210	1988. 3. 7.~7. 23.		20주
제12기	606	5	601	1988. 8. 8.~12. 24.		20주
제13기	1,473	28	1,445	1989. 3. 13.~7. 29.		20주
제14기	300	11	289	1989. 8. 14.~12. 30.		20주
제15기	294	7	287	1990. 3. 12.~7. 28.		20주
제16기	485	2	483	1990. 8. 13.~12. 29.		20주
제17기	292	2	290	1991. 3. 11.~7. 27.		20주
제18기	479	2	477	1991. 8. 12.~12. 28.		20주
제19기	965	7	958	1992. 3. 24.~8. 1.		20주
제20기	714	7	707	1992. 8. 17.~12. 29.		20주
제21기	1,280	14	1,266	1993. 4. 9.~7. 1.		12주
제22기	577	7	570	1993. 7. 9.~9. 28.		12주
제23기	980	13	967	1994. 4. 11.~7. 1.		12주
제24기	575	17	558	1994. 7. 11.~9. 30.		12주
제25기	1,149	20	1,129	1995. 4. 10.~7. 1.		12주
제26기	466	11	455	1995. 7. 27.~9. 30.		12주
제27기	1,473	18	1,455	1996. 4. 6.~6. 29.		12주
제28기	492	15	477	1996. 7. 5.~9. 28.		12주
제29기	952	40	912	1997. 4. 7.~7. 1.		12주
제30기	1,224	60	1,164	1997. 7. 7.~10. 1.		12주
제31기	1,087	57	1,030	1998. 4. 6.~7. 1.		12주
제32기	1,111	80	1,031	1998. 7. 6.~10. 1.		12주
제33기	967	26	941	1999. 4. 6.~6. 30.		20주
제34기	892	60	832	1999. 7. 5.~9. 30.		20주
제35기	929	54	875	2000. 4. 8.~6. 30.		20주

기 수	입교(명)	퇴교(명)	임관(명)	교육기간	교육장소	비 고
제36기	758	57	701	2000. 7. 5.~9. 29.	육군3사관학교	20주
제37기	736	30	706	2001. 4. 9.~6. 29.		20주
제38기	764	48	716	2001. 4. 6.~6. 30.		20주
제39기	911	22	889	2002. 4. 8.~6. 28.		20주
제40기	724	15	709	2002. 7. 8.~9. 27.		20주
제41기	990	18	972	2003. 4. 4.~7. 25.		20주
제42기	996	17	979	2003. 7. 7.~10. 24.		20주
제43기	700	14	686	2004. 4. 6.~7. 23.		20주
제44기	1,144	46	1,098	2004. 7. 12.~10. 29.		20주
제45기	750	13	737	2005. 4. 4.~7. 22.		20주
제46기	927	29	898	2005. 7. 11.~10. 28.		20주
제47기	631	14	617	2006. 4. 3.~7. 21.		20주
제48기	1,064	21	1,043	2006. 7. 10.~10. 27.		20주
제49기	617	18	599	2007. 3. 26.~7. 20.		20주
제50기	759	17	742	2007. 7. 2.~10. 26.		20주
제51기	345	7	338	2008. 3. 31.~7. 18.		20주
제52기	534	-	534	2008. 7. 7.~10. 24.		20주
제53기	264	4	260	2009. 3. 23.~7. 16.		20주
제54기	712	24	688	2009. 6. 29.~10. 30.		20주
제55기	688	19	669	2010. 6. 14.~10. 1.		17주
제56기	597	8	589	2011. 6. 13.~9. 30.		17주
제57기	828	12	816	2012. 3. 5.~6. 29.	육군학생군사학교	17주
제58기	813	5	808	2013. 3. 4.~6. 28.		17주
제59기	633	39	594	2014. 3. 3.~6. 27.		17주
계	46,766	1,161	45,605	-	-	-

* 출처: 육군3사관학교 홈페이지(http://www.kaay.mil.kr/) (검색일: 2015. 2. 13.).; 육군3사관학교 평가실 (2011).; 육군3사관학교 충성대연구소, 앞의 책, pp. 290~292.; 육군학사장교총동문회 홈페이지(http://www.haksa.or.kr/) (검색일: 2015. 2. 13.).; 육군학생군사학교 홈페이지(http://www.armyofficer.mil.kr/) (검색일: 2015. 2. 13.~15.).; 육군학생군사학교 획득과 (2014).; 육군본부 홈페이지(http://www.army.mil.kr/) (검색일: 2015. 2. 13.).; 필자가 재정리하였음.

여군학교에서 시행된 여군사관과정은 2002년 10월 31일부로 폐지되고 2003년부터 3사교로 통합되었다. 이후 학사·여군사관과정은 2012년 1월 1일부로 3사교에서 학군교로 재 전환되었다. 여군사관 제48기 이후의 임관자는 2014년 현재 1,891명에 이르며, 이 숫자를 포함할 경우 학사출신 장교는 47,486명에 이른다. <표 4-35>는 여군사관들의 임관 현황을 별도로 정리한 내용이다.

〈표 4-35〉 여군사관 임관현황(2003~2014년)

기 수	입교(명)	퇴교(명)	임관(명)	교육기간	비 고
제48기	151	3	148	2003. 4. 4.~7. 25.	20주
제49기	149	5	144	2004. 4. 6.~7. 23.	20주
제50기	150	4	146	2005. 4. 4.~7. 22.	20주
제51기	153	8	145	2006. 4. 3.~7. 21.	20주
제52기	190	3	187	2007. 7. 9.~10. 26.	20주
제53기	181	6	175	2008. 3. 31.~7. 18.	20주
제54기	191	8	183	2009. 3. 23.~7. 16.	20주
제55기	187	5	182	2010. 6. 14.~10. 1.	17주
제56기	200	2	198	2011. 6. 13.~9. 30.	17주
제57기	200	4	196	2012. 3. 5.~6. 29.	17주
제58기	138	3	135	2013. 3. 4.~6. 28.	17주
제59기	49	7	42	2014. 3. 3.~6. 27.	17주
계	1,939	58	1,881	-	-

* 출처: 육군3사관학교 홈페이지(http://www.kaay.mil.kr/) (검색일: 2015. 2. 13.).; 육군3사관학교 평가실 (2011).; 육군3사관학교 충성대연구소, 앞의 책, pp. 290~292.; 육군학사장교총동문회 홈페이지(http://www.haksa.or.kr/) (검색일: 2015. 2. 13.).; 육군학생군사학교 홈페이지(http://www.armyofficer.mil.kr/) (검색일: 2015. 2. 13.).; 육군학생군사학교 획득과 (2014).; 육군본부 홈페이지(http://www.army.mil.kr/) (검색일: 2015. 2. 13.).; 필자가 도표

로 재정리하였음.

<표 4-36>은 학사장교 출신의 사회 진출 현황을 정리한 내용이다.

〈표 4-36〉 한국 육군 학사장교 출신의 사회 진출현황(2015년)

구 분	정계/관료	경찰/법조계	경제계		언론계	학계
			주요기업	일반기업		
인원(명)	3/14	-/5	1	1,244	7	1

국방관련기관	공기업	준정부기관	금융계	계
3	14	209	77	1,578

* 정계/관료: 국회의원 및 청와대기획관, 위원장급 이상/지자체 행정부지사, 구청장, (부)시장・(부)군수

* 경찰/법조계: 총경급 이상/부장검(판)사 이상 및 변호사

* 경제계: 법인기업체 및 개인사업체 대표이사 및 사장급 이상

* 언론계: 중앙(지방)매체 논설위원 및 편집인 이상

* 학계: 전・현직 대학총장

* 국방관련기관: 정부출연 연구기관, 연구단체 및 학회의 부장급 이상

* 공기업/준정부기관: 시장형・준시장형 공기업, 기금관리・위탁집행 준정부기관 및 기타 공공기관 등의 지점장(지사장)급 이상

* 출처: 대한민국 육군학사장교 총동문회, 『대한민국 육군 학사장교 인명록 2011』(서울: 대한민국 육군학사장교 총동문회, 2011).; 육군학사장교총동문회 홈페이지(http://www.haksa.or.kr/) (검색일: 2015. 2. 13.).; 육군학생군사학교 홈페이지(http://www.armyofficer.mil.kr/) (검색일: 2015. 2. 13.~15.).; 육군본부 홈페이지(http://www.army.mil.kr/) (검색일: 2015. 2. 13.).; 안석, "학사장교 출신 공직 새 파워엘리트 인맥 부상," 『서울신문』(2013년 5월 20일자).; 현황은 필자가 각종 인터넷 및 언론 자료를 실셈 조사하여 종합하였음.

2) 소명의식 및 직업윤리 함양을 위한 교육훈련 프로그램

학사과정은 민간인에서 군인화시키는 과정을 촉구시켜 군사지식을 습득시키고 육체·정신적 극기능력을 함양시키는 데 주안을 두고 있다. ROTC과정과 유사하게 군사훈련 위주로 진행하면서 전쟁사, 리더십, 인성교육을 추가하여 진행하고 있다. 학교종결 과목에서는 병 지도능력 구비를 원칙으로 직무 수행능력과 교관화, 전투지휘능력을 완성시키려는 군인화와 신분화 교육을 병행하고 있다. 초기는 12주를 진행하다가 최근 16주 640시간으로 진행하고 있다. <표 4-37>은 학사과정의 소명의식 및 직업윤리 함양 과정과 지정 과목을 정리한 내용이다.

〈표 4-37〉 학사과정의 소명의식 및 직업윤리 함양 과정, 지정 과목

구 분	입영훈련
1999년	· 전쟁사, 인성교육
2008년	· 리더십
2015년	· 군대윤리, 인성교육

* 출처: 육군3사관학교 기획운영처, 앞의 책, pp. 460~465, 473.; 육군학생군사학교, 앞의 책, pp. 11-5~6.; 필자가 도표로 재정리하였음.

학사과정은 장교로서 필요한 소명의식이나 직업윤리 함양을 위한 별도의 교육훈련 프로그램은 진행하지 않고 있다. 입교 초기에 일부 장교단 정신교육을 실시하고 있으나, 부패방지, 육군가치관, 군종장

교에 의한 상담기법 등 여러 가지를 통합하여 이해와 소개 위주의 교육을 진행하고 있다. 1999년까지는 전쟁사와 인성교육을 실시하였고, 이후 2008년까지는 리더십 교육만 실시하였으나, 최근 들어 군대 윤리와 인성교육 과목을 재편성하였다.

4. 간부사관후보생과정 도입(1996. 5. 13.~)

1) 도입 배경 및 발전 경과

간부사관후보생과정(이하 간부사관과정)은 부족한 초급장교 획득률을 보강하고 초급장교들의 군 복무경험과 리더십에 취약한 문제를 해결하고자 도입하였다. 목적은 두 가지로 정리할 수 있다. 첫째, 군 경험자를 장교로 임관시킴으로써 취약한 하부구조를 강화하고 획득원을 다양화하여 인력수급을 용이하게 하려는 측면이다. 둘째, 우수한 병사 및 부사관으로 하여금 장교로 복무할 수 있는 기회를 부여함으로써 복무활성화를 유도하려는 데 있다.[144] 1996년 5월 13일 육군보병학교와 육군통신학교에서 최초로 입교식을 실시하였다. 제1·2기는 육군보병학교를 비롯한 5개 전투병과학교에서 22주 간 교육을 실시한 후 배출하였다. 제3기부터 제7기까지는 3사교에서 4주 간 기초교육을 수료하고, 각 병과학교에서 18주 간 교육을 실시한

144) 최석철·강광석·최병순·이민종, "육군의 미래 인력운영체계 발전방향," 『한국전략문제연구소』(2006), p. 420.; 조영진 외, 앞의 논문, p. 35.

다음 배출시켰다. 2001년 제7기는 여군 7명을 최초로 포함시켜 남군과 동일하게 간부사관 교육과정을 이수하도록 추진하였다. 하지만 이러한 노력에도 불구하고 2011년부터 초급장교 지원율이 급격하게 저하되기 시작하였다. 이에 따라 평균 130명 선이었던 간부사관과정의 선발 규모도 2배로 확대될 수밖에 없었다.

간부사관과정은 현역병사 및 부사관으로 복무 중인 사람들이 그간의 복무를 통해 정점에 도달한 전투수행능력과 경험적 요소, 그리고 강한 체력을 보유하고 있다는 측면에서 적극적으로 추진된 제도였다. 육군에서 이 제도를 시행하게 된 배경은 타 충원과정과 비교시 현역병사 및 부사관을 대상으로 선발함으로써 민간인에서 바로 장교로 임관하는 과정에 비해 상대적으로 긍정적인 요소가 많다고 판단되었기 때문이다.

반면에 입교 전 신분이 상병에서 10년차 중사출신까지, 연령대가 21세부터 30세까지 분포되다 보니 상호 신분에 대한 심리적 불편함과 실무부대에서 습성화된 악·폐습들이 교육과정에서나, 장교로 임관 후에도 부정적인 현상으로 일부 표출되고 있다.[145] 또한 4년제 대학교 학사학위 취득자를 대상으로 선발하는 타 충원과정과는 달리 전문대 졸업자를 대상으로 선발하기 때문에 기본자질 면에서 상대적으로 취약함 또한 사실이다. 간부사관이 전문대학 졸업자라는 점을 고려할 경우 장교로 임관 후 영관장교 이상으로 진출하는 데 있어서 또다른 한계로 존재하고 있다. 현행 제도가 병사 또는 부사관의 신분에서 상위계급으로 진출할 수 있도록 길은 터놓았지만, 대

145) 육군제3사관학교 충성대연구소, 앞의 책, pp. 76~77.

상자들의 학력 요건이 낮다 보니 상대적으로 장교단의 사회적 위상은 낮게 인식될 수밖에 없게 되는 우려가 존재하고 있다. <표 4-38>은 간부사관의 기수별 배출 현황을 종합한 내용이다.

〈표 4-38〉 한국 육군의 간부사관 기수별 배출현황(1996~2013년)

기수	입교(명)	퇴교(명)	임관(명)	교육기간	비고
제1기	179	15	164	1996. 5. 13.~9. 25.	보병・통신학교
제2기	241	2	239	1997. 5. 4.~9. 27.	
제3기	325	2	323	1998. 4. 27.~5. 23.	보병교에서 3사교로 전환
제4기	299	11	288	1998. 5. 3.~5. 29.	4주
제5기	349	6	343	2000. 4. 27.~5. 27.	4주
제6기	231	4	227	2000. 9. 21.~10. 21.	4주
제7기	231	7	224	2001. 9. 20.~10. 27.	4주
제8기	135	2	133	2002. 9. 26.~10. 25.	4주
제9기	101	1	100	2003. 9. 8.~11. 7.	8주
제10기	95	7	88	2004. 9. 13.~11. 5.	8주
제11기	116	4	112	2005. 8. 30.~10. 28.	8주
제12기	136	1	135	2006. 8. 21.~10. 27.	8주
제13기	108	4	104	2007. 7. 9.~10. 26.	14주
제14기	101	3	98	2008. 7. 21.~10. 24.	14주
제15기	115	6	109	2009. 7. 13.~10. 23.	15주
제16기	140	2	138	2010. 6. 21.~9. 30.	15주
제17기	221	5	216	2011. 6. 27.~9. 30.	15주
제18기	190	15	175	2012. 8. 20.~11. 30.	3사교→학군교로 전환
제19기	120	12	108	2013. 8. 19.~11. 29.	15주
계	3,433	109	3,324	-	-

* 출처: 육군3사관학교 기획운영처, 앞의 책, p. 492.; 육군3사관학교 홈페이지 (http:/ /www.kaay.mil.kr/) (검색일: 2015. 2. 13.).; 육군3사관학교 평가

실 (2011).; 육군3사관학교 충성대연구소, 앞의 책, pp. 172~180.; 육군학생군사학교 홈페이지(http://www.armyofficer.mil.kr/) (검색일: 2015. 2. 13.~15.).; 육군학생군사학교 획득과 (2014). 등에서 식별된 상이한 현황은 필자가 사실 조사(FGI)를 거쳐 도표로 재정리하였음.

간부사관과정은 육군 장교단의 발전 및 우수인재 획득 측면에서 상당한 긍정적 요인으로 해석되고 있다. 다만, 야전부대 근무 간 개인적 품성이나 자질에 문제가 있는 인원이 걸러지지 않고 입교되는 일부 현상과 상호 간 기수별 동류의식에는 약한 부정적 측면도 있다. 하지만 현역으로 근무하면서 습득한 다양한 야전실무 경험 등은 군 발전에 실효적으로 작용하고 있다는 측면에서 장점이 더 많다고 볼 수 있다.

간부사관과정은 창군 초기의 종합간부후보생과정, 단기사관과정과 유사하며, 2007년 이전까지는 교육훈련을 8주 간 진행하다가 최근 15주로 연장하여 진행되고 있다.

2) 소명의식 및 직업윤리 함양을 위한 교육훈련 프로그램

간부사관과정은 학사과정과 동일하게 편성하여 진행하고 있다. 따라서 제4절의 3. 2)항 <표 4-37>의 내용과 동일하다.

제5절 시사점

한국 육군의 장교단은 1945년 8·15해방에서부터 6·25전쟁을 전후하여 충원제도를 집중적으로 도입 및 시행되었다. 1945년 12월 5일 최초의 장교 양성 및 배출기관으로 '군사영어학교'가 창설되었으나, 이듬해 폐교되었다. 1946년 5월 1일 '국방경비사관학교'가 출범하면서 1948년 8월 정부 수립과 국군 발족을 계기로 '육사교'로 개칭되면서 육군 장교단의 핵심 메카로 자리잡고 있다. 당시 계속되는 초급장교의 충원 요구로 인해 1950년 부산 동래에 '육군종합학교'가 설립되었고, 이어서 '현지임관제도'가 시행되었다. 그리고 1950년 1월에 '육군보병학교'에서 '갑종과정'이 신설되어 제1기 363명을 배출하기 시작하면서 다양한 인재를 양성하기 위해 노력하였지만, 제230기를 끝으로 1969년 폐지되었다.

이어서 1961년 급증되는 초급장교의 충원 소요를 해소하기 위한 목적으로 ROTC제도가 도입되면서 '학군단'이 전국 16개 종합대학교에서 최초로 창설되었다. 이후 1968년 10월 15일 경북 영천에 '3사교'가 창설되었다. 하지만 여러 가지의 사유 및 여건으로 인하여 학급편성 규모는 계속 줄어들었고, 이는 1981년 '학사과정'을 도입하는 계기가 되었다. 이 또한 중기복무자원을 안정적으로 수급함과 동시에 초급간부의 부족한 소요를 조기에 보충하기 위한 목적이었다.[146] 1990년대 중반에 도입된 '간부사관과정'은 과거 단기사관과정으로 1966년에 시작하여 1967년까지 시행되었다가, 1975년에 다시 시행되어 1980년까지 유지되었던 제도와 유사한 방식이었다.

장교단이 출신 간 상호 갈등과 불신으로 심화된 원인은 관점에 따라 다양하게 해석할 수 있겠지만, 창군 초기 입교자들의 출신성분에 대한 갈등과 상위계급으로의 진출 적체 현상 등이 심화되었다고 봄이 정확할 것이다. 다수의 연구에서 언급되고 있는 바와 같이 입대 전 광복군계와 일본군계 등의 출신에 따른 알력과 대립이 점차 확산되면서 군내 계파주의적 갈등으로 발전되었기 때문이다.[147] 이후 조선경비대에서 국군체제로 전환되면서 장교단 규모가 1~2년 사이 급격하게 증가되는 과정에서 시스템보다 개인적인 인맥 위주로 응집되는 현상들이 많아지게 되었다.

1960년대의 경우 군사영어반 출신자들의 평균 연령이 40대이다 보니 조기에 전역하는 것을 기피하는 현상도 많이 생겼다. 이는 점차 육군 전체의 진급 적체로 이어져 정규 육사교 출신 소장파들의 상위계급 진출 기회도 상대적으로 줄어들 수밖에 없었다. 당시 군사영어반 출신과 육사8기생의 평균 연령 차이는 2~3살에 불과한데도 진급 격차는 20~30년으로 벌어지다 보니 불만이 심화될 수밖에 없었다. 특히 경비사5기생의 경우는 7~8년 간씩 대령 계급을 유지하고 있는 반면에 육사8기생은 소위에서 소령으로 진급하는 데 4년이 걸렸으나, 중령으로 진급하는 데는 무려 8년을 기다려야 했다. 이러한

146) 신현기, 『한국군 장교양성제도 통합에 관한 연구』(대전: 충남대 행정대학원, 2002), p. 68.

147) 육군본부, 『陸軍發展史(上卷)』(1976), p. 93.; 한용원(1993), 앞의 책, p. 99.

현상은 입대 전 비군사경력자들이었던 경비사5기부터 육사9기까지가 특히 심하게 나타났다.[148)]

1980년대 이전까지 진행되었던 군사영어반 출신에 대한 우선적 대우는 육사교 출신들의 불만요소로 심화되었다. 이는 12·12군사쿠데타를 주도했던 전두환 장군과 소장파(少壯派)의 경우도 진급과 보직에서 배제된 데 대한 갈등과 불만을 이용한 측면이 많았음을 부정할 수 없다.[149)] 이들은 정치권력을 장악하게 되자 이전까지 상대적으로 홀대받던 군내의 주요 보직과 진급에 관한 기득권을 특정계층 중심으로 변화시켰다.[150)] 이러한 독점적인 주도권 현상은 이후 충원과 복무관리 및 운영 측면에서 특정 출신과 일반 출신의 차별화를 자연스럽게 확정짓는 계기가 되었다.

육군은 창군 초기부터 초급장교의 충원방식을 육사교, ROTC, 3사교, 학사·여군사관은 외부임용 방식을, 간부사관과정은 내부임용 방식을 적용하고 있다. 특히 육사교와 3사교는 생도과정으로, ROTC, 학사·여군사관, 간부사관은 후보생과정으로 구분짓고 있다. 이 가운데 육사교는 고졸자를, 3사교는 일반대학교 2학년 이상 수료자를 포함한 전문대학 졸업자를 선발하고 있다. ROTC는 4년제 대학교 재학생을, 학사·여군사관과정은 4년제 대학교를 졸업한 학사학위자를 선발하고 있다. 그리고 간부사관과정은 현역병사와 부사관 복무자를 대상으로 선발하는 방식이다. <표 4-39>는 출신·충원과정별

148) 한용원(1993), 앞의 책, pp. 211~212.

149) 한용원(1993), 앞의 책, p. 212.

150) 홍두승, 앞의 책, p .71.

교육 및 복무기간을 비교한 내용이다.

〈표 4-39〉 한국 육군 장교단의 출신·충원과정별 복무기간 비교(2014년)

<table>
<tr><th colspan="3" rowspan="2">구 분</th><th colspan="4">대 학 교</th><th rowspan="2">연령대
(세)</th><th rowspan="2">교육기간</th><th rowspan="2">복무기간</th></tr>
<tr><th>1학년</th><th>2학년</th><th>3학년</th><th>4학년</th></tr>
<tr><td rowspan="11">일반사관</td><td colspan="2">육사교</td><td colspan="4">육사교 교육</td><td>17~21</td><td>4년</td><td>10년 이상</td></tr>
<tr><td colspan="2">3사교</td><td colspan="2">-</td><td colspan="2">3사교 교육</td><td>20~27</td><td>2년</td><td>6년</td></tr>
<tr><td rowspan="5">ROTC</td><td rowspan="2">1학년장학생</td><td colspan="4">장학금 수혜</td><td rowspan="5">18~24</td><td rowspan="5">2년</td><td rowspan="2">6.4년</td></tr>
<tr><td colspan="2">-</td><td colspan="2">후보생 교육</td></tr>
<tr><td rowspan="2">2학년장학생</td><td>-</td><td colspan="3">장학금 수혜</td><td rowspan="2">5.4년</td></tr>
<tr><td colspan="2">-</td><td colspan="2">후보생 교육</td></tr>
<tr><td>일 반</td><td colspan="2">-</td><td colspan="2">후보생 교육</td><td>2.4년</td></tr>
<tr><td rowspan="3">학사·여군사관과정</td><td>1학년장학생</td><td colspan="4">장학금 수혜</td><td rowspan="4">20~27</td><td rowspan="3">16주</td><td>7년</td></tr>
<tr><td>2학년장학생</td><td>-</td><td colspan="3">장학금 수혜</td><td>6년</td></tr>
<tr><td>일 반</td><td colspan="4">장학금 수혜</td><td>3년</td></tr>
<tr><td colspan="2">간부사관과정</td><td colspan="2">전문대 졸업
대학2년 이상</td><td colspan="2">부사관,
현역 상·병장</td><td>22주</td><td>3년</td></tr>
<tr><td rowspan="11">특수사관</td><td rowspan="6">육군모집</td><td>전 산</td><td colspan="4">전산석사</td><td rowspan="2">20~27</td><td rowspan="4">12주</td><td rowspan="6">3년</td></tr>
<tr><td>교 수</td><td colspan="4">대학원 졸</td></tr>
<tr><td>재정(경리)</td><td colspan="4">공인회계사</td><td>20~29</td></tr>
<tr><td>기술의정</td><td colspan="4">대졸(약대, 의용공학,
임상병리학과)</td><td rowspan="2">20~27</td></tr>
<tr><td>남자간호</td><td colspan="4">학사 이상으로 자격증 소지자</td></tr>
<tr><td>법무행정</td><td colspan="4">외국변호사 자격증 소지자</td><td>20~29</td><td>9주</td></tr>
<tr><td rowspan="5">국방부모집</td><td>군 종</td><td colspan="4">신학 및 불교대 졸</td><td rowspan="4">20~35</td><td rowspan="4">9주</td><td rowspan="4">3년</td></tr>
<tr><td>법 무</td><td colspan="4">사법고시, 법무고시 합격자</td></tr>
<tr><td>군 의</td><td colspan="4" rowspan="2">의사자격자</td></tr>
<tr><td>치 의</td></tr>
<tr><td>간 호</td><td colspan="4">고졸 이상</td><td>17~21</td><td>4년
(간호사)</td><td>6년</td></tr>
</table>

* 출처: 국방부 홈페이지(http://www.mnd.go.kr/) (검색일: 2015. 2. 13.).; 육군본부 홈페이지(http://www.army.mil.kr/) (검색일: 2015. 2. 13.).; 육군사관학교 홈페이지(http://www.kma.ac.kr/) (검색일: 2015. 2. 13.).; 육군학생군사학교 홈페이지(]http://www.armyofficer.mil.kr/) (검색일: 2015. 2. 13.).; 육군3사관학교 홈페이지(http://www.kaay.mil.kr/) (검색일: 2015. 2. 13.).; 필자가 도표로 재정리하였음.

육사교는 전원이 장기복무 형태이다. 반면에 3사교는 50% 이상이 장기복무 형태인 반면에 ROTC 및 학사·여군사관과정 출신은 단기복무로 제도화되어 있다. 육사생도과정은 4년 교육 후 10년 이상을 복무하게 되어 있고, 3사생도과정은 2년 교육 후 6년을 복무하고 있다. ROTC는 군 인사법 상 단기복무장교로서 의무복무기간이 3년이지만, 1년 범위 내에서 조정이 가능하다는 단서조항을 근거로 하여 2.4년을 복무하고 있고, 학사·여군사관과정은 16주를 교육 후 3년 간 복무하고 있다. 간부사관과정은 22주 교육 후 3년을 복무하고 있다.

직업안정성에 대한 신뢰 수준은 획득원에 따라 상당한 차이가 존재하고 있다. 이는 육사교는 상수(常數)로 두고 타 과정은 변수(變數)로 하는 제도가 정형화되면서 이미 예고된 현상이었다. 이는 일반출신들로 하여금 보조 역할에 불과하다는 자조적인 인식을 불러오고 있다. 물론 육군도 장교가 출신으로 인해 직업장교가 되거나, 될 수 없다는 현실을 자의적으로 시행한 게 아니었을 것이다. 하지만 결과적으로 전투력 발휘의 핵심인 하급제대의 지휘관리 수준을 자연스럽게 약화시키고 있다.

일부 선행연구는 초급장교의 출신별 대입 수능성적 및 의식에 관한 설문조사 등의 결과를 출신의 우열과 연계하고 있어 비판적 인식을 더욱 확산시키고 있다는 점이다. 일방적 선입견으로 연구를 진행하는 방식은 흑백논리로 오해받을 소지가 많기 때문이다. 외형적 기준만으로 기본자질과 능력, 소명의식에 관한 수준 및 격차를 결론짓기보다는 균형적으로 접근하려는 노력이 필요하다. <표 4-40>은 장교단의 출신별 의무복무 기간 및 구성비율을 정리한 내용이다.

〈표 4-40〉 한국 육군 장교단의 출신별 의무복무기간 및 구성비율(2014년)

구 분	장기복무	단기복무				
	육사교	3사교	ROTC	학사 · 여군사관	간부사관	특수사관
의무복무(년)	10	6	3(2.4)	3	3	3
구성비율(%)	4	9	68	15	2	2

* 출처: 조영진 외, 앞의 논문, p. 11.; 최광표 외(2012), 앞의 논문, p. 183.; 육군사관학교총동창회 홈페이지(http://www.kmaaa.or.kr/) (검색일: 2015. 2. 13.).; 육군사관학교 50년사 편찬위원회, 앞의 책, p. 871.; 육군3사관학교 홈페이지(http://www. kaay.mil.kr/) (검색일: 2015. 2. 13.).; 육군학생군사학교 홈페이지(http://www.army officer.mil.kr/) (검색일: 2015. 2. 13.).; 육군학생군사학교 획득과 (2014).

육사교는 매년 육군 정원의 4%, 3사교는 9%, ROTC와 학사 · 여군사관은 83%, 간부 · 특수사관은 각 2%를 배출하고 있다. 구성비율, 임무 및 역할 측면에서 바라볼 경우 장교단이 '차등화관리' 개념을 적용하고 있는 복무관리 현상을 일반적인 패턴으로 보기는 쉽지 않다. 육군 장교단의 직업안정성을 강화하기 위해서는 보편주의적 가치 및 기준에 부합되는 동질성과 형평성, 그리고 책임성이 수반되는 환경이어야 한다. <표 4-41>은 창군 초기부터 육군이 도입 및 시행하고 있는 13개 초급장교 충원제도 중 대표적인 6개 충원제도의 특성을 선별적으로 정리한 내용이다.

〈표 4-41〉 한국 육군의 출신별 장교단 충원제도와 특성 비교

충원기관/과정 구 분		군사 영어학교	육사교		학군교			3사교
			단기	정규	ROTC	학사사관	간부사관	
동질성	교육기간	14~44주	3주~1년	4년	2년	12~20주	4~15주	14주~2년
	교육통제/책임기관	육군본부	육군본부		교육사	교육사	교육사	교육사 → 육군본부
	전문충원기관	중앙	중앙	육군본부 위임				
				육사교	학군교	학군교	학군교	3사교
	요구수준	높음	높음	높음	보통	보통	보통	보통
책임성	대군신뢰수준	높음	높음	높음	보통	보통	보통	중간
	대외적 인식	직업장교	직업 장교	직업장교 (장기복무)	비직업장교 (대체·의무복무)	비직업장교 (대체·의무복무)	직업장교 (중기복무)	직업장교 (중기복무)
	충원대상 (임용 방식)	내외부 임용	내외부 임용	고졸자 (외부임용)	4년제 대학교 재학생 (외부임용)	4년제 대학교 졸업자 (외부임용)	병 및 부사관 (내부임용)	4년제 대학교 2년이상 수료자, 전문대 졸업자 (외부임용)
	직업윤리 의식	-	-	높음	보통	보통	보통	중간
	병과선발	기준 불명확	개인희망/적성	개인희망 /적성	개인희망 /적성	개인희망 /적성	개인희망 /적성	개인희망 /적성
	전문 학위	병행 실시	병행 실시	병행 실시	별도 실시	별도 실시	별도 실시	병행 실시
형평성	진급 및 보직	높음	높음	높음	저조	저조	저조	저조
	고급장교 비율	높음	높음	높음	저조	저조	저조	저조
	정년제도	보장	보장	보장	미보장	미보장	미보장	미보장

* 출처: 육군사관학교 홈페이지(http://www.kma.ac.kr/) (검색일: 2015. 2. 13.).; 육군사관학교 평가실 (2015).; 육군3사관학교 홈페이지(http://www.kaay.mil.kr/) (검색일: 2015. 2. 13.).; 육군3사관학교 평가실 (2015).; 육군학생군사학교 홈페이지(http://www.armyofficer.mil.kr/) (검색일: 2015. 2. 13.).; 육군학생군사학교 획득과 (2015).; 필자의 관점에서 각종 자료를 종합하여 작성하였음.

육군 장교단의 충원 및 복무관리에 관한 특징은 세 가지로 정리할 수 있다.

첫째, 육군은 13개의 초급장교 충원제도를 도입 및 시행하는 과정에서 일관된 기준을 적용하는 데 다소 소홀하였다. 신분별로 살펴볼 때 1년 미만인 경우는 3개과정이고, 1년 이상이나 10년 미만의 경우는 2개과정이다. 그리고 지속 기간이 가장 짧았던 경우는 4개월에 불과하였으며, 가장 긴 경우는 육사교로 1946년 창설 이후 현재에 이르고 있다. 그리고 수시로 충원 대상을 변경 또는 조정함으로써 외국군의 존속기간과 비교할 경우 정통성과 역사성에 취약한 측면이 많이 있다. 교육기간도 최소 4주에서부터 4년까지 매우 복잡하게 진행되고 있으며, 군내외의 일반적인 신뢰 수준은 상당히 낮은 편이다.

충원제도가 변화되면서 긍정적인 변화와 발전을 가져왔지만, 일관성 없는 통제 및 책임기관의 다원화, 수시로 변경되는 교육기간 및 프로그램 등은 오히려 긍정적 변화와 발전을 저해하는 경향이 있다. 충원 방식은 양성 기관별로 기본자질 및 양성 기준이 상이하여 균등한 수준의 인재를 충원할 수 있는 환경으로 평가하기 어려운 실정이다. 초급장교의 기초 군사자질은 직무 수행 간 부대지휘와 부하관리 등에 매우 중요한 기초가 되고 있음을 재인식할 필요가 있다.

둘째, 국민들의 장교단에 대한 인식은 계층에 따라 상당한 차이로 격차가 있다는 점이다. 장교의 임무는 기본적으로 전투지휘와 교육훈련을 포함한 지휘통솔과 부대관리의 두 가지 형태로 구분할 수 있다. 이에 기초해볼 때 초급장교의 기본 자질과 인문학적 소양은 군의 전투력 발전과 유지에 상당히 중요한 비중을 차지하고 있다.

또한 생도과정의 경우 일반학과 군사학을 병행하게 되어 있는 반면에 후보생과정은 군사학 위주의 교육훈련 프로그램으로 진행하고 있다. 이는 후보생과정의 경우 당시의 사회적 특성 상 4년제 대학교 학사학위자가 별로 없다 보니 대학교만 졸업하여도 인텔리로 인식하였기 때문이지만, 최근까지도 이러한 인식이 변화되지 않은 결과로 볼 수 있다.

제도를 도입한 당시의 군 내외적 환경과 의지적 측면은 무시할 수 없기 때문에 교육훈련 프로그램의 유무만으로 질적 수준을 평가하기란 쉽지 않다. 그러나 육군 장교단이 충원 과정에서부터 제도적 편향성에서 탈피하지 못하고, 타출신 장교들의 기본자질과 수준이 저조하다는 논리는 일방적인 착시현상으로 오해할 소지가 많이 있다. 정책 및 제도를 적용하는 과정에서 동질성이 저해되는 현상은 군심(軍心)을 결집시키는 데도 장애요인으로 작용하고 있다.

셋째, 장기복무인력 위주의 불균등한 복무관리 체계는 군의 하부구조를 취약하게 만드는 유인을 제공하고 있다는 점이다. 전투력 발휘와 하급부대 관리를 주로 담당하는 주 계층은 일반 출신 장교들이지만, 특정 출신 중심의 환경의 환경으로 인해 점점 더 출신 간 갈등 및 불신으로 누적되고 있다. 이러한 제도적 한계는 일반출신 장교들로 하여금 직업안정성과 장래성에 대한 부정적 인식으로 누적되고 있음을 유념할 필요가 있다. 이는 특정 출신들의 사회적 네트워크 형성에 부정적인 부메랑으로 작용될 수 있다는 점에서 다소 우려되는 부문이다. 그들의 사회적 네트워크 형성 과정에서 일반 출신들이 긍정적이지 못한 방향으로 작용할 확률이 커질 수 있기 때문이다. [그림 4-3]은 육군 장교단의 출신별 사회진출 현황을 도표로 종합한 내용이다.

[그림 4-3] 한국 육군 장교단의 출신별 사회진출 현황 도표

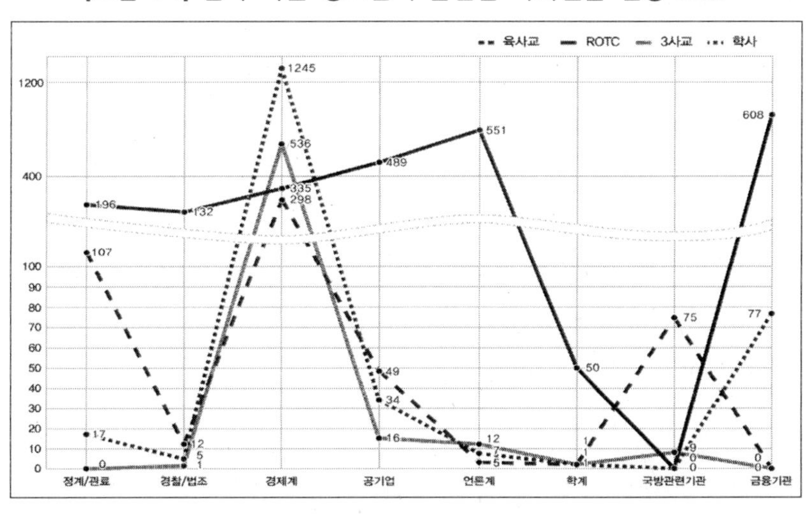

* 정계/관료: 국회의원 및 청와대기획관, 위원장급 이상/지자체 행정부지사, 구청장, (부)시장, (부)군수

* 경찰/법조계: 총경급 이상/부장검(판)사 이상 및 변호사

* **경제계: ROTC는 자본금 100억 이상 기업의 대표이사 및 사장급 이상, 육사·3사교·학사는 법인기업체 및 개인사업체 대표이사 및 사장급 이상**

* 공기업/준정부기관: 시장형, 준시장형 공기업, 기금관리, 위탁집행 준정부기관

및 기타 공공기관 등의 지점장(지사장)급 이상
* 언론계: 중앙(지방)매체 논설위원 및 편집인 이상
* 학계: 전·현직 대학총장
* 국방관련기관: 정부출연 연구기관, 연구단체 및 학회의 부장급 이상
* 금융기관: 주요 시중은행 지점장 및 본점 부장급 이상
* 필자가 출신별 회원 명부와 지역·직능별 인명록에 게시된 현황을 실셈하여 정리하였음. 다만, 출신별로 동일 년도 현황이 존재하지 않아서 육사는 2009년, ROTC는 2014년, 3사는 2010년, 학사는 2011년을 기준으로 작성하였음.

경제계의 경우 ROTC 출신은 자본금이 100억 원 이상인 기업의 대표이사 및 사장급 이상을 대상으로 하였고, 육사·3사교와 학사출신은 자본금과 관계없이 법인기업체 및 개인사업체 대표이사 및 사장급 이상을 일반적인 의미에서 집계하였다. 출신별로 동일 년도의 현황이 존재하지 않아 차이나는 일부의 현상은 양해(諒解)하여 주기 바란다.

외국군의 경우 장교는 누구나 직업장교라는 인식을 당연시하는 문화가 정착되어 있는 반면에 한국 육군의 장교단은 양성교육에서부터 직업장교와 비직업장교라는 인식으로 고착되어 있다. 이러한 현상이 과연 군의 '전투력 발전과 유지'라는 본래의 의미와 목적에 부합하는 것인지, '직업안정성 강화'에 도움이 되는지에 대하여 심도 있는 고민과 인식의 전환이 필요한 시점이다.

제 5 장

육군의 장교단 충원제도가 직업안정성 보장에 미친 결과

제1절 동질성: 보편주의적 정서 및 가치 측면

1. 현상 분석 및 평가결과

1945년 이후 제3세계의 약 100여 개 국가 가운데 3분의 2가량은 취약한 정치구조가 빌미가 되어 군부의 정치개입과 군부통치를 불러왔고, 한국의 현대 정치사도 이와 유사한 패턴으로 진행되어 왔다.[1] 한국의 정치 환경은 상당히 열악한 상태였지만, 군부의 우월한 조직성과 고도로 내면화된 상징적 지위, 폭력관리의 주체로서 무기를 독점하고 있다는 측면에서 볼 때 민간조직에 비해 상대적으로 유리한 입장이었다.[2] 이는 군의 특성이 폐쇄성과 신속성, 강제성, 획

1) Nordlinger Eric A., *Soldiers in Politics: Military Coups and Government* (Englewood Cliffs, N. J.: Prentice-Hall, 1977), p. 6.

일성, 그리고 불법성에 기반하고 있기 때문이다.[3] 헌팅턴도 군부의 정치개입은 민간사회보다 상대적으로 선진화되어 있는 군이 주도하여 시행되는 제도화(institutionalization)를 통해 민간부문의 정치문화 수준이 가치와 안정을 찾도록 하는 과정이라는 데 의미를 부여하고 있다. 이러한 수준은 적응·복잡·자율성 및 결합성에 의해 결정된다고 주장하지만, 당시 한국사회의 수준과 역량은 군부에 미치지 못하였음이 사실이다. <표 5-1>은 정치문화 수준에 따른 군부의 개입 수준을 정리한 내용이다.

〈표 5-1〉 정치문화와 군부의 개입 수준

구 분			정치문화 등급			
			성숙한 정치문화	선진 정치문화	낮은 정치문화	최저 정치문화
군부 개입 수준	영향력	민간정부를 이성으로 설득	○	○	-	-
	압력/협박	제재의 위협으로 설득	-	○	○	-
	교체	내각이나 지배자 교체	-	-	○	○
	배제	민간정부 붕괴 후 지위 차지	-	-	○	○

* 출처: 온만금, 앞의 책, pp. 255~256.을 재인용하였음.

정치문화가 성숙된 국가는 문민우위의 원칙이 절대적으로 지켜지기 때문에 군부도 합법적인 절차를 통해서만 제한적으로 자신들의 견해를 피력할 수밖에 없다. 정치문화가 선진화되어 있는 국가는 군

2) Finer S. E., *The Man on Horseback.* (N. Y.: Praeger, 1962), p. 67.

3) Huntington Samuel P., *Political Order in Changing Societies* (New Haven: Yale University Press, 1968), p. 12.; 김영명, 『군부정치론』(서울: 녹두, 1986), pp. 64~79.

부가 개입할 경우 강력한 저항으로 작용할 가능성이 많다. 이러한 유형의 국가에서는 군부가 비합법적인 방법으로 자신들의 입장을 관철시키기 위해 협박할 가능성이 많다. 정치문화 수준이 낮은 국가는 여론 조성이 취약하고 분열되어 있기 때문에 군부가 개입하더라도 강력한 저항이 동반되지 않는다. 따라서 군부가 폭력으로 위협하거나, 사용하여 민간지도자를 제거 및 그 지위를 차지하기도 한다. 정치문화 수준이 최저인 국가는 군부 지배에 문제가 없으며, 가장 완벽한 수준의 정치개입이 이루어지게 된다.

초기 한국사회의 정치문화는 최저 수준이었기 때문에 조직적으로 움직이는 군부의 정치개입에 취약할 수밖에 없었다. 정치권력의 핵심으로 등장한 소장층의 특정 출신들은 군사정권을 유사민간화하면서 전 방위적(total directional)으로 영향력을 확대해 나갔다. 이러한 과정을 거치면서 육군 장교단은 외국군의 경우와는 다르게 특이한 현상들이 나타났다. 첫째, 단일화된 독점・폐쇄적 구조로 유지되었다는 점, 둘째, 특정 출신이 각급 제대의 주요 보직 및 상위계급 진출에 밀접하게 연결되어 있다는 점이다.

군사평론가인 김종대 디앤디포커스 편집장(2013)은 문화일보와의 인터뷰에서 「육사중심의 진급문화는 한국군 내에서 타 출신을 배척하는 형태로 나타난다. 다양한 출신과 다양한 사고방식이 있어야 창의적 문제 해결이 가능할 텐데 한국군은 특정집단의 사고방식만 강요되는 분위기로 동질화된 사고방식으로는 어느 환경이건 똑같이 싸울 수밖에 없고 다양성이 강조되는 현대전에서는 패할 수밖에 없다.」고 언급하고 있는 내용은 심도있게 되새겨볼 필요가 있다.[4)]

해방 이후 정치가 상당한 진폭으로 요동쳤던 한국의 사회적 환경은 마치 제3세계 국가에서와 같이 정치적 불안정과 혼란이 절정에 달한 듯한 착각을 가져오게 만들었다.[5] 이 시기는 이승만 대통령의 일인 독재체제와 민주당 정권의 무능으로 사회가 혼란한 상황이었고, 군부(軍部)도 이형근을 중심으로 하는 일본육사파와 백선엽을 중심으로 하는 서북(평안・황해도)파, 정일권을 중심으로 하는 동북(만주・함경도)파로 이합집산되어 계파 간 갈등이 높아지던 시기와도 맞물렸다.[6] 당시의 혼란스러운 군내 환경은 장교단으로 하여금 줄서기를 강요하거나, 강요를 당하는 데 상당한 영향을 끼쳤다.[7]

군부의 정치개입은 이승만 대통령의 지나친 군부 의존에서부터 시작되었다고 볼 수 있다. 초기에는 정일권・백선엽・이범석 장군과 원로군인들의 상호 조정과 견제를 통해 군부장악이 이루어졌다. 그러다가 6·25전쟁을 전후하여 군부가 예산과 조직 면에서 막강한 집단으로 변모되고, 장교단이 특정 소장계층으로 교체되면서 이승만의 군부장악은 완성되었다.[8] 이승만 대통령이 자신의 정치적 목적을 달성하기 위한 하수기관으로 군부를 이용하면서 군부의 정치개입이

---

4) 김종대, “陸士 위주 폐쇄적 人事독점이 한국군 망친다”(http://www.chosun.com/, 2013. 8. 26.) (검색일: 2015. 3. 13.).; 정철순, “한국군 망하면 北 아닌 폐쇄적 人事 탓”(http://www. munhwa.com/, 2013. 8. 26.) (검색일: 2015. 3. 13.).

5) 장을병, 『한국정치론』(서울: 범우사, 1975), p. 26.

6) 한용원(1982), 앞의 책, p. 49.; 강창성, 『일본/한국 軍閥政治』(서울: 해동문화사, 1991), pp. 331~348.

7) 이기윤, 앞의 책, p. 263.

8) Lovell John., "The Military and Politics in Postwar Korea," in Edward Reynolds Wright(ed.). *Korean Politics in Transition*. Seattle: University of Washington Press, 1975, p. 165.

라는 씨앗이 심어졌던 것이다.[9] 이러한 계파 조직은 초기에도 공적인 조직은 아니었지만, 각 구성원들 개개인의 이익과 생존을 위한 합리적인 선택으로 볼 수 있다.

이러한 가운데 5·16군사쿠데타를 통해 정치권력의 핵심으로 등장한 박정희 장군은 군부를 유사민간화시키고 정치권력을 완전히 장악하였다. 이들은 정권의 정통성을 확립하고자 과감하게 경제성장을 추진하면서 군부·관료체제와 재벌집단을 유착시켰고, 산업자본가들도 자의반 타의반으로 협조하는 분위기였음은 주지의 사실이다.[10] 이는 한국정치에서 종속적 위치에 머물러 있던 군부를 직접적인 정치세력으로 만드는 분수령이 되게 만들었으며, 장차 신군부세력이 제2차 군사쿠데타를 시도하는 명분으로 삼는 데 충분한 이유가 되게 하였다.

한국사회가 점차 민주·선진화 시대로 발전되면서 군부가 주도적으로 강압적인 폭력수단을 행사하였던 군부통치의 역사는 국민들의 폭넓은 지지를 어렵게 만들었고, 대군신뢰 수준도 점차 저하되기 시작하였다. 그러나 직업군인 장교단의 소명의식은 깊은 신뢰를 받았으며, 군의 조직체계와 행정처리 등의 시스템은 민간 기업에서도 벤치마킹하고 싶어 하는 호의적 대상이었다.

하지만 지나치게 권력헤게모니에 집착하는 군부의 행태는 점차 폐쇄적 집단으로 인식되도록 만들어졌다. 군사정권은 법률상으로 민주주의 제도를 규정하고 있지만, 권위주의, 독선적 획일주의, 그리고

---

9) 강문구, 『한국민주주의의 조건과 진로』(서울: 한울사, 1994), pp. 268~269.

10) 한용원(1993), 앞의 책, pp. 266~267.

목적을 달성하기 위해 수단과 방법을 가리지 않는 방식 등을 추구하고 있음은 일반적인 사실이다. 여기에 특정 출신에 의해 형성되어 있는 장교단의 폐쇄적인 인력운영과 독점적인 지배구조는 군내외부의 의구심을 확대시켰다.

1) 공개성(more competative) 측면에 미부합

제도가 도입되기 전 반드시 고려하여야 할 기본 요소는 구성원 전체를 대상으로 공개하고, 일관성과 실효성 등은 최대한 보장되어야 한다는 것이다. 창군 이래 육군의 초급장교 충원제도는 정규육사교의 출범을 비롯하여 총 13개 유형의 제도가 대내외적 환경에 따라 다양하게 도입 및 시행되어 왔다. 그러나 일관된 기준 및 공신력 있는 체계로 확립되지 못함으로써 역사성과 정통성 측면에서 긍정적인 평가를 받지 못하고 있다. 이는 창군 초기 계파 간 차별적 현상에서 점차 확산되어 출신 간 갈등 및 불신이 증폭된 결과로 볼 수 있다. <표 5-2>는 2001년에서 2010년까지 출신별 1인당 교육비용 원가를 비교한 내용이다.

〈표 5-2〉 출신·연도별 1인당 교육비용 원가 비교 (단위: 천원)

구 분		2001년	2006년	2007년	2008년	2009년	2010년
육사교	생 도	148,734	211,848	215,020	224,505	225,758	230,959
3사교		50,368	59,330	51,132	54,282	57,440	58,190
ROTC	사관 후보생	4,815	9,760	9,632	10,240	13,536	13,347
학사		5,873	8,880	9,513	8,752	7,678	8,234
간부		2,284	5,221	6,005	10,415	6,836	7,037

* 출처: 조영진 외, 앞의 논문, p. 48.; 국방부, 『2011년 국방비용편람 I』.; 국방부 홈페이지(http://www.mnd.go.kr/) (검색일: 2015. 3. 17.).; 육군본부 분석평가단, 『군 장병 양성비용』(2011).; 대한민국 ROTC 50년사 편찬위원회, 앞의 책, p. 610.; 필자가 재정리하였음.

육사교는 ±250명, 3사교는 ±500명, ROTC는 ±5,000명, 학사과정은 ±700명, 간부사관과정은 ±100명 정도의 인원을 양성하고 있다. 하지만 1인당 교육비용의 경우 육사교는 3사교보다 +4배이며, ROTC보다 +20배에 달하고 있다. <표 5-3>은 2014년 국방위 국정감사에서 제시된 내용으로 2010년부터 2014년까지 육사교 출신 장교들의 5년차 조기 전역 사유를 정리한 내용이다.

〈표 5-3〉 육사교 출신 장교의 임관 5년차 조기 전역현황(2010~2014년)

구 분	임관인원 (명)	전역연도	전역사유				전역율 (%)
			계	학업	가사	재취업	
제61기	236	2010	10	5	2	3	4.20
제62기	215	2011	19	12	2	5	8.80
제63기	220	2012	17	5	3	9	7.70
제64기	207	2013	20	6	4	10	9.70
제65기	212	2014	31	10	3	18	14.60

* 출처: 안규백 새정치민주연합의원, "사관학교 출신 장교, 조기전역 기회 연차 8년차로 조정 필요,"(2014. 10. 24.).

육사교는 제도적으로 전원이 국비장학생 신분으로 장기복무장교이자 직업장교로 확정되어 있다. 이들은 군인사법에 의해 복무 5년차가 될 경우 1회에 한해 조기에 전역할 기회를 부여하고 있다. 그러나 최근 학업, 가사, 재취업 등의 개인적인 사유로 인해 조기 전역자가 늘어나고 있는 추세이다. 2014년의 경우 총 212명이 임관하였으나, 이들 중 14.6%인 31명이 5년차에 조기 전역을 선택하였다. 육사교가 일반 출신 과정에 비해 국가예산이 상당한 비중으로 지원되는 중심 메카인 점을 감안할 경우 투자의 실효성에 의구심을 갖게 만드는 대목이다.

안규백 의원(새정치민주연합)은 2014년도 국방위 국정감사에서 「사관학교 출신 장교 1명을 양성하기 위해 1인당 약 2억 3천만 원이 소요된다. 이렇게 양성된 인재들이 극히 개인적인 사유로 조기에 전역을 하는 것은 군을 넘어 국가 전체의 손해이다.」라고 지적하고 있음을 되새겨 볼 필요가 있다.[11)]

최근 국방부는 장교 정원의 구조조정을 통해 장기복무 선발 비율을 20%에서 28%까지 확대하여 직업성 강화를 위해 노력하고 있다. <표 5-4>는 5년간의 출신별 장기복무 현황을 정리한 내용이다.

〈표 5-4〉 출신별 장기복무 현황(최근 5년 평균)

구 분	계	육사교	3사교	ROTC · 학사	기타
인원(명)	1,584	전원	306	917	161
비율(%)	100	-	19	58	10

* 출처: 한국국방연구원, "06~07 군 인력운영 분석-II,"(2007).; 필자가 연구주제에 맞게 도표형식으로 재정리하였음.

11) 안규백 새정치민주연합 의원, 앞의 내용, 2014. 10. 24.

한국국방연구원(2007)이 분석한 내용을 살펴보면, 육사교 출신은 불가피한 경우를 제외하고는 전원이 대상이지만, 한정된 일부만 대상으로 하는 일반 출신의 경우 장기복무장교로 전환되더라도 단순하게 시기만 연장한다는 의미가 내재되어 있다. 따라서 일반적 의미에서 전문직업성이 강화되었다거나, 객관성이 확립되었다고 주장하기에는 한계가 있다.[12] 이렇게 비체계·비일관적 형태, 폐쇄적 인력구조로 되어 있는 일련의 환경은 공개성(more competative)과 안정적인 공급(regular supply), 그리고 균형성(more balanced) 측면에서 동기부여와 사기 진작, 실효적인 성과 창출을 어렵게 하고 있다.[13] 반면에 특정 출신은 상위계급 진출을 우선적으로 보장받고 있다. <표 5-5>는 2006년에서 2007년까지 육군의 출신별 상위계급 진출률을 비교한 내용이다.

〈표 5-5〉 한국 육군의 출신별 상위계급 진출률 비교(2006~2007년)

구 분	육사교	3사교	일반 출신 (ROTC · 학사 · 여군 등)
대 령	63%	19%	26%
중 령	92%	30%	39%
소 령	98%	70%	75%

* 출처: 한국국방연구원, "06~07 군 인력운영 분석-II,"(2007).: 필자가 연구주제에 맞게 도표형식으로 재정리하였음.

출신별 대령 분포도를 살펴보면, 육사교 출신은 63%가 대령으로 3

12) 국방부(2014), 앞의 책, p. 65.

13) Huntington Samuel P., 앞의 책, pp. 7~18.

사교 출신은 19%, 기타 일반 출신은 26%가 진출하고 있다(한국 육군 장교단의 출신·계급별 진출률은 <부록 5-1>을 참조하시오.). <표 5-6>은 최근 5년 간 육군의 출신별 장군 진출률 및 진급비율이다.

〈표 5-6〉 한국 육군의 출신별 장군 진출률 및 진급 비율(2009~2013년)

구 분		육사교	2·3사교	ROTC	기 타
2009 ~ 2013	인원(명)	45~46	5~8	3~5	-
	비율(%)	77~80	8~13	5~8	1~5

2013

단위: 명(%)

구 분	육사교		일반 출신							
			2·3사교		ROTC		학사		기타	
	대상	진급	대상	진급	대상	진급	대상	진급	대상	진급
장 군	762	45 (5.9)	213	5 (2.3)	181	5 (2.8)	16	2 (12.5)	31	1 (3.2)
대 령	816	134 (16.4)	896	3 (3.5)	993	31 (3.1)	189	5 (2.6)	84	3 (3.5)
중 령	242	185 (76.4)	674	70 (10.4)	968	140 (14.5)	917	97 (10.6)	214	28 (13.1)

* 출처: 황경상, "〔국감〕 군 장성 진급 육사 출신 80%로 압도적," 『경향신문』(2014년 10월 14일자).; 김문경, "진성준, 장군진급자 육사 출신에 편중," 『YTN뉴스』(2014년 10월 14일자).; 필자가 도표로 재정리하였음.

영관급 장교의 경우 육사교와 일반 출신 비율은 3대 7로 일반 출신 비율이 높다. 2007년 299명의 장군 중 육사교 출신은 76%로 226명이었으나, 2011년에는 장군 319명 중 육사교 출신이 78%인 250명으로 비율은 더 높아졌다.[14] 최근 5년 간 장군으로 진급한 현황을 보면, 육사교 출신은 2011년에 준장 진급이 76.3%였으나, 2012년부터 2013년까지는 각 77.6%였다. 물론 육사교 출신을 대령 분포도로만 단순하게 살펴볼 경우 장군 진급대상자 숫자가 일반 출신에 비해 많은 것이 사실이다. 하지만 더 하위계급인 중・대령 진급대상자 전체 숫자를 기준으로 살펴보게 되면, 이와는 다소 다른 현상을 느낄 수 있다. 육사교 출신이 일반 출신 대상자 수와 비교해 볼 때 비슷하거나 적음을 확인할 수 있다. 따라서 영관장교 전체를 기준으로 할 경우 육사교 출신의 장군 진급 비율은 일반 출신에 비해 현저하게 높음을 알 수 있다.

진성준 의원(새정치민주연합)은 2014년도 육군본부 국정감사에서 「매년 진급하는 육사 출신의 인원 수는 TO(인원편성표)처럼 굳어져 있다. 이런 현실에서 군이 육사 중심 기수별로 서열화될 수밖에 없다.」고 언급하고 있으며, 문재인 의원(새정치민주연합)은 「육사 편중이 문제라는 것은 대한민국 군대에서 육사 출신 이외에는 다 알고 있다. 이것이 시정되지 않으면 대한민국 군대의 단합, 통합에 큰 악영향을 미친다.」고 언급하고 있다.

황진하 국방위원장(새누리당)도 「군의 간부가 내가 출신이 달라서 희망이 없다고 하여 화합이 안된다든가, 불평등하다고 불만을 품지 않도록 특단의 조치가 필요하다.」고 언급하고 있는 등을 통해 육군 장교단이 처해 있는 현실의 일부를 느낄 수 있다.[15]

---

14) 양낙규, "2011년 국감: 장군진급 사관학교출신 편중," 『아시아경제(www.asia.co.kr)』(2011년 9월 28일자) (검색일: 2014. 4. 25.).

15) 김문경, 앞의 자료, 2014년 10월 14일자.

미 웨스트포인트는 양성 목적을 단순히 장교라는 직업군인을 양성하는 데 두는 것이 아니라 국가가 필요로 하는 인재를 양성한다는 데 그 의미를 두고 있다. 이들은 연간 임관 비율 측면에서도 12%로 한국 육사교의 4%에 비해 상대적으로 높은 비중을 차지하고 있다. 그리고 한국 육군의 장교단과는 달리 전체 장군의 50% 이상이 비웨스트포인트 출신으로 구성되어 있다.[16)]

이들은 모든 초급장교의 최소 복무기간을 4년 이상으로 하는 등 직업장교의 관점에서 시작하고 있으며, 공개성과 공정・균형성 측면에서 상당한 신뢰를 받고 있다. 특히 개인이 판단하여 각자의 진로를 결정하게 하는 등 다양한 출신의 장교들을 '인재 pool'로 활용하고 있다. 각종 보직과 진출에 있어서도 자유경쟁체계가 확립되어 있기 때문에 적극적으로 직무에 동참하고 있음은 눈여겨 볼만한 하다.

이들은 웨스트포인트 출신이라고 하여 무조건 우선적인 혜택을 보장하기보다는 선의의 자유경쟁을 통해 육군에 기여하는 우수한 인재를 선발하는 풍토 등을 통해 깊은 신뢰를 받고 있다. 이는 미 육군의 진급 문화가 조직을 위해 기여하는 장교를 우선 진급시켜야 육군이 육군다워진다는 본연의 존재 목적 및 역할에 충실한 결과로 여겨지는 대목이다. 이러한 문화의 정착은 장교단이 선의의 경쟁을 두려워하지 않는 자신감에 있다는 의미로 이를 통해 국민들에게 신뢰

---

16) 2001년도 기준으로 한국 육군의 출신별 장군 비율은 육사 71%, 3사 15.9%, ROTC 4.9%, 기타 7.4%를 차지하고 있음을 참고할 때 미 ROTC 출신 장교의 역할이 매우 큼을 알 수 있다. 『국방통계연보』(2002); Population Representation in the Military Services(2011), 앞의 논문.; Henning Charles A(2006), 앞의 논문.; 최광표 외, 앞의 논문, p. 198.

감을 주며, 내부적으로도 상당한 긍정적 요인으로 작용하고 있다.

영국군은 장교후보생을 민간인 및 하위계급자 중에서 충원하고 있다. 각자의 희망에 따라 단기·중기·장기복무 자원으로 분류하고 왕립사관학교를 통해 배출하고 있다. 이 과정에서 중기·장기복무 지원자는 2년을 복무 후 재 입교시킨 후 각 부대에서 직무를 수행하거나, 민간대학 또는 군사대학에 진학시키는 등 장교로서의 기본 자질과 소양을 함양시키는 데 적극 노력하고 있다.

독일군은 고등학교 졸업자로 대입자격 국가시험(Abitur)에 합격한 자원을 장교후보생으로 충원하고 있다. 이들은 실무부대에서 병사들과 함께 기초군사훈련을 진행하며, 분·소대장 교육과정에서는 학교교육 및 실무부대 실습을 통한 기본자질 향상에 적극 노력하고 있다. 특히 병사 생활에서부터 장교 생활까지 전반적인 과정이 체득되도록 훈련을 진행하고 있다.

한국 육군의 장교단 충원 및 복무관리 방식은 장기복무인력 위주로 제도화되어 있다. 이는 전장의 VUCA 양상이 확산되는 현대 환경에서 아직도 신직업주의적인 대내안보(internal security) 관점에만 고착되어 있다는 의구심을 지우기 어렵다.[17] 육군 장교단 구성원의 대다수를 구성하고 있으며, 하급제대에서 고급제대까지의 실무 영역을 대부분 담당하고 있는 일반 출신을 대체 및 단기복무인력으로만 소홀하게 취급되고 있는 현실은 고급수준의 인력을 저급하게 활용하는

---

17) 신직업주의 장교는 문민지배에 도전할 자세가 구비되어 있고, 군사와 정치가 연관된 기술을 보유하고 있으며, 행동반경에 통제받는 데 반대하고, 군부의 정치경영주의에 의거하여 자신의 역할 확대를 꾀하려 한다는 특성을 보유하고 있다. Alfred Stepan(1976), 앞의 논문, p. 51.

아쉬운 사례로 남을 수밖에 없다. 이는 다양성과 창의성이 요구되는 전장 양상에 대비하는 군의 목적과 역할에 바람직한 모습으로 투영될 수 없을 것이다. 앞으로의 VUCA 양상에 부합된 대응을 하기 위해서라도 획일적인 사고방식과 강요되는 심적 자세를 변화시키는 노력이 요구되고 있다.

2) 공공성(more representative) 측면에 미부합

국가안보의 대표 집단인 직업군인 장교단 충원제도는 공공성의 원칙에 부합하여야 한다. 과거의 노동집약형 군대에서 기술 집약형 군대로 변화되고 있는 현실에 적극 대처하기 위해서라도 출신·계급별 적절한 구성 및 역할 부여를 통한 신뢰 회복이 필요한 시점으로 볼 수 있다. 육군의 차등화관리 방식이 계파주의를 심화시키고 있기 때문이다. 이는 두 가지 관점에서 출발하고 있다.

첫째, 초급장교를 양성하는 교육기관장들의 보직이 편중되어 있다는 점이다. 안규백 의원(새정치민주연합)이 2014년 국방위 국정감사간 제시한 최근 30년 간 양성교육 기관장들이 보직 현황을 보면, 육사교는 전원이 모교 출신의 장군(중장)으로 보직되고 있다. 3사교는 1985년부터 2004년까지는 육사교 출신 장군(소장)으로 보직되었으나, 2005년 이후부터는 전원 3사교 출신으로 보직되고 있다. 반면에 매년 ROTC와 학사사관 등의 9개과정 17,000여 명을 양성하는 학군교장은 최근 10년 간 육사교 출신 소장이 7명, 3사교 출신 소장이 2명이었고, ROTC 출신 소장은 1명이다.[18]

둘째, 생도과정을 양성하고 있는 사관학교도 일반사회와 동일한 순혈주의 현상이 존재하고 있다는 점이다. <표 5-7>은 2014년 기준으로 육사교와 3사교에 근무하는 모교 출신 교수 현황을 종합한 내용이다.

〈표 5-7〉 육사교와 3사교의 모교 출신 교수 현황(2014년) (단위: 명)

구 분		계	박 사	박사 수료	석 사	학 사	비 고 (모교 출신)
육사교	계	164	67 (40.9%)	-	92 (56.1%)	5 (3%)	117 **(71.3%)**
	현역 교수	161 (98.1%)	64 (39%)	-	92 (56.1%)	5 (3%)	
	민간 교수	3 (1.9%)	3 (1.9%)	-	-	-	
3사교	계	106	46 (43.4%)	8 (7.5%)	48 (45.3%)	4 (3.8%)	20 **(18.9%)**
	현역 교수	85(80.2%)	33 (31.1%)	5 (4.7%)	45 (42.5%)	2 (1.9%)	
	민간 교수	21(19.8%)	13 (12.3%)	3 (2.8%)	3 (2.8%)	2 (1.8%)	

* 출처: 육군사관학교 홈페이지((http://www.kma.go.kr/) (검색일: 2014. 12. 15.).; 육군사관학교 교수부 (2014).; 육군3사관학교 홈페이지((http://www.kaay.go.kr/) (검색일: 2015. 2. 13.).; 육군3사관학교 교수부 (2014).; 필자가 사실 조사를 거쳐 도표로 작성하였음.

2014년 기준으로 육사교는 총 164명의 교수진으로 구성되어 있는데, 전체 구성원의 98.1%인 161명이 현역 신분이다. 이 중에 육사교 출신인 현역 교수는 117명으로 71.3%를 차지하고 있다. 3사교는 총

18) "육사교장, 3사관학교장은 100% 모교 출신... 학생중앙군사학교장은 10%만 학군 출신," 『뉴스에이』(2014년 10월 15일자).; 박영훈, "육군, 학교장 편중인사 심각해," 『사회일보』(2014년 10월 15일자).

106명이 교수진으로 구성되어 있는데, 전체 구성원의 80.2%인 85명이 현역 신분이다. 이 중에 3사교 출신인 현역 교수는 20명으로 18.9%를 차지하고 있다. 이에 근거할 경우, 3사교는 육사교에 비해 교수단 규모 자체가 상당히 적은 편인 데다가 모교 출신 교수는 한국 사회의 4년제 대학교에 재직하고 있는 모교 출신 교수들의 평균 비율보다 현저하게 적은 편이다. 군조직의 특성 상 통일된 교육을 통해 동류의 사고방식과 가치관, 한 목소리를 내고자 하는 경향은 긍정적으로 평가할 수 있다. 하지만 조금 다른 시각에서 접근해 보면, 다양성과 창의성이 제한되고 VUCA 양상에 대응하는 데 저해 요인으로 작용하지는 않을는지 되새겨 볼 필요도 있다.[19] 폐쇄적인 '순혈주의'는 육군뿐만 아니라 일반사회의 경우에도 국가의 발전과 긍정적인 변화에 상당한 지장을 초래하고 있다.

민간기업의 경영혁신 사례에서 접할 수 있는 바와 같이 자기도취와 자만심에 빠져 있는 동류의 중간관리 계층이 많이 존재하는 조직은 결국 경영에 실패하는 것으로 나타나고 있다. 이들은 계속된 성공을 통해 많은 이익을 창출하는 과정에서 위기의식은 약화되고 내부관리에 집중하려는 현상에 직면하게 된다. 이러한 현상은 개개인의 아집(我執)과 동류(同流)만의 배타성 및 편향성 문제를 일으키게 한다. 내부적으로 회의를 진행하는 과정에서 실적이 저조하더라도 그에 부합된 주제를 심도있게 진행하기보다 그냥 평범한 주제를 선정하고 참가하는 열기도 그리 높지 않다. 듣기 싫은 것은 듣지 않으

19) 교육과학기술부 (2009).; 김태원의원실 (새누리당, 2012. 10. 15.).; "국립대 병원 현직의사들의 모교 출신 현황," 『연합뉴스』(2010년 10월 25일자).

려고 하는 인간의 본능 때문이다. 열기를 띨 때는 특정한 사람(부서)이 다른 사람(부서)의 영역을 침범하려 할 때이거나, 잘못된 원인을 자신에게 전가(轉嫁)하려 한다고 느낄 때뿐이라는 점이다. 그러한 상황에서도 엉뚱하리만큼 진지한 표정으로 모든 사업이 순조롭게 돌아가고 있다고 일장 연설까지 해대는 중간관리자가 종종 있다. 이러한 상태에 놓여 있는 조직은 아무리 현명하고 사려 깊은 최고경영자가 운영하는 조직일지라도 큰 위기에 놓여 있다는 심각한 절박감을 느끼지 못하게 된다.[20] <표 5-8>은 대학교 교수사회의 모교 출신 현황을 정리한 내용이다.

〈표 5-8〉 한국 대학교 교수사회의 모교 출신 현황(2009년) (단위: 명)

구 분	전체교수	모교 출신	모교 출신 교수(%)
계	9,627	5,833	60.0
서울대	1,747	1,549	88.7
연세대	1,366	1,046	76.6
고려대	1,247	760	60.9
전남대	921	465	50.5
경북대	775	372	48.0
이화여대	585	264	45.1
한양대	836	367	43.9
중앙대	599	256	42.7
한국외대	256	109	42.6
경희대	430	175	40.7
부산대	577	354	40.4
서강대	288	116	40.3

* 출처: 교육과학기술부 자료(2009).; 김태원의원실 자료(새누리당, 2012. 10. 15.).

20) John P. Kotter 저, 한정곤 역, 앞의 책, pp. 64~73.

김태원 의원실(새누리당)이 교과부(2012)로부터 제출받은 자료에 의하면, 서울대는 전체교수 1,747명 중 1,549명을 모교 출신으로 채용하여 88.7%가 분포되어 있다. 표집한 12개 국립대학교 교수 총 9,627명 중 60%인 5,833명이 모교 출신이었다.

대학교의 교원 채용은 '교육공무원 임용령'에 따라 진행되는데, 대학교에서 새로 채용하는 교원의 ⅓ 이상은 타 대학교 또는 타 전공 출신으로 채우도록 규정하고 있다.[21] 하지만 이를 어길 경우에도 제재할 수 있는 별도의 규정이 없어 사실상 방치되고 있다. 모교 출신이 많은 대학교의 순혈주의 문화가 대학교와 학문의 발전을 저해하고 있음은 사회 일반에서도 익히 알고 있는 현상이다. 또한 사제 또는 선후배 간 학문적으로 동류를 선호하는 성향은 배타・폐쇄적 경향으로 변질되어 건전하고 다양한 논쟁과 비판은 거의 불가능하게 만들고 있다. 이로 인해 모교 출신 교수가 많은 대학교는 타대학교 출신이 소외되고, 대학교 내부에서 연구비 횡령 등의 비윤리적 사건이 발생하더라도 동류집단의 잘못을 덮는 데만 급급한 행태가 표출되고 있는 것이다. 반면에 모교 출신이 적은 대학교의 경우는 대학교의 발전에 저해가 되는 주인의식이 부족한 또다른 현상, 그리고 동문 및 재학생들의 사기가 저하된다는 점을 가장 큰 어려움으로 지적하고 있다. <표 5-9>는 국립대 병원 현직의사들의 모교 출신 현황을 정리한 내용이다.

---

21) 제4조의 3(대학교원의 신규채용) ① 대학교원을 신규 채용하는 경우에는 법 제11조의 2제1항에 따라 특정 대학의 학사학위 소지자가 「고등교육법 시행령」 제28조 제1항의 모집단위별 채용인원의 3분의 2를 초과하지 아니하도록 하여야 한다(대통령령 제24547호, 2012. 12. 4. 개정을 참고.).

〈표 5-9〉 한국 사회의 국립대 병원 현직의사들의 모교 출신 현황(2010년)

(단위: 명)

구 분	병원명	의사수(전임의 이상)	출신구분		비 율(%)	
			모교 출신	타교 출신	모교 출신	타교 출신
계		2,458	1,766	692	71.84	28.16
일반 대학 병원	강원대병원	97	8	89	8.2	91.8
	경북대병원	281	247	34	87.9	12.1
	경상대병원	169	94	75	55.6	44.4
	부산대병원	251	198	53	78.9	21.1
	서울대병원	618	479	139	77.5	22.5
	전남대병원	349	328	21	94.0	6.0
	전북대병원	184	152	32	82.6	17.4
	제주대병원	94	2	92	2.1	97.9
	충남대병원	186	150	36	80.6	19.4
	충북대병원	123	30	93	24.4	75.6
치과 대학 병원	강릉원주대 치과병원	30	11	19	36.7	63.3
	서울대학교 치과병원	76	67	9	88.2	11.8

* 출처: "국립대 병원 현직의사들의 모교 출신 현황," 『연합뉴스』(2010년 10월 25일자).

국립대병원 중 전남대병원은 총 349명 중 94%인 328명이 모교 출신인 전임의 이상 의사로 형성되어 국립대병원 중 순혈주의 수치가 가장 높았으며, 전체적으로 볼 때 모교 출신은 평균 71.8%가 형성되어 있음을 알 수 있다.

3) 육군 장교단에 대한 군 내외의 부정적 인식이 확산

육군의 장교단 충원 이념 및 목적은 우수한 인재들을 확보하여 전투력을 발전시키고 유지하는 데 있다. 그러나 젊은 세대들이 가지고 있는 개인주의, 편의주의, 3D업종 기피현상, 그리고 장교단 내부의 출신 간 차등화 및 상호 불신현상의 누적 등은 민간 노동시장의 우수 인재들이 장교를 평생직업으로 선택할 기회를 기피하게 만들고 있다. [그림 5-1]은 국방부 보건복지관실(2009)에서 한국국방연구원에 의뢰하여 조사한 2008년부터 2050년까지의 군 인력수급 변화 추세를 정리한 내용이다(병무청에서 발표한 총인구 및 징집대상 자원인 20세 남성의 연도별 증감 변화는 <부록 5-2>를 참조하시오.).

[그림 5-1] 한국 20세 남성인구의 군 인력수급 추세(2008~2050년)

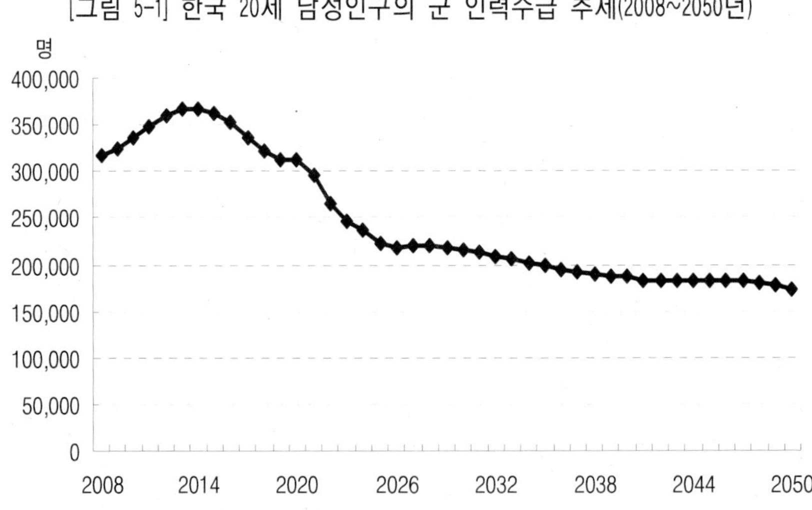

* 출처: 국방부 보건복지관실, 앞의 자료, p. 4.

한국 사회에서 20세 이상의 남성 인구는 2014년을 정점으로 2020년 이후에는 250,000명 이하로 감소될 것으로 추계되고 있다. 이는 장교를 지원할 수 있는 대상자의 전체 숫자가 감소되고 있다는 의미이다. [그림 5-2]는 1980년부터 2013년까지 한국 고등학생의 대학 진학률을 정리한 내용이다.

[그림 5-2] 한국 고등학생의 대학 진학률 현황(1980~2013년)

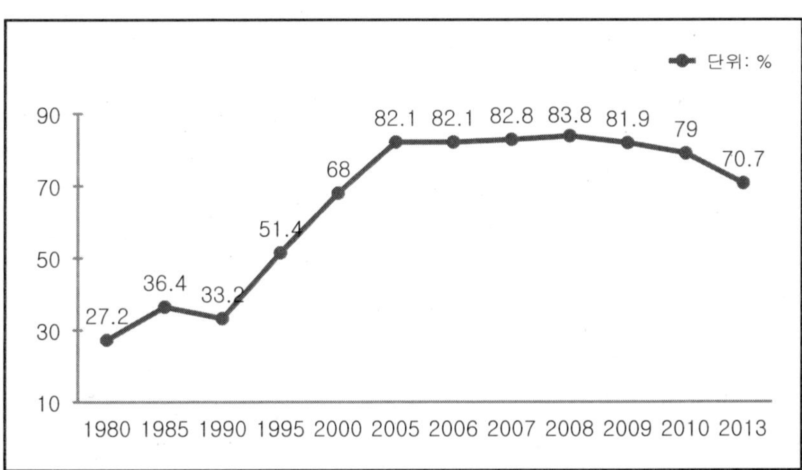

* 출처: 교육과학기술부 (2014).; 한국교육개발원 (2014).; 최근 현황은 필자가 추가하여 재정리하였음.

고등학생들의 대학교 진학률은 2008년까지는 상승곡선을 유지하여 왔으나, 점차 하향곡선을 그리고 있다. 한국국방연구원(1989)에서 "장병 의식구조 조사 연구"에 따르면, 장교와 부사관 등은 직업군인의 기본요건에 대하여 불만을 가지고 있는 것으로 조사되었다. 그 이유로 사회에서 군 직업을 낮게 평가하고 있다는 인식이 44%를 차

지하고 있으며, 14%는 사회의 동료와 비교 시 스스로를 부끄럽게 느끼고 있었다.[22)]

이는 1990년대를 지나면서 더욱 부정적인 성향으로 변화되기 시작하였다. 한국국방연구원(1994)이 "장병 복지욕구 성향에 관한 설문조사"를 실시한 결과, 자녀나 친지가 군을 직업으로 선택할 경우 권유하겠다는 입장은 3.2%에 불과한 반면에 적극 만류하겠다는 입장은 56.1%로 상당히 증가된 변화를 보였다.[23)] 이는 1989년 설문조사 시 응답자의 20~36%가 가급적 또는 적극 만류하겠다는 입장에서 2배 가까이 저하된 것이다. 특히 직업군인 가족들의 경우 아들이 직업군인을 선택하더라도 만류하겠다는 입장이 응답자의 50.5%였으나, 1994년에는 54%로 증가되어 부정적 인식은 점점 더 심화되고 있음을 알 수 있다.

2011년 6월 23일 갤럽에서 "일반적인 군 복무가 사회생활에 도움이 되는가?"라는 주제의 면접조사 결과에 따르면, 군에 대한 긍정적 변화의 흐름이 존재하고 있음을 알 수 있다. [그림 5-3]을 보면, 직업군인들에 대한 부정적인 인식과는 달리 군복무에 대한 경험 유무를 떠나서 의무복무에 대한 인식은 긍정적으로 존재하고 있었다.

---

22) 정길호, "직업군인의 획득정책 방향 연구," 『국방논집』 제24호 (서울: 한국국방연구원, 1993), p. 110.을 재인용.

23) 한국국방연구원, 『장병 복지욕구 성향 조사 분석』(1994); 『조선일보』(1994년 2월 5일자).를 재인용.

[그림 5-3] 한국인 군복무 경험의 생활 유용성 면접조사 결과(2011년)

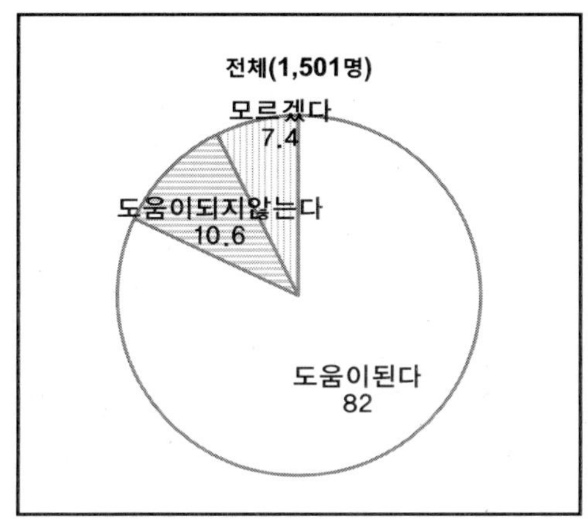

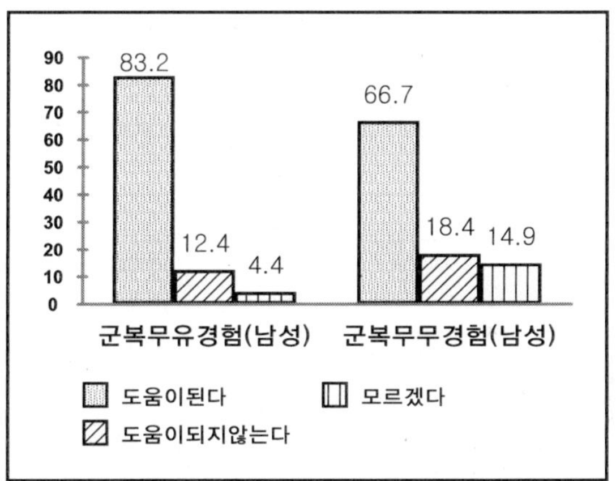

* 출처: 한국 갤럽(Gallup Korea), "2011년 한국인과 군대문화," 『Gallup Report』(2011년 6월 23일자).; 조한승, "21세기 국가와 군의 관계변화 연구: 군인 모델의 비교 검토"(용인: 단국대학교, 2013), p. 127.

군복무가 사회생활에 도움이 된다는 응답이 83.2%로 압도적이다. 군복무 경험이 없는 남성의 경우도 66.7%는 군복무가 도움이 된다고 응답하는 등 도움이 되지 않는다고 응답한 18.4%의 3배를 넘고 있다. 이는 군복무가 사회생활에 필요한 역할을 담당하고 있다는 사회 일반의 대군 신뢰 수준을 여실히 보여주고 있다고 하여도 과언이 아닐 것이다. <표 5-10>은 1996년에서 2008년까지 사회 일반이 바라보고 있는 대군신뢰 수준을 종합한 내용이다.

〈표 5-10〉 한국 사회 일반의 대군신뢰 수준 현황(1996~2008년) (단위: %)

1996년 (매우+어느 정도)	2001년 (매우+어느정도)	2005년 (완전히+약간)	2007년 (매우+약간)	2008년 (매우+어느정도)
1.사회시민단체 (74.4)	1.사회시민단체 (64.9)	1.환경단체(71.7)	**1.군대(62.7)**	**1.군대(57.7)**
2.군대(72.7)	**2.군대(62.5)**	2.인권단체(71.2)	2.언론(60.3)	2.시민단체(55.3)
3.의료기관(65.3)	3.종교단체(58.7)	3.여성단체(68.4)	3.시민단체(58.4)	3.방송사(51.4)
4.교육기관(58.5)	4.의료기관(57.8)	4.TV(66.8)	4.경찰(51.7)	4.신문사(48.4)
5.종교기관(58.4)	5.신문언론기관(47.8)	5.신문(64.3)	5.법원(51.3)	5.경찰(45.0)
6.법률기관(57.5)	6.교육기관(47.1)	6.시민단체(62.8)	6.공무원(38.8)	6.법원(41.9)
7.신문언론기관(54.9)	7.법원(46.2)	7.경찰(58.7)	7.대통령(34.7)	7.노동조합(39.9)
8.공무원(47.3)	8.공무원(43.6)	**8.군대(51.9)**	8.국회의원(19.2)	8.검찰(37.2)
9.경찰(43.4)	9.대기업(36.4)	9.사법부(51.8)	9.정당(14.4)	9.대기업(25.4)
10.대기업(39.1)	10.검찰/경찰(31.1)	10.대기업(50.2)	10.국회(13.1)	10.정부(23.9)
11.국회(17.4)	11.국회/정당(10.5)	11.교회(?)	-	11.국회(12.6)
-	-	12.행정부(?)	-	-
-	-	13.노조(43.4)	-	-
-	-	14.전교조(35.0)	-	-
-	-	15.국회(26.1)	-	-
-	-	16.정당(24.2)	-	-

* 출처: 공보처 (1996).; 국정홍보처 (2001).; 『동아일보』(2006. 1. 10.).; 『조선일보』(2007. 6. 2.).; 『MBC』(2008. 8. 15.).; 김병조, "선진국에 적합한 민군관계 발전방향 모색: 정치, 군대, 시민사회 3자관계를 중심으로," 『KBS 정책토론회 발표 발제논문』(2008년 9월).

사회 일반의 대군 신뢰 수준은 1996년과 2001년에는 시민단체에 이어 2위였고, 2007년과 2008년에는 가장 신뢰받는 집단으로 조사되었다. 그러나 신뢰수준의 절대치가 낮아지고 있는 현상을 긍정적인 신호로만 인식하기는 어렵다. 다시 말해 대군 신뢰 수준이 다른 집단에 비해 상대적으로 높은 것이지 절대적 측면에서 높지 않다는 의미이다. 하지만 장교단 충원제도가 그간 폐쇄적으로 진행되어 왔음에도 불구하고 군에 대한 긍정적인 시각은 아직도 내재되어 있음을 느낄 수 있다.

최근의 천안함폭침(2010년 3월 26일), 연평도포격(2010년 11월 23일), 북한군 병사의 노크귀순(2012년 10월 2일), 총기난사(2014년 6월 21일), 일부 장교들에 의해 자행되고 있는 일련의 일탈행위, 그리고 국민의 공분과 군의 참담함으로 이어진 집단 폭행(2014년 4월 7일)에 의한 사망, 고급간부 등에 의한 성군기 관련 사고, 특히 2010년 2명, 2011년 4명, 2012년 3명이 비공개자료 유출, 뇌물 수수, 국방규격 임의수정, 방산기업에 뇌물을 요구하는 등의 방산비리 혐의로 처벌받았다. 그리고 K-9부품 도입, 음파탐지기 도입, 공군 전자전 훈련장비 도입 등의 해외무기 도입 비리도 마찬가지이다.[24] 최근 육군의 성폭력 사고는 47명의 가해자 중 영관급이 42%인 20명이고, 장성급이 27%인 13명으로 외부의 시각을 더욱 냉랭해지게 만들고 있다.[25] 되풀이되고 있는 군내 사건·사고의 처리과정과 대응

24) "무너지는 防産, 자주국방 포기할건가," 『조선일보』(2016년 8월 11일자).

25) 『동아일보』(2013년 9월 4일자).; 『아시아경제』(2014년 8월 1일자).; 『군사법원 보도자료』(2014년 10월 10일자).; 『dongA.com』(2014년 10월 16일자).; "사달 난

수준 등은 민간사회의 '순혈주의 문화'의 폐해와 유사한 패턴으로 진행되고 있음도 느낄 수 있다.

육군 장교단의 핵심 의사결정권자는 동류의 성향과 특정한 사고 방식으로 이어져 왔다(역대 육군참모총장 현황은 <부록 5-3>을, 역대 합참의장 현황은 <부록 5-4>를 참조하시오). 지금까지의 변천 경과를 되돌아 볼 때 급변하고 있는 군내외적 환경과 여건을 고려 시 전체와 미래를 대상으로 하는 판단 및 결심, 창의성을 발휘하는 데는 일정한 한계가 있음을 되돌아볼 필요가 있다.

사회 일반에서 갖고 있는 대군불신 요인은 몇 몇 병사들의 탈영이나 구타 또는 사망사건, 성군기관련 사고 등으로 인해 제기된 것은 아니다.[26] 직업군인 장교들의 처신이 대군 신뢰 수준을 긍정적이지 못한 방향으로 유도하여 왔음을 부정하기 어렵다. 조직 간 커뮤니케이션 갭(communication gap)도 최소화되도록 노력하여야 하지만, 발전적인 변화는 지체되고 조기 정년 현상과 재취업 대책은 미흡한 실정이다.[27]

전문직업주의는 민간직업과 비교 시 경쟁력이 가능해야 하고 타 직종으로 전환 시에도 교환이 가능한 고유의 전문성이 있어야 한다.

'늑대' 사단장, 결딴 난 軍," 『뉴시스』(2014년 10월 12일자).; " '여군의 적은 남군'이라는 우리 군의 현실," 『한겨레 오피니언』(2013년 10월 25일자).; "잇따른 성범죄, 軍 '성범죄 무관용'원칙 유명무실," 『세계일보』(2014년 10월 22일자).

26) 정경모, "직업군인제의 정착과 민군관계," 『군사논단』(한국군사학회, 1996), p. 218.; 국방부(2014), 앞의 책, pp. 177~178.

27) 김종하, "군피아 '利敵행위' 막을 근원적 처방," 『문화일보』(2014년 7월 18일자).

현실적으로 직업군인 장교가 의사나 변호사처럼 평생 변하지 않는 직종이 될 수는 없다. 따라서 직업안정성이 보장되지 않는 한 중기·단기복무장교에게는 거쳐 가는 한시적인 직장으로 인식될 수밖에 없다.[28] 이는 민간 노동시장의 환경이 '평생직장' 개념에서 '평생직업'으로 변화되고 있는 경향과도 배치되고 있다는 점이다.

2. 시사점

1) 초급장교의 의무복무기간 개념을 재설정

병사의 군 복무는 헌법과 병역법에 근거하여 부과되는 의무인 반면에 장교는 개인의 선택과 지원에 의해 복무하고 있다. 따라서 초급장교의 충원과 장교단의 복무관리 기준은 군의 존재 의미와 역할에 맞도록 전투력을 발전 및 유지시키는 데 두어야 한다. 일부 연구에서는 ROTC의 경우 복무기간을 단축시켜야만 우수인재의 획득이 가능하다는 의견도 제기하고 있다. 이는 ROTC 출신의 복무를 대체 및 의무복무 차원으로 단순하게 인식하는 데서 기인된 오류의 산물로 볼 수밖에 없다. 즉, 초급장교를 충원하는 육군의 본질적인 이념과 역할을 소홀하게 인식하고 있다는 의미이다.

김혜인·현익재(한국국방연구원, 2008)의 연구 결과에 따르면, 소대장으로서 능력과 경험을 갖추는 데 평균 8.5개월, 전체 소대장의 90%가 숙련되기 위해서는 평균 11.2개월이 소요된다. 이에 따라 단

28) 손수태, "민군관계와 국방리더십의 발전방향," 『군사학연구』(2006), p. 135.

기복무장교의 복무기간은 평균 3.2년이 적정하다고 제시하고 있다.[29] 이 연구 결과는 외국군 초급장교의 의무복무기간이 3~4년인 점과도 궤를 같이하고 있다는 점에서 공감할 수 있는 부분이다. [그림 5-4]는 육군 초급장교의 적정(reasonable) 의무복무기간 산정을 위한 준거(準據)를 정리한 내용이다.

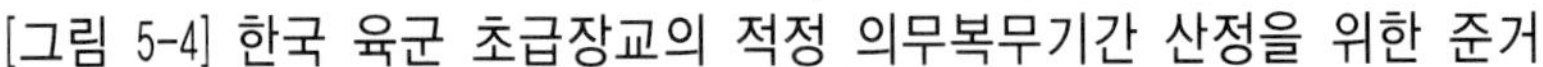
[그림 5-4] 한국 육군 초급장교의 적정 의무복무기간 산정을 위한 준거

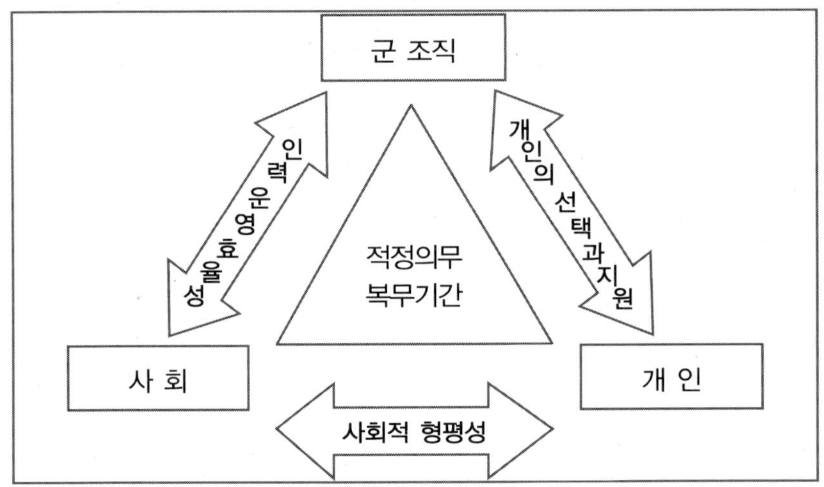

* 출처: 김혜인 · 현익재, "초급장교 의무복무기간의 인식 전환과 산정방법," 『주간국방논단』 제1189호(08-5) (2008), pp. 5~7.

이들의 연구에 따르면, 의무복무는 인력 운영의 효율성, 개인의 선택과 지원에 의해 적정한 기간으로 재설정되어야 한다. [그림 5-5]는 육군 초급장교의 의무복무기간 설정을 위한 개념도이다.

---

29) 김혜인 · 현익재, 앞의 연구, p. 5.

[그림 5-5] 한국 육군의 초급장교 의무복무기간 설정 개념도

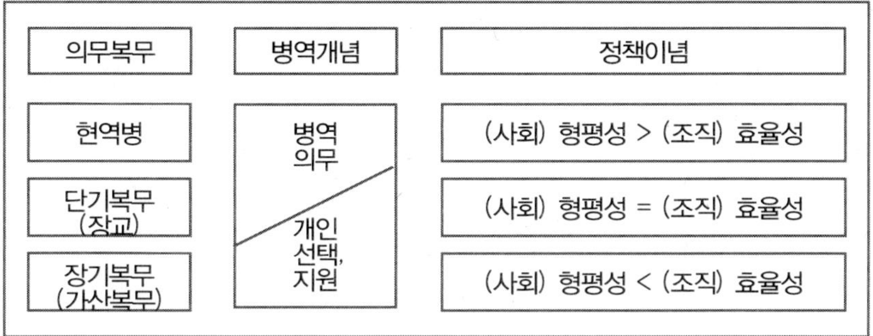

* 출처: 양충식, "국방 및 병역환경 변화와 중장기 육군 초급장교 정예화 정책방향," 『육군정책연구』 제21호(15-3) (육군정책연구위원회, 2015), p. 10.

초급장교 의무복무기간은 사회적 형평성과 조직의 효율성을 발휘해야 한다는 상대적 측면을 비교해 볼 때 장교단 내부의 동질성이 형성될 수 있는 최소한의 숙련 및 활용기간을 반영하여 재설정할 필요가 있다.

2) 특정 출신 및 동류 성향의 '출신 우선주의 문화'에서 탈피

군부의 역사적 평가에는 '출신 우선주의' 즉, '순혈주의'의 폐해와 국민들의 피해인식이 상당 부분 영향을 끼쳤음을 부인할 수 없다. 민간의 대학사회나 국립대병원에 분포된 모교 출신의 엘리트계층은 이러한 '순혈주의'가 특정집단 내부에서 관련 구성원 간의 동질성을 확립하는 데 효과적으로 보고 있다. 하지만 발전적이거나 비판적인 의견에는 배타적인 행태를 취함으로써 창조적 변화와 혁신에 걸림돌이 되고 있다는 데 대하여도 동일한 인식을 갖고 있다. 동류선 상

에서 각 사관학교 교수들의 경우도 특정 모교 출신과 현역들이 독식하고 있는 순혈주의 인식에서 탈피할 필요가 있다. 이는 다양한 인적 구성을 통해 크게는 사회통합, 작게는 군 내부의 동질성 측면에서 변화 여건을 조성할 필요가 있다.

규모가 크고 실적이 우수한 민간 기업들이 실패하는 대다수 요인은 핵심계층에 있는 관리자(manager)들이 리더십 역량은 충분하지 않은 상태에서 오만과 편향된 내부관리 시스템에 집착하였거나, 관료적 행태에서 비롯되었음을 느낄 수 있다. 변화(variation)와 혁신(innovation)에 성공하기 위해서는 자기희생과 헌신, 그리고 창의력이 필요하지만, 편향되고 강압적인 문화로 형성되는 경직된 분위기는 이를 어렵게 만든다. 조직의 변화와 혁신은 소수 특정엘리트들의 판단과 행위만으로 성공시킬 수 없으며, 많은 중간관리자와 조직원들이 적극 동참할 때 가능하다. 성공한 기업들의 대다수가 중간관리자와 조직원들이 각자가 맡고 있는 직책과 역할을 묵묵히 수행하고 있음을 되새겨볼 필요가 있다.

획득원별 양성교육 기관의 규모를 살펴보면, 육사교와 3사교는 각 1,000명으로 정원이 동일하지만, 육사교 교수는 164명, 3사교 교수는 106명이 재직하고 있다. 육사교는 4년제로서 학년별 ±250명을 담당하지만, 3사교의 경우는 2년제로서 학년별 ±500명을 담당하고 있다.[30] 사관학교의 생도과정에서 일반학과 군사학을 병행하는 목적은 국가 차원에서 믿고 맡길 수 있는 인문학적 소양을 갖춘 정예 초

30) 육군사관학교 홈페이지(http://www.kma.ac.kr/) (검색일: 2014. 12. 15.).; 육군사관학교 교수부(2014).; 육군3사관학교 홈페이지(http://www.kaay.mil.kr/) (검색일: 2015. 2. 13.).; 육군3사관학교 교수부 (2014).

급장교를 양성하기 위한 것임을 되새길 필요가 있다.

전문직업군인의 경우 집단적인 동류의식도 필요하지만, 냉철한 분석력과 판단력, 통찰력, 그리고 직업적 전문성과 진정한 의미의 가치관과 투철한 군인정신이 함양되었을 때 비로소 전투력의 발전 및 유지가 가능하다.[31] 따라서 장교단이 통일된 의식과 심적 자세를 갖는 것도 중요하지만, 한쪽으로 편향되거나 고착되어서는 안된다. 앞으로의 전투 양상이 VUCA로 특징지워지고 있음을 고려할 때, 창의적인 자세와 항시 대응이 가능한 탄력적이고 유연한 사고를 견지해야 한다는 데 이견은 없을 것이다. 대처해 나가야 할 내외부적 환경이 표준화되어 있지 않고 예상 밖의 상황들이 다양하고 복합적으로 발생하기 때문이다. 이는 고정된 틀과 정형화된 사고방식만으로는 극복할 수 없으며, 다방면의 능력과 적응력, 창조적 사고, 그리고 심적 자세가 언제나 깨어 있어야 함을 요구하고 있다.

군인정신이나 건전한 시민정신, 민간 기업에서 요구하는 애사정신은 수명자세 및 심적 자세에서 큰 차이점이 없다. 다만 군인정신이 민간의 정신과 차이가 있다면, "임무수행을 위해 자신이 가장 아끼는 목숨까지 기꺼이 바친다."라는 점에 있다. 직업군인 장교에게 있어서 희생이란 군사작전을 수행하는 과정에서 예상되는 자연스러운 결과로 생각하기 때문이다. 군사작전이란 자체가 위험과 불안을 동반하는 것으로 위험을 지극히 정상적인 상황으로 인식하게 된다.[32]

---

31) 최병순, "미래 소요 국방인력 육성을 위한 국방인력관리의 혁신 과제와 방향," 『KRIS 총서』(서울: 한국전략문제연구소, 2000), pp. 424~425.

32) 온만금, 앞의 책, p. 89.

바로 이러한 점에서 직업군인 장교들이 민간 전문직업과 근본적으로 다르다고 판단하는 기준점 역할을 하고 있는 것이다.

한국 육군은 미 육군이 일반 출신 장교들을 웨스트포인트 출신 장교들과 어떻게 경쟁 및 진출시키는지 되새겨 볼 필요가 있다. 그리고 한국의 군사전략가나 군사 리더십전문가들이 민간전문가들에 대한 예우와 달리 직업전문가로 인정하지 않는 원인이 어디에 있는지도 심도있게 되돌아 볼 필요가 있다.

세종대왕이 조선시대의 성군으로 칭송받고 있는 유인(誘因)은 치세(治世)하는 동안 출신성분과 스펙(spec), 지연 등을 타파하고 능력을 중시하는 노력 등을 실천한 데서 찾고 있음을 인식했으면 한다. 신분은 있되, 차별은 없게 하려는 의지와 행동력이 결정적이었음을 되새겨 볼 필요가 있다. 육군이 신뢰받는 국가안보의 대표 집단으로 거듭나기 위해서는 혜안(慧眼)을 가질 필요가 있으며, 이는 편견과 고정관념을 타파하는 데서부터 시작된다. 조금만 시야를 넓히고 주변을 돌아보면, 혼자 살아가는 게 아니라 누군가가 옆에서 묵묵히 보조를 맞춰주고 있음을 느끼게 될 것이다. 따라서 한국 육군도 '출신 우선주의'의 인력구조에서 과감히 탈피하여야 하고, 교과과정, 교육 및 훈육방법, 평가제도 등에 대한 인식의 전환과 혁신이 필요하다.

3) 초급장교 양성과정의 통제 및 책임기관을 통합, 장교단 내부의 동질성 회복 노력을 강화

창군기 육군 내부의 대표적 이질성은 크게 이념적 이질성과 계파주의의 두 가지로 구분할 수 있다. 먼저, 이념적 이질성은 수차례의

숙군과정을 거치면서 정리된 바 있다. 둘째, 계파주의는 단순한 정치적 주도권 쟁탈전에서 벗어나 군 내부의 기득권을 유지하려는 계층과 이에 대한 부당함을 주장하면서 자유경쟁을 요구하는 두 갈래로 다시 구분지을 수 있다.

육군은 우수한 인재를 획득하기 위해 육사교와 ROTC, 3사교, 학사・여군사관, 간부사관의 5개 제도를 시행하고 있다. 그러나 획득원별 요구하는 충원 목표와 이념, 교육 수준과 내용은 상이한 실정이다. 그럼에도 불구하고 동일한 기준과 수준의 달성을 요구하고 있다. 각종 선행연구 및 조사를 통해 초급장교의 기본 자질을 획득원에 따라 우열로 확정짓는 특이한 풍토로 고착되어 있다. 또한 차등화 관리되고 있는 진급 및 복무관리 제도는 인사관리의 공정・형평성에 대한 불신과 갈등을 야기시키고 있다.[33)]

일반 공무원의 경우 행정고시를 통해 기본자질 및 수준이 어느 정도는 동질화되어 있기 때문에 능력 본위의 승진 체계 시행과 유지가 가능한 것으로 인식되고 있다. 또한 의사 및 변호사, 공인회계사 등의 전문직 분야도 대외적으로 공인된 자격시험을 거치기 때문에 전문직 고유의 특성으로 인정받으면서 사회적 위상과 권위를 확보하고 있다. 그러나 육군 장교단의 경우는 충원 과정(recruitment courses)이 다양한 데다가 보직 및 진급관리 방식은 폐쇄적인 차등화관리 방식을 고수하고 있다. 이는 세 가지 측면을 통해 극복할 수 있다.

첫째, 장교단 충원제도에서 다양성은 필요하므로 단계별로 통합 및 단순화시켜 출신은 구분하되, 차별은 없도록 재조직할 필요가 있

33) 최석철 외, 앞의 논문, p. 411.

다. <표 5-11>은 초급장교 양성기관의 통합 및 단순화 단계를 도표로 정리한 내용이다.

〈표 5-11〉 한국 육군 초급장교 양성기관의 통합·단순화 단계

<table>
<tr><th colspan="3" rowspan="2">현 행</th><th colspan="3">통합·단순화 단계</th></tr>
<tr><th>제1단계</th><th>제2단계</th><th>제3단계</th></tr>
<tr><td colspan="2">육사교</td><td rowspan="3">생도
과정</td><td rowspan="2">육사교</td><td rowspan="3">육사교</td><td rowspan="3">육사교
(가칭)</td></tr>
<tr><td colspan="2">3사교</td></tr>
<tr><td colspan="2">간호사관학교</td><td>간호사관학교</td></tr>
<tr><td rowspan="4">학군교</td><td>ROTC</td><td rowspan="4">후보
생과
정</td><td>ROTC</td><td rowspan="3">학군교</td><td rowspan="4">학군교
(가칭)</td></tr>
<tr><td>학사·여군사관</td><td rowspan="2">학사사관</td></tr>
<tr><td>특수사관 *</td></tr>
<tr><td>간부사관</td><td>간부사관</td><td>간부사관</td></tr>
</table>

* 특수사관 중 국방부에서 직접 선발하는 군의사관과 법무사관, 군종장교는 제외하였음.

지난 2010년 국방부에서 육사·3사교 통합을 내부적으로 시도하다가 중단된 사례를 참고할 필요가 있다. 당시의 경과를 간략하게 요약하면, 3군사관학교를 통합하기 위한 전 단계로 육사교와 3사교를 통합하려는 선행 단계가 있었다. 이때 3사교를 일방적으로 폐쇄하는 방안을 추진하다가 3사교 출신 동문 등의 심한 반발로 인해 급작스럽게 중단하였던 전례(前例)가 있다. 다시 말해 통합 및 단순화 단계를 진행하는 과정에서 편향적이라는 오해를 해소하기 위해서는 공개적인 방식을 통해 시설 및 공간 등의 환경적 타당성, 그리고 실효성 있는 외부평가 방식이 담보되어야 한다는 점을 간과해서는 안될 것이다.

둘째, 육사교의 군사훈련은 외부 위탁훈련체계로 되어 있다. <표 5-12>는 육사교에서 실시하고 있는 하기(夏期)와 동기(冬期) 군사훈련 위탁체계를 학년별로 정리한 내용이다.

〈표 5-12〉 한국 육사교의 하·동기 군사훈련 위탁체계

구 분	1학년	2학년	3학년	4학년
하기(夏期)	육군훈련소	부사관학교 +특전사(특수교육단)	육군보병학교	부사관학교 +육군훈련소
동기(冬期)	일반 교양·실용과목+전방지역 답사 등으로 군사훈련 미진행			

* 육군사관학교 60년사 편찬위원회, 앞의 책, pp. 52~54.; 육군사관학교 생도대 (2014).

육사교는 육군 초급장교 양성의 중심 메카이자 장교단의 핵심계층을 배출하는 대표기관이라는 점을 재인식할 필요가 있다. 생도과정에서 군사훈련을 복수의 예하 양성기관에 위탁하여 진행하고 있는 환경은 재검토가 필요하다는 점이다. 그 이유는 이러한 위탁훈련과정이 독일군이나 이스라엘군 장교단처럼 병사에서부터 부사관 또는 부소대장 임무를 체득하기 위한 과정이라면, 상당한 의미를 부여할 수 있다. 그러나 육사교의 위탁교육 시스템은 그러한 목적이나 의미가 아니라 육사교의 지형학적 위치와 주변 환경이 군사훈련을 진행하는 데 제한되기 때문에 군사학교관 편성을 최소화하고 있음에 유념할 필요가 있다. 다만, 시행하고 있는 제도의 변화가 필요할 경우도 고유의 역사성과 전통, 명예 측면을 무시하고 접근할 수는 없다. 예를 들면, 3사교의 훈련장 규모는 400여만 평으로 민원이 발생하지 않는다는 측면과 군사훈련을 종합적으로 진행할 수 있다는

점에서 좋은 입지 조건을 갖고 있다. 반면에 교통편이나 지리적 환경은 제한이 많다. 따라서 미래에 대비하는 차원에서 다양한 지역적 여건과 환경적 측면 등의 여러 분야를 고려하되, 객관적인 시각에서 양성기관으로서의 본래 목적에 필요한 환경 여부를 제로베이스 측면에서 접근할 필요가 있다.

셋째, 다원화되어 있는 통제 및 관리제대를 개선할 필요가 있다. 외국군은 초급장교의 획득 및 양성과정을 일관성 있게 시행하고 있는 반면에 한국 육군은 복잡하게 되어 있다. 육군본부는 육사교와 3사교 생도과정을 직접 통제하고 있다. 이러한 가운데 2012년 1월 1일 3사교의 생도과정 이외 8개과정을 학군교로 전환시켰다. 이때 육군의 공식 입장은 동일한 교육환경에서 최신 교육시설을 활용하기 위함이라고 강조하고 있다. 그러나 당시에도 3사교는 최신시설로 구비되어 있었고, 다수의 일반대학교 및 외부 기관에서 견학을 요청하는 환경이었다. 통제기관도 이원화되어 있다. 3사교 생도과정은 육군본부에서 통제를 하고 있으나, 학사・여군사관, 간부사관 등의 8개 후보생과정은 교육사령부가 통제하는 이중(二重) 체계로 분리되어 있었다.34)

그리고 ROTC와 학사・여군사관, 간부사관은 후보생과정은 교육사령부에서 통제하고 있으며, 특수사관 중 군의・군종・법무병과는 국방부에서 직접 선발・관리・통제하고 있다. 이러한 복잡한 통제 및 관리체계는 양성교육의 실효성 창출과 목표의 달성을 저해하고

---

34) "양성교육체계 정비 추진 정책회의 결과 보고," 『육군본부』(2010. 12. 16.).; "사관후보생 양성교육기관 전환 계획," 『육군본부』(2011. 3. 8.).

있다. 이는 육군이 요구하는 획득원별 기본자질의 격차를 줄이려는 노력과도 부합되지 않는다는 점을 직시할 필요가 있다.

4) 육군 장교단의 96.8%는 일반 출신으로 구성, 모든 장교는 동일한 임무 및 역할을 수행하고 있음을 재인식

육군 장교단은 다른 전문직업 집단과는 다르게 '초급장교 임용-장기복무 선발-진급선발'의 3단계 과정을 거치게 되어 있다. 따라서 초급장교 선발과정에서 민간 노동시장의 우수인재를 다양하게 확보하지 못한다면, 미래의 VUCA 양상 대응과 장교단의 군사전문성 개발은 한계에 부딪힐 수밖에 없는 환경이다.

특히 일반 출신 장교는 대체 및 단기복무장교이고 비직업장교라는 인식부터 전환하여야 한다. 외국군은 모든 장교는 직업장교임을 당연시하고 있다. 하지만 한국 사회는 군부통치의 역사를 거쳐 오면서 육사 출신과 일반 출신을 이분법적 사고방식으로 구분짓고 있음을 부정하기 어렵다. 출신이나 지연・혈연・학연 등을 구분짓는 행위가 시각에 따라 정상적인 모습으로 비춰질 수도 있겠지만, 우려섞인 시선도 상당한 비중을 차지하고 있음을 재인식할 필요가 있다. 출신 구분은 존재해야 하지만, 이러한 행위가 차별로 존재해서는 안된다.

이는 각 출신 장교들이 스스로 초래했다는 멍에도 상당부분 존재하고 있음을 부인하기 어렵다. 어차피 피해갈 수 없는 의무복무라면, 병사라는 신분보다 나을 것이라는 단순한 의지로 장교를 선택하는 현상도 상당한 수준으로 차지하고 있음 또한 현실로 존재한다. 복무관리 및 인사운영 측면에서도 국가와 군의 발전을 위해 헌신한 장교가 상위계급으로 진출하는 측면도 있지만, 좌고우면(左顧右眄)하는 기회주의적인 유형 또한 일부 현실로 존재하고 있다.

차등화된 복무관리와 인사운영의 인식 및 심적 자세를 발전적으로 전환시키기 위해서는 군 내부에서부터 장교는 획득원을 불문하고 직업장교라는 인식을 당연시하도록 재설계할 필요가 있다.

제2절 책임성: 소명의식과 직업윤리 측면

1. 현상 분석 및 평가결과

직업이란 자신의 의지와 개인의 적성, 능력, 개성 등이 합치되면서 사회적 역할과 신분을 표출하는 수단으로 작용하고 있다.[35] 직무종사자에게 몰입을 요구하려면, 직업안정성이 보장되어야 한다. 직업안정성이 보장될 때 직무종사자로 하여금 조직에 대한 충성심과 직무성과의 창출도 요구할 수 있기 때문이다. 육군 장교단의 경우는 직업의 불안정성과 진급지상주의 폐해 등이 현실로 존재하고 있다. 또한 외국군의 사례와 다르게 자유경쟁체계의 확립은 미흡하고, 차등화되어 있는 보직관리 및 진급체계 등의 균형된 제도화 노력은 다소 마흡한 실정이다.

또한 직업군인 장교단에 대한 정년 연장 및 재취업 지원의 경우

35) 대학윤리교재편찬위원회 편, 앞의 책, p. 10.

군 관련 기관 및 직종 이외에는 사회 직종으로의 전환 자체가 상당히 제한되고 있다. 더욱이 장교단의 경우 민간기업 및 일반 공무원과는 다르게 법과 규정에 의해 민간 노동시장으로의 이직(turnover)이 제한되어 민간 노동시장과도 바로 연계되지 못하고 있다. 그리고 출신에 따라 최종 진출 계급에 어느 정도의 한계가 존재하는 현실은 일반 출신 장교들의 동기 부여와 사기 진작에 긍정적이지 못한 요인으로 누적되고 있다.

독일은 헌법 상 군인의 사명을 완수하기 위한 군 조직 내의 질서 및 기능원리를 민주 법치국가의 자유원리와 일치하게끔 규정하고 있다. 이들은 군인을 '제복입은 시민(Citizen in uniformed)'으로 국가를 수호하는 소명의식과 국민의 존엄성, 그리고 자유를 위해 공동책임을 지고 있는 대표적 모델로 삼고 있으며, 전폭적인 신뢰를 보내고 있다.

한국 육군 장교단은 창군 초기 발생한 수많은 불미스러운 사건 즉, 하부구조의 열악한 급식과 보급 및 거주환경의 열악한 현실, 군용물자 유출 등의 부정부패, 초급지휘자들에 대한 과중한 업무 부담, 수사기관의 월권 및 군기 파괴행위 등이 많이 발생하였다. 하지만 이러한 현상은 오히려 정규육사교 출신들로 하여금 강한 애국적 소명의식을 갖게 하는 촉매제가 되기도 하였다. 이는 1955년 최초로 정규4년제 교육을 수료한 육사교 출신 초급장교들의 개척자적 역할로 나타났다. 이들은 군대의 '부패와 부조리를 묵인'할 경우 그것들과의 '타협이자 타락'이라고 인식할 만큼 애국적 소명의식에 충실하였음은 역사적으로 검증된 사실이다.[36]

직업군인 장교단이 초기에 갖고 있던 심적 자세는 소명직이었지만, 점차 정신・육체적 활동의 결과로 주어지는 경제적 급부라고 생각하는 경향이 많아지게 되면서 대군인식도 서서히 변화되기 시작하였다. 이러한 변화의 이면에는 정치장교들에 의해 무리하게 추진된 장교단의 급속한 양적 팽창과 군내 계파주의의 생성, 그리고 남북분단이 가져온 특수한 정치적 상황, 정치장교들에 의한 정치권력화 지향도 빌미가 되었음을 부정하기 어렵다.

백승현 당시 경희대 교수는 『월간조선』과의 인터뷰에서 「육사생도들은 대개의 경우 자신들과 입장이 다른 대학생들과는 다른 방향에서 자신을 합리화하는 경향을 보이는데 그것이 바로 애국의 독점의식으로 나타나는 것 같다. 생도들은 자신들이 대학생들에 대해 갖는 열등감을 생도 집단이 가진 규율과 절제, 도덕심 등으로 상쇄한 뒤 자신들은 보다 큰 가치인 국가와 민족을 위해 봉사하는 사람이라는 식으로 자부하며 위안하는 것처럼 보인다. 이러한 자위는 간혹 자신들만이 애국을 독점하고 있다는 배타성으로 발전되기도 하기에 그렇게 바람직한 현상은 아닌 것으로 보였다.[37]」면서 우려하고 있다. 이는 애국을 독점하는 폐쇄적 논리 구조로 변질되거나, 배타적 장애가 될 수 있는 개연성, 구국적 차원에서 급작스럽게 결단을 내릴 가능성을 많아지게 하기 때문이다.[38]

초기 육사교의 올곧은 소명의식과 직업윤리 수준은 1956년 7월 29일 생도대장으로 부임한 김덕준 대령의 제안으로 만든 사관생도 신

---

36) 이기윤, 앞의 책, pp. 262~263.

37) 김남국, 『국민의 군대 그들의 군대: 육사 그 신화의 빛과 그림자』(서울: 도서출판・풀빛, 1995), pp. 188~189.를 재인용.

38) 김남국, 앞의 책, p. 189.

조를 통해 잘 알 수 있다.[39] 그러나 호국간성과 국토방위에 대한 명분과 의지, '원칙장교'라는 이미지는 서서히 변화되어 갔다. 이는 1979년 12·12군사쿠데타를 계획하는 과정에서도 항복보다는 옥쇄(玉碎)를 중요시하는 일본군의 사생관에 많은 영향을 받은 일면(一面)을 엿볼 수 있다. 4년여에 걸친 교육을 통해 형성된 형님(보스)의 결심을 아우(부하)가 죽음을 무릅쓰고 밀어붙임이 당연하다고 생각하는 분위기가 대세였기 때문이다.[40] 이러한 경향은 죽음을 도외시하는 군의 저돌적인 밀어붙이식 방법이 문제를 잘 해결할 수 있다는 의미로도 해석될 수 있는 부분이다. 절박한 위기상황에서 본능적으로 신뢰할 수 있는 인물에 의지하는 군인들에게 이성적이고 합리적인 사고보다는 감정적이고 단선적인 사고방식으로 형성될 가능성이 많기 때문이다.

정부 수립 초기 국가 산업화를 선도하는 집단으로서 사회 일반의 전폭적인 신뢰와 사랑을 받던 군은 서서히 이질적인 집단으로 취급되고, 냉소와 경멸, 조롱의 대상으로 비하되기 시작하였다.[41] 1989년 이후 국방부 차원에서도 『국방백서』 발간 등을 포함한 각종 노력을 적극적으로 추진하였지만, 아쉽게도 군 조직, 행정제도, 관료제 개선 등의 근본적인 부문은 해결하지 못하였다.[42] 이러한 시행착오의 반복은 관점에 따라 육군 장교단이 전문직업집단으로 거듭나기

39) 김남국, 앞의 책, p. 273.

40) 김남국, 앞의 책, pp. 184~186.

41) 홍두승, 앞의 논문, p. 105.

42) 백종천 외, 『한국의 군대와 사회』(서울: 나남, 1994), p. 224.; 정광섭, 앞의 논문, pp. 232~233.

위한 과도기적 현상으로 볼 수도 있지만, 부정적인 현상을 애써 외면하는 듯한 모습으로 비춰진 것도 사실이다.[43)]

육군의 복무관리 및 인사운영 부문 등의 정책은 일반 출신 및 민간 네트워크 등을 비롯한 전반적인 상황과 여건은 고려하지 않고 군사적 관점에서 일방적으로 처리되어 왔다.[44)] 이러한 편향적인 성향은 국격의 상승과 국민의식이 성숙되는 과정에서 대군 신뢰도에 상당한 악영향으로 작용하였으며, 장교단의 명예와 본래의 역할을 상당부분 훼손시켰고, 건전한 발전을 저해하는 결과를 가져오고 있다.

1) 사회적 책임성(social responsibility) 구현 의지 및 고유한 속성을 변화

군은 국가안보라는 정치적 목적을 달성하기 위해 군사부문을 전담하는 조직으로서 전쟁 수행에 필요한 전략과 전술, 폭력수단을 구비하고 있다. 따라서 군사적 안보역량을 극대화하고 정치적 중립을 유지하면서 사회적 가치 구현과 역할을 실천할 때 비로소 그 진정성과 가치를 인정받을 수 있다. 군의 속성은 국가지도자가 전쟁을 결정 시 이를 수행하거나, 대비 및 유지하는 속성을 가지고 있다. 이를 기준으로 평가할 경우 지금까지 군의 사회적 책임성 구현 수준을 긍정적으로 평가하기는 쉽지 않다. 폭력과 강압적 수단을 동원했던 군

---

43) 邊 淸明 저, 이동희 역, 『新版 日本官僚制の研究』(東京: 東京大學出版會, 1984), pp. 175~176.; 이동희, 『민군관계론』(서울: 일조각, 1993), p. 38.

44) 정광섭, 앞의 논문, p. 232.

의 긍정적이지 못한 과거가 점차 대군신뢰의 저하라는 부메랑으로 돌아오게 하였고, 군의 폐쇄적인 정치적 경향이 동반되면서 서서히 소명의식과 직업윤리마저 상당부분 일탈되는 계기로 작용하였다고 볼 수 있다.

(1) 직업군인 장교단의 존재 의미와 합목적성, 가치를 왜곡

과거 군은 국가안보와 국익을 위해 사용되어야 할 폭력수단을 오히려 국민을 통제하거나, 탄압하는 강압적 수단으로 사용하여 왔다. 군은 정권안보의 도구이자 특정정권의 기반이었고, 정치권력 그 자체였다는 혐의까지 받았다. 장교단의 대다수는 본연의 임무에 전념하는 야전장교들이었지만, 이들은 지휘부로 구성되지 못했다. 이후 특정 출신 중심의 핵심계층은 배타적인 관료 성향을 통해 자존(自尊)적인 성역에 머물러 왔다.[45] 그러나 특정 출신 내부에도 다른 시각이 만만치 않게 존재하고 있다. 다시 말해 정치권력을 지향한 부류도 많았지만, 그 반대의 입장에서 적극적인 저항은 못했더라도 묵묵히 군인의 본분을 다한 부류가 많이 존재하고 있었다는 점이다.[46] 1961년 4월 30일 "북극성 동창회[47]" 초대 회장으로 취임한 당시 육사교수부 철학과 교수였던 강재륜 대위(육사11기)의 취임사를 살펴보면, 이들의 초기 지향점을 가름할 수 있다. 「우리의 목표는 명백하다. 훌륭한 전문인, 겨레의 방패로서 역사의 참길을 걷는 것

45) 김남국, 앞의 책, p. 8.

46) 이기윤, 앞의 책, p. 285.

47) 북극성 동창회는 정규과정을 마친 육사11기생들이 1961년 4월 30일 발족한 최초의 동창회로서 1972년 7월 28일 해체되었다. 이기윤, 앞의 책, pp. 287~294.

이다. 이같은 공통된 염원을 위해 각자의 개발을 도모하고 서로 간의 신의와 우애를 두터이 해야 한다.」에서 주목해야 할 구절은 바로 '훌륭한 전문인'과 '신의와 우애'라는 문장이다. 직업군인으로서의 '전문직업주의'와 '인간적 도리'를 의미하고 있기 때문이다. 초기의 애국적 경향은 전두환 당시 중령이 회장으로 취임하면서 선후배 간의 도리를 중시하는 사조직 성격으로 변화되었다.[48] 육군의 정치지향적 현상이 지속되면서 특정 출신을 지칭하던 '원칙장교'라는 명예는 특정집단의 배타적 이익으로 변질되기 시작하였다.

(2) 장교단의 전문직업성이 저해

군의 직접적인 정치 개입은 비군사적인 목적이나 영역에까지 군의 역량을 동원하게 만들었고, 결국 하부 전투력의 약화로 이어져 왔다. 특정 출신이 정치권력을 지향하면서 본래의 기능과 역할에서 일탈하게 되었고, 국가안보 수호를 위해 사용되어야 할 폭력수단은 남용되었다. 이로 인해 군의 전투력은 약화되었고, 전문직업주의는 더더욱 확립되기 어려워졌다. 이 과정에서 전문직업주의에 충실한 결정과 행위들은 정치장교들에 의해 질타와 비판의 대상으로 바뀌는 등 결코 바람직하지 않은 현상으로 발전되었다. 본연의 역할에 충실한 다른 직업군인 장교들도 특정 출신이 정치권력에 몰입하는 동안 같이 매도당한다는 측면에서 군 전투력 향상에 저해 요인으로 작용하였다. 특히 정치집단이 군의 자율성을 침해하게 됨으로써 명확하게 정립되지 못한 전문직업주의는 또다시 훼손당하는 빌미가 되었다.

---

48) 김남국, 앞의 책, p. 274, 287, 288~294.

외부 정치권력이 군에 개입하면, 군의 인사권은 흔들리게 되어 있다. 정치적 환경으로 인해 보직과 진출에 제한을 받게 될 경우 장교단 본래의 역할과 자율성은 크게 훼손될 수밖에 없다. 즉, 야전장교들이 전문성이나 소명의식보다 진급이나 보직에 결정적 권한을 가진 상급자나 외부 정치권력의 눈치를 살피게 된다는 의미이다. 이는 나아가 국가안보에 심각한 위기 상황이 오더라도 군 자체의 전문적인 판단이나 결정이 불가능해짐을 의미하는 것으로 결국 비전문가가 전문가 행세를 하는 환경으로 변질될 것임이 자명하다. 아무리 뛰어난 법조인이라도 평범한 의사를 대리하여 환자를 치료할 수 없듯이 아무리 정치지도자가 탁월할지라도 고유의 군사적 영역과 역할을 대행할 수는 없음은 당연하기 때문이다.

육군 장교단이 일방향적인 사고방식과 심적 자세로 통일되어 있는 현실의 모습은 군 본래의 목적이자 역할인 '전투력 발전과 유지'와는 외떨어진 현상으로 볼 수 있다. 왜냐하면, 다양성과 창의성이 요구되는 예측이 불가능한 미래의 전장 상황에 절대적으로 부응할 수 없을뿐더러 문제의 해결방식 및 수준도 편향적 시각과 폐쇄적 인식에 함몰될 수 있기 때문이다. 편향적 의식은 다양한 의사소통을 제한하고, 창의적 직무 수행을 억제하는 환경이 조성될 수 없게 만들 것이다. 이는 최근 빈발하는 사건 및 사고, 상황의 수습 및 대처 과정에서도 일부 엿볼 수 있는 대목이다. 장교는 관리자(manager)나 행정가(administrator)가 아니라 전사(warrior)가 되어야 한다는 당위성이 여기에 있다. 누적되고 있는 현상은 장교단이 전쟁에 대비하는 국가안보 대표 집단이 아니라 편향된 동류의식으로 무장된 집단으로서 고유의 책무(責務)를 소홀하게 인식한 결과로 볼 수 있다.

2) 직업주의적 단체성(professional corporateness)의 변형

단체성이란 직업윤리를 고양하는 수단으로서 전문직업적 권위를 유지케하고 종사자들의 일탈 행위를 규제하며, 자기 통제를 유도하는 역할을 하고 있다. 장교단이 전문직업 집단이 되려면, 상하 계급체계에 의한 상명하달(Top-down)식의 획일적인 업무시스템만으로는 정형화(standardization)된 틀 속에서 벗어나기 어렵다. 기본적으로 소명의식과 건전한 직업윤리가 갖추어져야 하고 의사소통(communication)이 활성화되어 있는 집단으로 발전되어야 하기 때문이다. 육군이 본래의 역할에 충실하면서 사회 환경의 변화에 부합되는 전문직업 집단으로 존재할 때 단체성 수준도 사회 일반의 신뢰를 받을 수 있다. <표 5-13>은 한국 사회에서 군 직업이 갖고 있는 근무의 특성을 정리한 내용이다.

〈표 5-13〉 한국 사회에서 군 직업이 갖고 있는 근무의 특성

구분	주요내용
위험부담	• 연간 천 명당 사망인원: 군인(81명), 공무원(43명), 기업/사회(36명)
가정생활/자녀교육 여건	• 가족과의 별거: 영관급 기준 복무기간의 약 50% • 이사 횟수: 평균 2년에 1회 • 자녀 전학횟수: 초등학교(2.9회), 중학교(1.7회), 고등학교(1.5회)
근무지역 특성	• 읍·면지역: 47.8% • 격오지(GOP, GP, 함정, 방공부대)
근무시간	• 일직/위병근무(월평균): 2일 이내(31.9%), 3일(21.6%), 4일(18.5%), 5일(27.8%) • 비상대기: 출동·경계·야외훈련 등의 격무 계속
개인시간	• 퇴근 지연(주당): 2일 이내(31.9%), 3일(21.6%), 4일(18.5%), 5일(27.8%) • 공휴일 출근: 57.5%(전방부대, 상급부대가 출근 빈도가 높음.) • 연가: 미실시(25.1%), 5일 이내(36.5%), 6~10일(23.9%)

* 출처: 최병순, “정보화군을 이끌어갈 직업군인 획득 및 양성방안” (2000), p. 20.

복지인프라가 취약한 직업군인의 거주 환경은 우수인재들로 하여금 장교라는 직업을 기피하게 만드는 요인 중의 하나로 볼 수 있다(한국국방연구원(2008)이 조사한 신분별 거주지역 현황은 <부록 5-5>를 참조하시오.). 군간부의 50% 이상은 읍면단위 이하의 지역에서 근무하고 있으며, 이는 국민 평균이 20%, 다른 일반 국가공무원의 평균이 13%인데 비하여 매우 높은 수치로서 면 소재지 이하의 거주비율은 국민들의 평균 3배에 달하고 있다.[49] 이러한 환경은 조직 본래의 목적과 역할에서 일탈하는 현상을 나타나게 하였으며, 직업장교를 희망하는 우수인재들로 하여금 정상적인 직업윤리를 상당부분 저해시키는 요인으로 촉발되고 있다.

근무지의 취약한 거주 환경은 민간 노동시장의 우수인재들로 하여금 특정 출신만이 상위계급 진출과 정치적 출세를 위한 통로라고 인식하게 만드는 폐해를 가져왔다. 국가를 위한 소명의식이 아닌 개인적인 성공과 출세를 우선적으로 생각하게 만드는 우를 범하고 있다는 의미이다.

특정 출신은 국가 차원의 집중된 혜택을 통해 양성과정에서부터 국비장학생 기질에 익숙해져 있고, 우선적으로 예우 받아야 하는 귀족적인 교육의 진행을 당연하게 인식하고 있다.[50] 이는 사소한 낭

---

49) 국방부 보건복지관실(2009), 앞의 연구, p. 2.

50) 국비장학생 기질의 문제점은 ‘무조건 요구만 하는 극단적인 경우가 나올 수 있다’는 점에서 세 가지로 요약하고 있다. 첫째, 당연히 받다 보니 감사할 줄 모르게 된다는 점, 둘째, 소유의 개념이 불분명하게 되어 먼저 가진 사람이 주

비나 예절을 모르게 하는 데 그치는 수준이 아니라 경쟁력이 요구되는 현대사회의 일반적인 조직 원리와는 정반대의 심적 자세로 변질시키고 있다는 점이다. 스스로 땀흘려 일하고 경쟁하면서 절약하고 소비하는 자본제적 심성(心性)과는 괴리된 폐쇄적인 원칙들에 익숙해져 있기 때문이다. 결과적으로 군을 가치의 본질과 경쟁의 개념, 생산성의 기본 개념을 소홀하게 인식하는 집단으로 둔화시켜 건전한 경쟁력과 자생력을 잃어버리게 만들었으며, 군을 이류집단으로 저하시키는 빌미를 제공하였다.[51] 물론 이러한 중간 결과가 의도적으로 진행된 것은 아니겠지만, 변형된 현실의 모습은 어떠한 명분이나 논리로도 피해갈 수 없는 산물임을 부정하기는 어렵다.

미군은 각자의 희망에 따라 직업장교로 복무하게 됨을 당연시하고 있으며, 자유경쟁체계가 확립되어 있는 가운데 결과에 승복하는 분위기와 공사를 구분하는 문화가 정착되어 있다. 이는 소명의식과 직업윤리 의식을 명확하게 정착시키고 있다. <표 5-14>는 모스코스(Moskos Charles C.)의 공조직주의적 군대와 직업주의적 군대의 특성을 비교하여 정리한 내용이다.

인이라고 생각하기 쉬워진다는 점, 셋째, 누구의 소유도 아니기 때문에 자연스럽게 낭비하게 된다는 점이다. 김남국, 앞의 책, p. 159.

51) 김남국, 앞의 책, pp. 158~161.

〈표 5-14〉 공조직주의적 군대와 직업주의적 군대의 특성 비교

기 준	공조직적 군대	직업적 군대
합법성	규범적 가치	시장 경제적 가치
역할 수행	광범성 (자신의 전문분야 이외의 업무도 수행하도록 기대됨.)	특정성 (특정화된 업무만 수행)
보상근거	계급 및 서열 중시	기술수준 및 인적자원 중시
보상양식	대부분 비금전적(부식, 관사, 피복, 의료혜택 등) 형태나 전역 후 보상	봉급 및 보너스
보상수준	봉급이 민간 임금수준보다 낮다.	봉급이 높다.
거주지	근무처와 거주지 인접	근무처와 거주지 분리
배우자	군대사회의 한 부분 (군과 관련된 사회활동 참여)	군대사회로부터 격리 (부대 내 사회활동 참여 기회)
사회적 존경	봉사의 개념에 따른 존경심	보상수준에 따른 위신
준거집단	수직적으로 조직화 (군 조직 안에 존재)	수평적으로 조직화 (군 조직밖에 존재)
수행평가	총체적/질적 (전인적 평가)	부분적/양적 (특정업무 수행과 관련한 평가)
법률제도	군법 적용	민간법 적용
전역 후 지위	예비역으로서의 혜택 (정부 내 취업 및 자격취득 등)	민간인과 동일

* 출처: Moskos Charles C. 1977. From Institution to Occupation: Trends in Military Organization, Armed Forces & Society, 4 (Fall): 41~50. and Institutional / Occupational Trends in Armed Forces an Update, Armed Forces & Society, 12 (Spring 1986), pp. 377~382.

모스코스는 군이 점차 공조직적 유형에서 직업적 유형으로 전환되어 간다고 주장하고 있다. 이는 적절한 경제・사회적 보상이 주어지지 않을 경우 투철한 사명감과 무조건적인 헌신 요구는 한계에 직면하고 있음을 나타내고 있다.52) 하지만 군 조직의 가치관이 소명의

식을 중시하는 공조직주의에서 시장원리 중심의 직업주의로 변화된다고 하여 공조직주의가 포기되는 것은 아니다. 강압적인 폭력수단을 보유하고 있는 직업군인 장교단에게 규범(regulation)은 반드시 필요한 수단이기 때문이다.

국가경제가 발전되고 국민의식 수준이 상승하면서 특정 출신에 대한 불신 현상은 충분히 예견된 문제였다. 한국이 저출산 고령화 사회로 진입함에 따라 노동시장도 장교단 충원제도의 변화를 요구하고 있다. 그러나 육군 장교단의 인력구조는 그 변화 노력이 미약한 수준으로 재취업 및 이직 여건도 군 관련 기관 및 직종 이외는 상당부분 제한되고 있다. <표 5-15>는 사회 일반의 직업 선택 요인을 종합한 내용이다.

〈표 5-15〉 한국 사회 일반에서 직업 선택요인(2002년) (단위: %)

구 분	계	명예, 명성	안정성	수입	적성, 흥미	보람, 자아성취	발전성, 장래성	잘 모름
전 체	100.0	1.7	34.4	21.5	16.4	8.2	16.1	1.7
15~19세	100.0	2.9	19.3	14.6	34.3	11.8	15.8	1.4
20~29세	100.0	1.4	25.6	18.5	24.1	11.2	18.7	0.4

* 출처: 통계청, 『2001 한국의 사회지표』(2002).

통계청(2002)의 조사결과에 의하면, 민간 노동시장에서 직업을 선택할 때 안정성과 수입, 그리고 장래성을 가장 중요한 요인으로 인식하고 있음을 알 수 있다. 이를 기준으로 할 때 직업군인 장교는 민간 노동시장의 우수인재가 기피하는 3D직종으로 일반사회의 근무환

52) 홍두승(1998), 앞의 책, p. 99.

경과 비교 시 환경·구조·기술·이념적 특성의 차이로 인하여 근무지역과 위험수준, 안정성 등은 일반사회의 어느 직종보다 열악한 환경에 있음을 부정하기 어렵다. <표 5-16>은 직업군인과 민간인의 직업환경을 비교하여 정리한 내용이다.

〈표 5-16〉 한국의 직업군인과 민간인의 직업환경 비교(2000년)

구 분	군	민 간	
		공무원	기업 · 사회
근무지역	읍·면지역: 47.8% (격오지: 41.8%)	읍·면지역: 33.5%	주로 도시지역
직무위험도(사망률)	0.08%	0.05%	0.04%
별거율	대령 20.3%	-	-
이사 횟수	7.7회(5.5~12.4회) * 장교: 1~2년 단위	연고지 지속근무	
주거지역 만족도	불만족 36.8%	-	불만족 20.4%

* 출처: 신정현, 『선진국방의 비젼과 과제』(서울: 나남출판사, 1996).; 김형록, "군 직업보도 지원제도 개선방안에 관한 연구"(호남대학교 행정대학원 석사학위논문, 2000), p. 7.

직업군인 장교는 전·후방지역과 야전부대, 그리고 정책부서를 순환하면서 근무하도록 제도화되어 있다. 그러다 보니 대부분 전방지역이나 해안선, 농촌 및 산간지역에서 거주하게 되어 정상적인 가정생활이 어려우며, 문화생활도 상당부분 제한되어 있다. 잦은 주거지 변경과 장기간에 걸친 격오지 근무, 가족과의 별거, 생활비 이중부담 등은 또다른 불이익으로 존재하고 있다.

외국군의 사례에 비추어 보더라도 직업군인 장교단이 민간의 여느 전문직종과도 차별 없이 경쟁할 수 있어야 하지만, 인정하기 어려운 현실이다. <표 5-17>은 1990년대 말부터 2000년대 초까지 육군에서 집계한 전역장교들의 취업 현황을 정리한 내용이다.

〈표 5-17〉 한국 육군의 직업군인 장교단 전역 후 취업현황(1999~2003년)

(단위: 명)

구 분	계	1999년	2000년	2001년	2002년	2003년
전역인원	6,436	1,537	991	1,405	1,392	1,111
취업인원	2,605	753	444	441	463	504
취업률(%)	40.5	48.9	44.1	31.3	33.3	44.4

* 출처: 육군본부 인사참모부 (2005).; 최병순·문영세, 앞의 논문, p. 64.

1999년부터 2003년까지 전역한 6,436명의 중기·장기복무장교들의 취업률은 연평균 40.5% 정도인 2,605명에 불과한 실정이다. 더욱이 군 경력이 가능한 취업직위는 현실적으로 제한되고 있다. 이는 우수인재를 획득하는 과정에서 군에 대한 호감도와 경쟁력을 저하시키는 결정적 요인으로 작용하고 있다.

국방부 보건복지관실(2005) 자료에 의하면, 총 취업 소요직위는 9,037개로서 이 중에 7,503개 직위만을 확보하고 있다. 그러나 확보된 직위마저도 국방부, 비상기획위원회, 재향군인회 등의 군 관련 직종에 대다수 한정되어 있다. 국방부 보건복지관실(2014)의 최근 자료에 의하면, 2014년도에 전역한 중·장기복무장교 14,550명 중 9,969명이 취업하여 68.5%의 취업률을 보이고 있는 등 2000년대 초기에 비하여 다소 향상되었음을 알 수 있다(국방부 보건복지관실(2014)에서 조사한 최근 5년 간의 군 취업률 추이는 <부록 5-6>을 참조하시오.

).[53] 그러나 국방부의 취업률 산정에도 허수(虛數)는 존재하고 있다. 단기복무장교의 경우는 대학교에서 선택한 전공분야에 따라 취업이 되고 있기 때문에 국방부에서 산정하고 있는 취업률 마저도 후퇴될 수밖에 없게 만든다. 이마저도 앞의 제3장에서 미군을 포함한 4개 국가의 평균 취업률이 93%임을 고려할 때 턱없이 부족한 수준임을 알 수 있다.

3) 직업주의적 전문성(professional expertise) 구비 노력이 소홀

군의 민간 관여가 최소화되어야 한다는 사고방식은 군 고유의 독점적 영역이 존재하고 있는가에 관한 본질과 맞물려 있다. 미군이 최강의 군대로 인정받고 있지만, 월남전쟁에 투입되기 전 첨단장비 운용방법과 최신의 전술・교리를 충분히 숙달하고 전장에 투입되었지만, 초기에는 큰 실효성을 얻지 못했다. 아프간・이라크 전에 투입된 이후에도 현지에서의 재습득과정을 다시 거쳐야 했음은 심도있게 직시할 필요가 있다.

헌팅턴은 전문직업교육 방법을 두 가지로 구분하여 강조하고 있다. 한 가지는 폭이 넓고 리버럴(liberal)하게 소양을 부여하는 방법이고, 다른 하나는 직업에 관한 전문지식과 기능을 집중적으로 부여하는 방법이다. 이는 일반직업 기술과 다르게 전문직업 기술이 역사성과 생명력을 가진 문화적 전통의 일부가 되기 위해서는 지속적인 노력이 필요함을 의미하고 있다.

대다수의 직업군인 장교들은 실제 전장을 경험할 기회가 별로 없

---

53) 국방부 보건복지관실, "전역군인 취업률 조사결과 보고,"(2014. 5. 19.).

기 때문에 평시에 전쟁사와 교육훈련의 반복 숙달을 통해 위기상황과 전쟁에 대비하고 있다. 한국군은 6·25전쟁과 월남전쟁을 제외하고 나면, 전장을 직접 체험할 기회가 별로 없었다. 다시 말하면, 군 최고직위자도 때로는 법정 경험이 없는 신참 변호사나 신참 의사에 비유될 정도로 검증되지 않은 수준에 불과할 때가 많다는 것이다.[54)]그간 한국 육군이 미군의 전술교리와 전투장비 활용법 등을 전수받으면서 군사지식과 기술 등의 하드웨어적인 측면에서 상당한 수준으로 발전되어 왔지만, 소프트웨어적인 세 가지 측면에서는 지속적인 변화와 발전이 요구되고 있다.

첫째, 장교단의 지적 능력이나 교양 수준이 공무원 및 일반사회의 유사한 직위와 비교할 때 높거나 비슷하다고 인정하기 어렵다. 이는 군 조직의 특성 상 민간에 비해 자기계발 기회가 상당 부분 제한되기 때문이다. 또한 예산이나 인력운영 측면에서 보더라도 일반 공무원과 달리 교육 부수인원을 제한하고 있는 등의 제도적인 한계도 존재하고 있다. 그리고 한국의 경우 군사력 운용의 중심을 전쟁을 억제(deterrence)하는 능력을 보유 및 유지하는 데 두고 있지만, 휴전 상태가 장기간 지속되면서 관료·행정적 매너리즘에 빠져 있는 현실이 중요하게 작용하고 있다. 이는 전투에 필요한 전사보다 행정적 관리자를 중시하는 최근의 상위계급 선발 경향과 무관하다고 부정하기 어렵다.

둘째, 장교의 전문직업 수준을 함양시키기 위한 교육훈련이 단지 거

54) Cohn Eliot A. *Supreme Command: Soldiers, Statesmen and Leadership in Wartime* (New York: The Free Press, 2002), pp. 261~262.

쳐 가는 과정으로 소홀하게 취급되고 있다는 점이다. 육군의 장교단 보수교육 체계는 초등군사반교육과정(OBC)-고등군사반교육과정(OAC)-육군대학 기본(정규)과정-합동참모대학 정규과정(선택)-국방대학교 안보과정(선택) 등으로 이루어져 있다. 초등군사반교육(OBC)은 초급장교로 임관됨과 동시에 야전부대에서 필요로 하는 보수교육 과정이다. 따라서 직업장교 교육은 고등군사반교육(OAC)에서부터 시작된다고 봄이 타당할 것이다. 하지만 각 교육기관의 편성을 보면, 전문직업성 함양에 관한 교과목은 찾아보기 어렵다. 장교로서 갖추어야 할 기본 소양과 자질을 함양시키기 위해 장교에게 요구되는 전문직업적 가치와 심적 자세는 어떻게 견지되어야 하는지, 사회적 책임과 역할은 무엇인지, 사회적 가치를 구현하기 위해 어떻게 실천해야 하는지 등 계급 및 직책별 수준에 맞는 편성과 실천 노력은 저조한 실정이다. [그림 5-6]은 미 육군에서 시행하고 있는 계급별 관리기술 모형이다.

[그림 5-6] 미 육군의 계급별 관리기술 모형

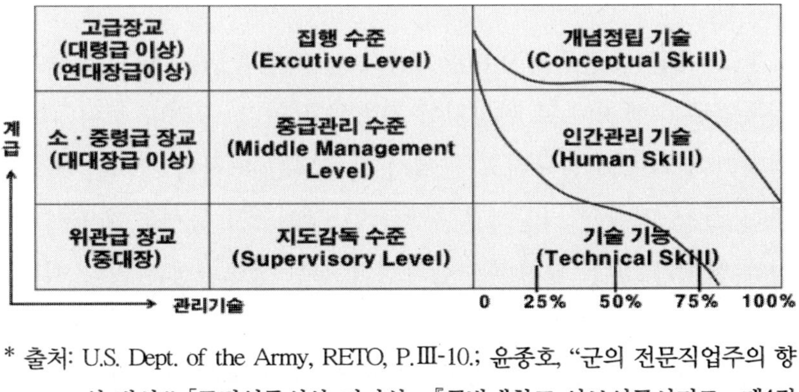

고급장교 (대령급 이상) (연대장급이상)	집행 수준 (Excutive Level)	개념정립 기술 (Conceptual Skill)
소 · 중령급 장교 (대대장급 이상)	중급관리 수준 (Middle Management Level)	인간관리 기술 (Human Skill)
위관급 장교 (중대장)	지도감독 수준 (Supervisory Level)	기술 기능 (Technical Skill)

* 출처: U.S. Dept. of the Army, RETO, P.Ⅲ-10.; 윤종호, “군의 전문직업주의 향상 방안,” 「군직업주의와 리더십」, 『국방대학교 안보연구시리즈』 제4집 제7호(2003), p. 89.

미 육군의 위관급 장교들은 지도감독 수준인 기본적인 관리기술을 배양시켜 전투기술 기능의 전문가로 양성하고 있다. 반면에 한국 육군의 장교단은 전문직업성과 기술성이 중요하다는 데 동의하면서도 정작 필요한 직업적 전문성 함양 노력은 소홀히 하는 경향이 많다. 이는 당장 개인에게 영향이 미치지 않기 때문으로 해석할 수 있는 대목이다. <표 5-18>은 한국 육군의 장교단 중 ROTC와 학사・여군사관의 충원 및 보수(초군)과정에 관한 교과편성 비율이다.

〈표 5-18〉 한국 육군의 장교단 충원 및 보수(초군)과정의 교과편성 비율

구 분	계	전투기술	전술훈련	체력/부대관리	인성 등 소양과목
충원과정 (학사・여군사관)	100.0%	41.0%	20.0%	29.0%	10.0%
보수(초군)과정 (ROTC)	100.0%	9.0%	61.0%	20.0%	10.0%

* 출처: 육군교육사령부, "초급간부 지휘능력 향상을 위한 학교교육 혁신,"(2014), p. 4.

한국 육군은 충원과정이나 보수(초군)과정을 막론하고 교과목은 전투임무 수행 위주로 편성되어 진행하고 있다. 그러다 보니 VUCA 양상의 변화에도 불구하고 군에서 요구되는 도덕적 가치관과 인문학적 소양, 전장의 다양하고 창의적인 상황조치 능력을 함양시키기는데 한계가 있다. 특히 후보생과정의 경우 생도과정과 달리 최초부터 군사학 중심의 교과목으로 편성되어 있다.

미 육군의 소・중령급 장교들은 중견관리자로서 조직관리 중심의 교육을 통해 인간관리기술 전문가를 목표로 하고 있다. 일반지휘 관

리자인 대령급 이상의 장교들은 개념정립 기술 향상을 목표로 하고 있다. 특히 대내외적 안보환경 및 정부의 타 기관들과 직무를 연계시키는 차원에서 다양하고 폭 넓은 역할, 그리고 책임이 동반되도록 진행하고 있다.[55)]

반면에 한국 육군의 소·중령급 장교는 참모학과 전술적 상황조치 위주의 프로그램을 진행하고 있다. 합동기본단기과정의 경우 군인정신, 인성교육 등이 일부 포함되어 있으나, 합동기본정규과정은 합동전략 및 전술 위주로 진행하는 등 개인역량을 함양시키는 노력은 미흡하다.

셋째, 건전한 직업윤리와 심적 자세를 확립시키는 노력에 소극적이다. 한국 육군의 군대문화는 유교사상과 일본군대의 권위주의적 잔재, 그리고 미군의 실용주의 문화가 서로 혼재되면서 정체성이 정립되지 않은 모호한 상태로 볼 수 있다.[56)] 사회의 급속한 발전 및 변화와 연계된 다양한 유형의 사고(思考)와 부정적인 행태가 여과 없이 유입되는 현상을 간과(看過)하는 과정에서 긍정적이지 못한 문화로 지속되는 것이다. 이는 5·16과 12·12군사쿠데타를 거치면서 형성된 군부 내 특정세력이 정치권력화를 지향하는 데도 많은 영향을 끼쳤다고 하여도 과언이 아닐 것이다.[57)]

1948년 미국의 세계 전략 차원에서 창설된 한국 군부는 6·25전쟁

---

55) Dept, of U.S. Army, A Review of Education and Training for officers(RETO)(Washington, D.C; USGPO, June 1978, p. Ⅲ-3.; 유재갑 외, "2000년대의 군 위상 정립과 전문직업주의화 방안,"(1990), p. 13.

56) 이기윤, 앞의 책, pp. 146~148.; 양희완, 앞의 책, pp. 7~9.

57) 국방부, 『국방개혁 추진계획』(2003년 6월), p. 13.

을 통해 급속하게 성장・조직화되면서 민간 우위의 유교전통으로 인해 멸시받던 군을 기술・과학적으로 가장 선진화된 계층으로 탈바꿈시키는 계기가 되었다.58) 이러한 군의 환경은 장교단의 직업・전문화를 가속화시키는 긍정적인 측면도 가져왔지만, 점차 군부 내의 갈등요소로 증폭되면서 정치화를 지향하는 결정적 원인으로 생성되어 갔다.59) 당시 군부의 낮은 직업화 수준과 정치적 경험이 전무(全無)했던 현상은 정치권력을 장악한 후 한국사회가 어떻게 발전되어 나가야 하는지에 대한 액션-플랜(action-plan)이 구체・포괄・체계적이지 못했던 사실에서도 발견할 수 있다. 그리고 쿠데타를 주도한 장교들 스스로가 통치권력으로서의 정당성에 대한 자신감이 결여되어 있다는 사실은 이후 민간전문가와 정치인을 대규모로 참여시켜 탄생한 유사민간화 과정을 통해 확인할 수 있다.60)

군 조직의 경우도 소수의 특정 소장 계층에 의한 쿠데타는 창군 초기에 갖고 있던 애국적 소명의식, 국가안보를 위한다는 구국적인 공동목표를 특정한 개인 및 집단의 이익을 우선시하는 풍조로 변질되었다. 그리고 이들의 폐쇄적이고 이기주의적인 행태는 전통적인 소명의식 즉, 충성, 희생 및 헌신, 봉사정신을 퇴색시켰다고 볼 수 있다. 아울러 안보불감증이 점진적으로 확산되는 가운데 군에 대한 불신과 무관심, 대군신뢰의 저하는 직업군인 장교단들의 소명의식과

58) Se-Jin Kim, *The Politics of Military Revolution in Korea*, Chapel Hill: University of North Carolina Press, 1971, pp. 36~63.

59) Se-Jin Kim, 앞의 내용, p. 66.

60) 김영명(1985), 앞의 책, p. 81.

국가관, 가치관에 대한 의구심마저 확산시키고 있다.[61)]

장교단의 직업윤리도 창군 초기에 비해 상당 부분 퇴색되어 있음을 느낄 수 있다. 직업군인 장교단 일부의 개인적 자질과 소양 부족에서 기인한 측면도 있지만, 직업안정성이 확립되지 못한 군의 시스템 및 환경적 측면과도 맞물려 있음을 부정하기는 어렵다. 이는 강압적인 지휘 및 강요행위, 진급과 연계된 부정 및 청탁행위, 하부구조를 바라보는 편향된 시각과 땜질식 처방, 군납 및 조달업무와 관련된 각종 방산비리 등이 근절되지 않고 반복되는 현실을 통해 어느 정도 느낄 수 있다. 여기에 '출신 우선주의 문화'는 장교단을 특정집단 및 특정계층의 이익을 우선시하는 풍토로 고착시켜 군 장교단 내부의 결속과 갈등을 해소하려는 노력을 더욱 어렵게 만들고 있다.

2. 시사점

1) 사회적 책임성 구현 의지 강화 및 전문직업성 교육의 질적 향상 여건을 도모

창군 초기 부대의 지휘권은 미군과 한국군 장교로 이원화되어 있었다. 하지만 한국군 장교들의 과도한 열정과 미군장교들의 과도한 간섭 및 월권 사례는 한·미군 간의 상호 마찰로 확산되는 빌미를 제공하였다. 한국군 장교들의 과도한 열정은 신병들에게 미군식 교리를 숙달시키는 과정에서 발생하였다. 일본군대의 비민주적 통솔방

61) 국방부, 앞의 책, p. 21.

식인 '기합' 등의 고질적(痼疾的)인 폐습이 교육 진행 간 답습(踏襲)되면서 당시 고문관으로 활동 중이던 미군장교의 눈에 띄게 되자 이를 제지한 게 발단이었다. 이로 인해 초기의 군기 및 훈련의 질적 수준이 더욱 문란해지는 결과로 이어졌다.[62] 특히 일본군의 부정적인 잔재 위에 미군의 제도 및 관리방식이 덧씌워지고 혼합되면서 한국 육군의 정체성(identity)은 일본군도, 미군도 아닌 애매모호한 상태로 형상화될 수밖에 없었다.

미군의 "장교지침서(The Army Officer's Guide)"는 「장교로 임관된 사람은 미국시민으로서의 기본성격 가운데 어느 한 부분이라도 포기해서는 안된다.」고 언급하고 있다. 이들은 미국시민의 생활원리를 받아들이겠다는 열망을 군인정신의 기초로 강조하면서 이상(理想)적 정신요소로 인식하고 있다는 점에 주목할 필요가 있다.[63] 이들은 [그림 5-7]과 같이 계층별 전문직업성 수준을 향상시키고 있다.

[그림 5-7] 미 육군의 지휘계층별 기술(skills) 요구수준

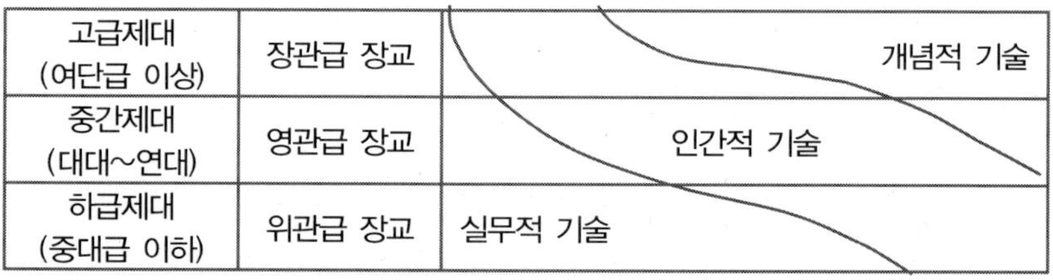

고급제대 (여단급 이상)	장관급 장교	개념적 기술
중간제대 (대대~연대)	영관급 장교	인간적 기술
하급제대 (중대급 이하)	위관급 장교	실무적 기술

* 출처: 『미 육군 장교교육훈련검토보고서(U.S. Army RETO: Review of Education &Training for Officers)』(1978).; 최광표 외, 앞의 논문, p. 94.

62) 양희완, 앞의 책, p. 173.

63) 육군사관학교, 『한국의 군인상』(1983), pp. 3~5.

미 육군은 1978년부터 지휘계층별로 차등화된 기술 수준을 개발하여 활용수준을 명확하게 제시하고 있다. 한국 육군의 장교단도 이를 바탕으로 계급과 직위에 요구되는 전문지식과 기술을 함양케 하고, 전문직업적 가치(professional values), 직업윤리 및 심적 자세(military mind), 사회적 책임성(social responsibility) 구현 등의 교육을 동시·통합적으로 진행할 필요가 있다.[64] 다시 말해 여단급 이상의 고급제대에서는 장관급 장교를, 대대에서 연대까지의 중간제대에서는 영관급 장교를 대상으로, 중대급 이하의 하급제대에서는 위관급 장교들의 계층별 전문성이 함양될 수 있도록 환경을 재조성할 필요가 있다.

한국군과 미군의 군사자료를 살펴 보면, 초급 지휘통솔자에게 요구하는 전문기술성의 역할로서 전투지휘자, 교육훈련자, 조직관리자, 위기관리자, 결심명령자, 상징적 책임자, 충고자, 설득자, 참여자, 대변자, 모범자, 개발자, 통합자 등으로 표현하고 있으며, 이를 구비하는 데 필요한 요소를 제시하고 있다(한·미 군사문헌 상 지휘통솔자의 역할과 구비요소는 <부록 5-7>을 참조하시오). 한국 육군도 이를 통해 미군의 계층별 요구 자료를 참고하여 전문성 함양 교육을 실효성 있게 진행할 필요가 있다.

2) 초급장교의 인문학적 소양 함양을 위한 '교양과목 이수제' 도입

4년제 대학교 출신의 우수한 인재를 장교로 충원시키기 위해 제도

64) 윤종호, 앞의 논문, pp. 88~89.

를 도입한 당시의 한국 사회는 구조적으로 학사학위자 출신의 인재가 상당히 드물었다. 이로 인해 4년제 대학교를 졸업했다는 것만으로도 인문학적 소양과 지적 수준이 높은 엘리트로 인정받는 분위기였다. 이에 따라 일반학과 군사학을 병행하는 생도과정과는 달리 후보생과정은 군사학 위주의 교육훈련 프로그램으로만 편성하였다.

1980년대 한국 사회의 대학 진학률은 27.2%에 불과했지만, 1990년 33.2%를 시작으로 하여 2013년 고등학생의 70.7%가 대학에 진학하는 등 세계 1위의 진학률을 유지하고 있다.[65] 당시 미국의 대학 진학률은 64%, 일본은 48%, 독일은 36%로 총 학령인구와 비교했을 때 대학교수의 수가 가장 많은 대학을 가지고 있는 대표적인 국가가 한국이었다. 그러나 민주・선진화시대로 접어들면서 4년제 대학교 학사학위자들의 대량배출은 인문학적 소양을 추가적으로 습득해야 한다는 인식을 생성시켰다. 사회적 병리현상과 끊이지 않고 발생하는 각종 사건・사고 등의 확산을 통해 느끼게 되었기 때문이다.

육군의 후보생과정과 생도과정은 창끝 전투력의 주체임과 동시에 부하들의 생사를 가늠하는 중요한 책임과 역할을 수행한다는 측면에서 군사학 일변도의 교육훈련 프로그램을 다시 고민할 필요가 있다. 그리고 초급장교 충원 이념과 군 본래의 역할 수행에 대한 의미를 되돌아 볼 필요가 있다. 초급장교 충원제도가 군의 전투력 발휘를 위한 전투지휘자를 획득하기 위함인지, 특정 출신의 진급 적체

---

65) 2014년도 고등학생 졸업생 중 10명 당 7명(70.9%)가 대학에 진학하고 있다. 이 중 여자(74.6%)가 남자(67.6%) 보다 높다. 통계청, 『2014 한국의 사회지표』(2015).

현상을 대체하거나 보조역할을 부여하기 위함인지, 장교의 임무와 역할이 획득원에 따라 차이가 나야 하는 것인지, 장교단 고유의 책임과 의무는 무엇인지에 대하여 깊이 고민할 필요가 있다.

이러한 인식의 바탕 위에서 인문학적 소양이 향상되도록 교육훈련 프로그램을 재설계함으로써 장교단의 기본자질 향상을 꾀하고, 타인 및 공동체와 더불어 삶을 영위해 나갈 수 있는 개인적인 능력과 집단 역량을 높이는 데 중점을 두어야 할 것이다. [그림 5-8]은 육군에서 제시하고 있는 인성교육의 범주를 정리한 내용이다.

[그림 5-8] 한국 육군의 인성교육 범주

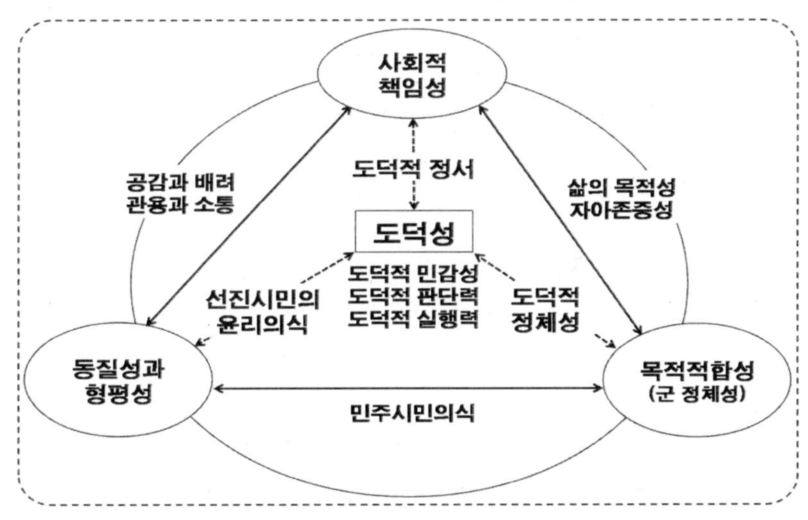

* 출처: 육군교육사령부(2015), 앞의 논문.; 필자의 관점으로 재조합하였음.

인성교육의 대상과 내용을 선정할 때는 조직의 특성과 국가 발전에 필요한 인재상이 무엇인가를 대의적 시각에서 정립하고 실무적으로 개인에 초점을 맞추어 진행할 필요가 있다. 헌팅턴이 주장한

대로 직업전문성의 토대가 되어야 하는 도덕성을 기본으로 하는 윤리의식과 도덕적 정서(emotion), 그리고 정체성(identity)이 명확하게 확립되도록 교육환경을 조성하여야 한다. 교직과정 운영규정(2015)에 따르면, 중등학교 교사는 최소 20학점의 교직과목을 이수해야 한다. 그리고 2014년 8월 6일 청와대에서 진행된 제4차 문화융성위원회에서 눈부신 성공 뒤에 남은 생명 경시현상, 타인에 대한 배려 결여, 물질만능주의 만연 등의 문제를 진단하여 7대 중점 추진과제와 인문체험의 중요성 인식 고취, 인문정신의 사회문화적 확산을 추진하는 것과도 보조를 맞출 필요가 있다.[66)]

초급장교들이 일정 학점 이상의 교양 필수 및 선택과목 등의 기본교육을 이수한 후에 임관이 가능하도록 인문학적 소양을 습득할 수 있는 환경을 구비하여야 한다. 이를 위해 '교양과목 이수제'를 도입해야 하고, 국방부도 정책적 관점에서 교육부와 협의할 필요가 있다.

초급장교는 이러한 기본교육을 완료한 이후에 부하를 지휘 통솔해야 하며, 화기와 장비, 시설 및 비품, 예산 등을 관리하는 지휘자 및 관리자로서의 역할과 교육훈련을 담당하는 교관으로서 책임과 역할을 담당하여야 한다. 지휘자 및 관리자로서 필요한 과목은 리더십, 인권, 인성, 전쟁사(한국전사, 세계전사 등), 군대윤리(직업윤리), 군법 등이 있다. 전투지휘자로서의 기본 소양에 필요한 지휘 및 관리과목은 심리학, 사회심리학, 상담심리학, 조직론, 경영관리론 등이다. 또한 교육훈련 성과를 달성하기 위해 필요한 기본 소양과목으로는

66) "'인문정신을 시민의 지혜로' 문화융성의 길 7대 중점과제," 『뉴시스』(2014년 8월 6일자).

교육학, 교육심리학 등의 과목을 선정할 수 있다.[67]

ROTC의 경우 최근 학・군 제휴대학 및 군사학과 개설이 증가되는 추세를 감안한다면,[68] ROTC후보생들의 군사학과목 중 인성 및 교양 프로그램은 군에서 직접 진행하는 것 보다 해당 대학의 정규커리큘럼에 포함시켜 이수하도록 하는 방안도 적극 검토해 볼 필요가 있다. 다만, 이러한 시도가 상명하달 위주의 주입식 교육으로 진행될 경우 그간의 경험에 비추어 볼 때 구호성에 그칠 것임이 자명하다. 국가 차원에서 미래의 국가지도자를 양성한다는 원대한 목표를 세우고 외국군의 사례를 참고하여 장학금 지급 확대, 양성예산의 균등한 편성 등의 인센티브(incentive) 대책과 자유경쟁체계 확립 등을 포함하여 구체적으로 고민해 볼 필요가 있다.

3) 지휘관 주도의 건전한 직업윤리 강화, 민간 석・박사 학위과정과 인적자원개발 교육을 확대

육군 장교단은 초기부터 지휘관 주도로 직무를 수행하는 과정에서 의식과 근무태도, 생활습관 등은 지휘관이 의도하는 대로 따르는 행위가 올바른 충성심으로 인식되어 왔다. 이는 상급자의 가치관, 정신자세와 직업의식, 언행 등을 무조건 롤-모델로 삼아버리는 경향을 가져오게 만들었다. 야전부대 및 정책제대에서 지휘관(부서장) 중심

67) 최병순, 앞의 책, pp. 56~59.를 기초로 필자가 추가하여 작성.

68) 군사학과는 현재 16개 대학교에 개설되어 있으나, 2018년까지 20개 대학교로 확대할 예정이다. 국방백서(2014), 앞의 책, p. 65.

의 건전한 생활화교육이 중요한 이유가 여기에 있다. 하급자는 무조건 수명하고 복종해야 한다는 군 지휘관(상급자)들의 의식도 개선되어야 하겠지만, 장교단의 지적 건전성을 높여줄 필요가 있다.

직업군인 장교단의 경우 임관 이후부터는 사회적 책임성과 목적적합성을 이해하거나, 체득할 기회가 별로 없다. 따라서 야전 및 정책제대에서 직무를 수행할 때에도 지휘관(부서장)에 의한 생활화교육의 질적 수준을 지속적으로 재강화하여야 한다. 이를 통해 장기·중기·단기복무장교들의 계층별로 직업윤리가 정착되도록 수준을 향상시킬 필요가 있다. 장기복무장교에게는 심적 자세와 소명의식을 함양하는 계기로, 중기·단기복무장교에게는 개인역량을 함양할 수 있는 기회로 제공되어야 할 것이다. 이러한 환경·의지적 요소가 구비될 때 군사전문가로서의 소명의식과 심적 자세를 요구할 수 있을 것이다.

예를 들어 2004년 미 피터 드러커(Peter Ferdinand Drucker, 1909~2005) 교수와 제네럴 일렉트릭(General Electric)사의 잭 웰치(Jack Welch, 1935~) 회장이 극찬하였던 세계에서 리더십이 가장 탁월한 조직은 하버드대나 골드만 삭스, IBM사 등이 아니라 미 육군으로 강조하고 있음을 되새겨 볼 필요가 있다. 리더십교육을 예로 들면, 미 육군은 계급과 직책 등의 위계질서를 기준으로 하는 교육은 진행하지 않는다. 이들의 노력은 성품(Be)-능력(Know)-행동력(Do)이라는 함축된 세 단어에서 찾아볼 수 있다. 장군, 영관·위관급 장교 및 부사관 등 신분이나 직책으로 리더를 구분하는 게 아니라 모든 상급자가 모든 하급자의 리더임을 인식하고 교육을 진행하기 때문이다. 이들은 자신의 직책에서 부여된 책무를 다하기 위해 갖추어야 하고(Be), 알아야 하고(Know), 그리고 행동으로 실천해야 할 것(Do)에 대하여 다양한 사례를 접목하여 진행하면서 상당한 성과를 내고 있다.[69)]

한국 육군의 리더십교육은 계급·직책별 간부 중심으로 한계를 지어 놓은 상태에서 진행한다는 점에서 미 육군의 시각과 차이가 있음을 느낄 수 있다. 민간 기업들은 내부에서 승진을 시켜 인재를 육성하기도 하지만, 다른 조직에서 성공한 인재를 영입하는 경우가 대부분이다. 그러나 군 조직은 특성 상 리더 영입이나 경쟁기업에서 스카우트하는 제도 자체가 불가능한 여건임은 주지의 사실이다.

한국 육군은 필요할 경우 미 육군의 리더십 교육 사례를 참고하여 본래의 존재 가치와 역할이라는 근본적인 명제를 놓고 재접근해 볼 필요가 있다. 특히 리더십교육은 군에서만 필요한 교육이 아니라는 점을 분명히 하고 싶다. 국가발전을 위해 사회생활 과정에서도 반드시 갖추어야 할 필수요소이기 때문이다. 이를 토대로 하여 시대적 소명과 외부 환경의 변화에 부합되도록 노력하여야 하며, 확고한 국가관과 올바른 사생관, 전문직업관이 향상될 수 있는 시스템으로 전환시킬 필요가 있다. 또한 정책제대와 고급지휘관들의 의식이 더 개선되어야 하고, 민간의 석·박사 학위과정도 교육부와의 협의를 통해 문호를 더 확대할 필요가 있다.[70)] 아울러 전문성 확대를 위해 인

---

69) 리더 투 리더 재단 저, 유자화 역, 『최고의 리더십』(2007), pp. 11~17.; 『THE U. S. ARMY LEADERSHIP FIELD MANUAL FM 22-100』(2007).

70) 육군은 간부들의 자질 향상과 자기계발을 위해 148개 민간대학원과 '學·軍 제휴' 협약을 체결, 학비 감면과 교육기회의 확대를 추진하여 연간 2,800여 명의 군간부들이 국내 대학(원), 전문대 기능대 및 사이버 대에서 수학하고 있다. "육군, 2006년도 석·박사 111명 탄생," 『연합뉴스』(2006년 2월 27일자).

적자원개발을 평생교육 차원에서 시행되도록 노력하여야 하며, 직무수행능력이 향상되도록 진행함으로써 전투력 발전에 도움이 되도록 하여야 한다. 그리고 전역 후에는 재취업역량으로 전환될 수 있도록 강화되어야 한다.[71)]

제3절 형평성: 복무관리의 균형성 측면

1. 현상 분석 및 평가결과

육군은 그간 제도 개선을 위해 많이 노력하여 왔지만, 인식이 근본적으로 변화되지 않고는 해결되기 어려운 분야도 존재하고 있다. 장교단의 각종 보직과 진급, 그리고 교육기회 부여 등에서 차등화 관리로 인해 많은 갈등과 불신이 누적되어 왔기 때문이다. 장교는 직책과 계급에 따라 동일하게 임무와 역할을 수행하고 있다는 사실과 각종 진급 및 보직을 판단할 때 본래의 목적과 역할에 충실했는지에 대하여 되새겨보아야 한다. 차등화관리를 당연시하는 장교단의 현실 인식이 전환되지 않고서는 군 내부에서 누적되고 있는 긍정적이지 못한 딜레마를 극복하기는 쉽지 않다.

---

71) 노양규, 앞의 내용, p. 12.

1) '장기복무인력 중심'으로 육군 정책을 시행

육군은 인사정책의 중심을 장기복무인력에 두고 있으며, 차등화된 복무관리 형태를 취하고 있다. 이러한 환경에서 장교단의 직업안정성을 확립하기는 쉽지 않다. 장교단의 대다수를 구성하고 있는 일반 출신 장교들이 대체 및 단기복무인력이라는 이유만으로 소홀하게 취급받고 있기 때문이다. 이는 육군의 충원 이념과 본질적으로 배치되며, 형평성에도 맞지 않는다. 더욱이 직업장교와 비직업장교로 구분짓고, 차등화 관리되고 있는 형태는 자유민주주의의 기본원리에도 부합하지 않는다. 다시 말해 지속되고 있는 "대량획득-단기활용-대량유출" 개념은 군 하부 전투력의 약화를 가져올 수밖에 없는 구조로 되어 있다.[72)]

2014년 국방위 국정감사에서 손인춘(새누리당) 의원이 제시한 '연도별 간부증원 현황'에 따르면, 육군의 간부 비율은 25.5%이다. 이 중 대다수 간부가 임관 후 3~4년 만에 조기 전역하는 등 간부들의 대량유출이 심각한 수준임은 구체적으로 드러나고 있다. 장교단의 경우 77%가 3년 내에 전역하고 있는데, 이는 미국 54%, 일본 59%, 중국 52%, 독일 57%, 북한 40%를 훨씬 웃도는 수준이다. 실제 2009년에서 2013년까지 5년 간 47,870명이 장교로 임관된 후 22.9%인 10,971명만 장기복무자(육사 출신은 전원을 포함한 숫자)로 선발되었다.[73)] 취약한 인력 구조는 매년 동일한 현상을 반복시키고 있으며,

72) 국방부(2012), 앞의 책, pp. 161~162.

73) 고승민, "軍 간부 대량 유출 '심각'... 장교 77%가 임관 3년 내 '전역'," 『뉴시스』(2014년 10월 27일자).

획득소요는 증가되고 있다. 이는 그간 단기 효과와 장기복무인력에만 인력운영의 초점을 맞춘 결과로 군 본래의 존재 의미와 역할에 기반을 두는 뚜렷한 장교단 충원 이념과 일관된 목표 달성에 충실하지 못했기 때문임은 주지의 사실이다.

최광표 외(2012)의 연구결과는 초급장교에 관한 기초 자질 및 임무수행의 신뢰도 수준을 측정하여 특정 출신이 우수한 것으로 결론짓고 있다.[74] 이는 논리의 비약과 이분법적 사고에 의한 편향된 시각으로 볼 수 있다. 특정 출신과 일반 출신의 양성 환경 및 복무관리 형태에서부터 제도·환경적인 격차가 존재하기 때문이다. 특정 출신의 경우 충원과정에서부터 직업장교로의 확정, 양성교육 예산의 집중투자, 임관함과 동시에 같은 년도에 임관한 일반 출신 장교에 비해 +1.5~2배의 호봉 혜택, 진급·보직을 비롯한 각종 우선적 혜택 등의 제도적 환경은 고려하지 않는 시각과 접근방식에서 공정·객관성을 결여하고 있기 때문이다.

이는 하부 구조의 전투력 강화를 위한 지혜로운 접근방식으로 보기 어렵다. 왜냐하면, 교육예산의 투자환경 및 우선적 혜택의 정도가 일반 출신과 확연하게 다른 점은 고려하지 않고 특정 출신이 우수하다는 결론을 당연시하고 있기 때문이다. 이러한 일방적 유형의 연구는 직업군인 장교단 내부의 갈등과 불신을 더욱 조장할 뿐 군의 전투력 발전과 유지에 도움이 된다고 보기 어렵다. 즉, 출신에 따라 적용되고 있는 제도적 한계 및 특수한 환경적 여건은 도외시한 상태에서 특정시점에 국한하여 접근한 편향된 관점으로 볼 수 있기

---

74) 최광표 외(2012), 앞의 논문, pp. 137~150.

때문이다.

2013년 2월 19일자 조선일보 사설 “군 복무 18개월로 줄 텐데 28개월 ROTC 누가 가겠나”와 “‘위기의 ROTC... 초급장교 60%’ 군 인력풀이 흔들린다”는 제하의 기사는 국민들의 일반적인 인식을 잘 보여주고 있다.[75] 또한 일반 출신 일부에서 갖고 있는 바와 같이 「어차피 군 복무를 해야 하므로 병사보다는 장교로 가는 데 편하다.」는 안일한 의식도 현실로 존재하고 있음을 부정할 수 없다. [그림 5-9]는 육군의 장교단 연간 순환율 및 복무체계 현황이다.

[그림 5-9] 한국 육군의 장교단 연간 순환율 및 복무체계 현황(2014년)

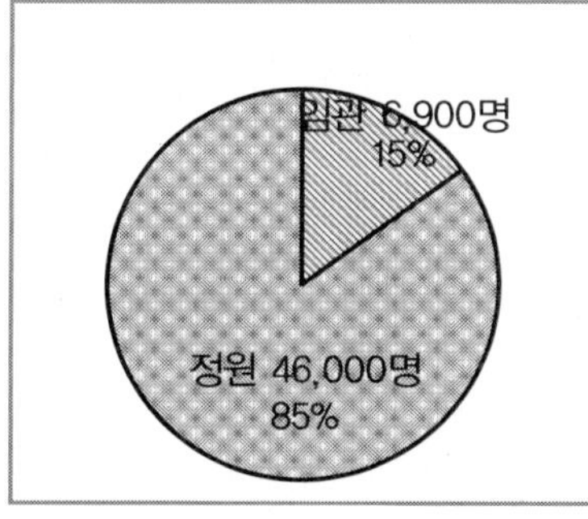

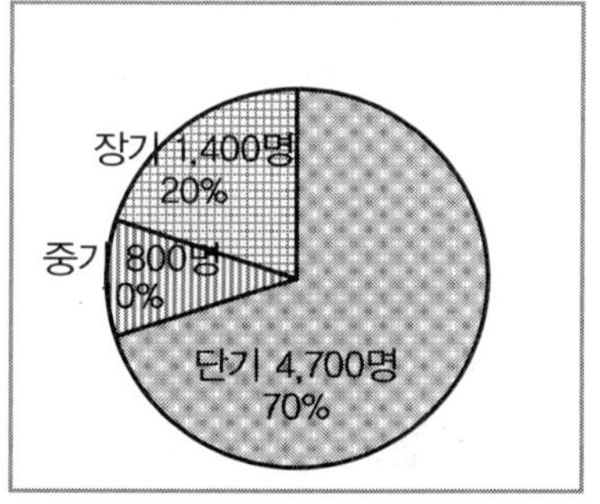

* 출처: “중·장기 우수 초급간부 획득정책,” 『육군본부』(2014).

육군의 연간 장교 순환율은 15%로서 미국의 8.7%, 영국의 5.2%보다 상당히 높은 편이다. 연간 6,900명이 임관하고 있지만, 이 중에 10

75) 유용원, “군복무 18개월로 줄 텐데 28개월 ROTC 누가 가겠나,” 『조선일보』(2013년 2월 19일자).; 전현석, “위기의 ROTC... 초급장교 60% ‘군 인력풀’이 흔들린다,” 『조선일보』(2013년 2월 19일자).

년 이상 근무하는 장기복무장교는 1,400명으로 20%, 6년 이상 근무하는 중기복무장교는 800명으로 10%에 불과한 실정이다. 육군의 인력구조는 장교단의 80%를 의무복무장교에 의존할 수밖에 없다. 이처럼 취약한 인력구조는 하부제대의 핵심계층인 중대장의 58%, 소대장의 92%를 중기·단기복무자로 구성할 수밖에 없도록 만들어져 있다. 초급장교들의 취약한 기본자질과 전문성 수준을 해소하기 위해서는 장교단이라는 대의적 시각에서 제도가 시행되어야 하지만, 추진 노력은 소홀하다.[76] 이미 기득권계층으로서의 특권을 내려놓기는 누구라도 힘들 것임이 자명한 사실이기 때문이다.

2) 생활부담의 증가 추세와 조기 정년의 한계 극복은 요원

과거 이승만 대통령의 독선적 카리스마와 사사로운 욕심은 장교단을 정치화시켰고, 본연의 임무와는 다른 독아(毒牙)를 배태시켰다. 박정희 장군은 군을 정치권력화하면서 특정 출신을 핵심엘리트 계층으로 형성시켰다. 국민들은 군부를 동경하였고, 민간 기업에서는 군조직의 시스템을 벤치마킹하는 분위기를 가져왔다.

이후 육군의 인사관리 및 운영의 주요 계선은 특정 출신으로 보직되었고, 각종 보직 및 교육을 포함하여 상위계급 진출은 거의 독점되었다. 직업군인 장교라는 전문직업이 보장되기 위해서는 직업안정성이 먼저 확립되어야 하지만, 부정적인 전망은 사라지지 않고 있다. 상위계급 진출은 거의 고정되어 있는 현실에서 개선이나 변화될 징

76) 박효선, “창끝 전투력, 초급간부 충원 힘써야”, 『동아닷컴』(2013년 2월 25일자).

후는 거의 보이지 않기 때문이다. [그림 5-10]은 직업군인 장교단의 생애주기와 연령대별 생활부담의 증가 추세를 정리한 도표이다.

[그림 5-10] 직업군인 장교단의 생애주기와 연령대별 생활부담 증가도표

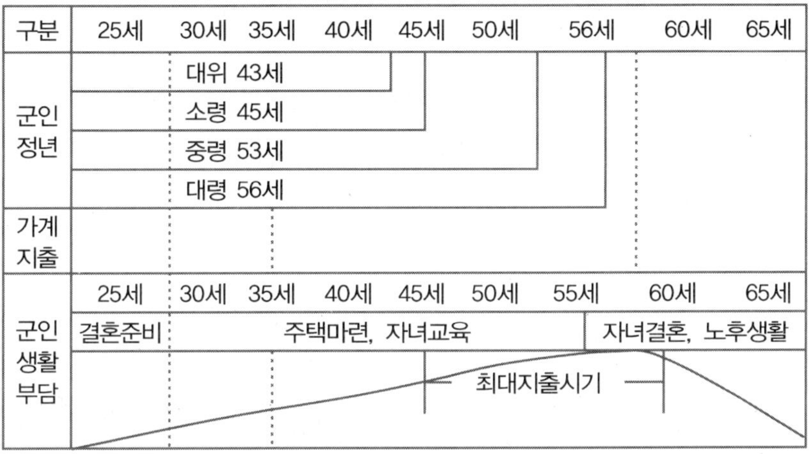

구분	25세	30세	35세	40세	45세	50세	56세	60세	65세
군인 정년		대위 43세							
		소령 45세							
		중령 53세							
		대령 56세							
가계 지출									
군인 생활 부담	25세	30세	35세	40세	45세	50세	55세	60세	65세
	결혼준비	주택마련, 자녀교육					자녀결혼, 노후생활		
					최대지출시기				

* 출처: 군 인사법 시행령, 법률 제11390호 (2012. 1. 31.).; 강광수, "군인의 직업 안정성 보장을 위한 연령정년 제도 개선방안," 영남대학교 행정대학원 석사 학위논문, (2012), p. 15.; 연구자가 도표 일부를 그래프로 표식하였음.

직업군인 장교단의 생애주기는 40세 이후부터 가계지출의 증가 추세가 상승되기 시작하면서 50대 중반 이후에 이르게 되면, 가계지출이 최대로 이루어지게 되어 부담은 갈수록 증가될 수밖에 없다. 또한 단기복무장교들의 경우 군에서의 직무 수행경력과 관련된 취업이 아니라 대학교에서의 전공분야에 따라 취업을 하고 있음을 직시(直視)하여야 한다. 다시 말해 이들은 국방부 차원의 전직지원 혜택에 따른 것이 아니라 대학교 재학 시의 전공에 따라 직업을 선택

하고 있기 때문에 전직지원이나 군의 취업률로 판단하기에 무리가 있다는 점이다. 최근 조사에 의하면, 중·장기복무 후 전역간부들의 평균연령은 44.6세로 30~40대가 54.7%를 차지하고 있으며, 이들의 '일자리에 대한 불안'은 심각한 수준으로 나타나고 있다.

그러나 2013년 말 기준으로 2007년부터 2011년까지 5년 간 중·장기복무 전역자 29,000여 명의 재취업 현황은 55.9%로 한국 남자의 평균 고용수준인 69.8%보다 14%나 낮은 실정이다.[77] <표 5-19>는 직업군인제도가 정착되어 있는 각국의 장교단과 한국 육군의 정년제도를 비교한 내용이다(한국 육군의 계급별 정년 변천과정은 <부록 5-8>을 참조하시오.).

〈표 5-19〉 한국 육군과 외국군 장교단의 정년제도 비교(2011년 기준)

( ): 근속정년

<table>
<tr><th>구 분</th><th>한 국</th><th>미 국</th><th>영 국</th><th>독 일</th><th>프랑스</th><th>일 본</th></tr>
<tr><td>대 장</td><td>63세</td><td rowspan="8">62세</td><td>60세</td><td rowspan="4">61세</td><td rowspan="2">60세</td><td rowspan="4">60세</td></tr>
<tr><td>중 장</td><td>61세</td><td>59세</td></tr>
<tr><td>소 장</td><td>59세</td><td>57세</td><td rowspan="2">58세</td></tr>
<tr><td>준 장</td><td>58세</td><td rowspan="4">55세</td></tr>
<tr><td>대 령</td><td>56세(30)</td><td>60세</td><td rowspan="3">57세</td><td>56세</td></tr>
<tr><td>중 령</td><td>53세(26)</td><td>59세</td><td rowspan="2">55세</td></tr>
<tr><td>소 령</td><td>45세(20)</td><td>57세</td></tr>
<tr><td>위 관</td><td>(15)</td><td>영관시험에 합격하지 못할 때는 소위 임관 후 16년 후에 정년</td><td>53세</td><td>52세</td><td>54세</td></tr>
<tr><td>비 고</td><td>-</td><td>긴 정년/
재취업보장</td><td>짧은 정년/
재취업 보장</td><td colspan="2">긴 정년/
직업안정성 보장</td><td>짧은 정년/
재취업지원</td></tr>
</table>

77) 조진만, "제대군인을 아시나요," 『울산종합일보』(http://www.ujnews.co.kr) (2014년 12월 30일자).

* 출처: 임천영, 『군인사법』(서울: 법률문화원, 2007), pp. 235~236.; 『일본자위대 총람』(1995), p. 195.; 정주성 · 안석기, 「군인 직업성 제고의 필요성 및 발전 방안」, 『주간국방논단』 제1353호(11-13) (2011), p. 5.; 『국방일보』, 앞의 내용(2016년 2월 23일자, 16면).; 인력연구개발센터, 「세계 국방인력 편람(2003~2004)」(서울: 한국국방연구원, 2005).

미 육군은 근속정년으로 전역하기 때문에 연령제한으로 인해 직업을 상실하는 경우는 거의 없다. 또한 계급과 상관없이 평생직장으로 종사가 가능하기 때문에 직무에 전념할 수 있는 여건이 마련되어 있다. 다만, 영국은 다른 국가들에 비해 상대적으로 정년은 짧지만, 재취업이 보장되어 있다.

다른 국가들은 소령 이상 장교들의 경우 최소 50세 이상은 복무할 수 있도록 직업안정성이 보장되어 있다. 또한 한국의 일반직공무원 등도 직업안정성 측면에서 군에 비해 상대적으로 보장이 잘되어 있음을 알 수 있다. <표 5-20>은 한국의 일반 · 경찰 · 소방공무원 연령정년 및 계급정년 연한이다.

〈표 5-20〉 한국의 일반 · 경찰 · 소방공무원 연령정년 및 계급정년 연한

구 분		-	1급	2급	3급	4급	5급	6급	7급	8급		9급
		치안총감	치안정감	치안감	경무관	총경	경정	경감	경위	경사	경장	순경
		-	소방총감	소방정감	소방감	소방정	소방령	소방경	소방위	소방장	소방교	소방사
일반직	연령정년	-	60세					57세				
경찰	연령정년	-	60세					57세				
	계급정년	-	-	4년	6년	11년	14년	-				

구 분		–	1급	2급	3급	4급	5급	6급	7급	8급		9급
		치안총감	치안정감	치안감	경무관	총경	경정	경감	경위	경사	경장	순경
		–	소방총감	소방정감	소방감	소방정	소방령	소방경	소방위	소방장	소방교	소방사
소방관	연령정년	-	61세					58세				
	계급정년	-	-	4년	6년	10년	12년	14년	-			

* 출처: 『정부조직법』(법률제11690호, 2013년 3월 23일 개정).; 국가공무원법 제2조 (법률 제12792호, 2008년 3월 28일 개정).; 경찰공무원법 제24조 (법률 제12233호, 2011년 5월 30일 개정).; 필자가 도표로 작성하였음.

일반직 공무원은 직급에 관계없이 60세가 정년이고, 경찰과 소방공무원도 직급에 상관없이 60~61세이며, 대학교수는 65세까지이다.[78] <표 5-21>은 2008년에서 2009년까지 고용노동부가 작성한 민간기업의 정년퇴직 연령 현황이다.

〈표 5-21〉 한국 민간기업의 정년퇴직 연령 현황(2008~2009년)

구분	단일	평균정년	54세 이하	55세	56세	57세	58세	59세	60세	61세	62세	63세	64세	65세 이상
2009	사업장	57.18	0.56	39.6	4.4	10.6	21.3	3.4	16.0	1.1	0.3	0.6	0.2	2.0
	근로자		0.3	39.3	5.0	10.2	25.3	5.1	12.2	0.5	0.1	0.3	0.1	1.0
2008	사업장	57.14	0.3	39.8	5.2	10.2	21.8	3.9	14.4	1.0	0.1	0.7	0.2	1.9
	근로자		0.2	38.1	5.3	9.8	24.5	8.6	11.7	0.4	0.1	0.3	0.1	0.9

* 출처: 고용노동부, 『고령자 고용현황』(2010).

78) ① 교육공무원의 정년은 62세로 한다. 다만, 「고등교육법」 제14조에 따른 교원인 교육공무원의 정년은 65세로 한다. 『고등교육법』 제14조 (법률 제12174호, 2011년 9월 개정).

민간기업도 평균 55세를 정년으로 채택하는 추세에 있다 보니 군의 직업안정성은 상대적으로 상당히 낮은 편이다. 물론 직업군인의 정년은 일반 공무원과 상이하게 되어 있다. 군 조직의 특성 상 신체적 요구에 적합한 자원을 확보함과 동시에 인력 적체 현상을 해소함으로써 적정 진출률을 유지해야 하기 때문이다. 그러다보니 인력관리의 효율성을 더 중시할 수밖에 없는 어려움이 존재하고 있음을 도외시할 수는 없다. 하지만 직업군인 장교단의 대다수가 민간직종에 비해 4~20년 정도 조기에 정년이 되는 불가피성과 직업의 불안정성, 그리고 일반사회와 다르게 민간 노동시장의 유사직종으로 이직(turnover)이 거의 불가능한 현실은 간과되는 측면이 안타까울 따름이다.

3) 진급 우선주의의 폐해는 '충성병(忠誠病)'을 생성시켰고, 차등화 관리는 출신 간 갈등과 불신으로 누적

군의 상명하복, 절대복종이라는 수직・획일적이면서 사고의 유연성이 제한되는 관료제적 특성[79]과 지휘관의 독점적인 권한 행사는 직업윤리관이 확고하지 못한 장교들에 의해 상관의 부당한 지시나 명령을 기꺼이 수행하는 분위기를 조성하고 있다. 또한 일반 출신들로 하여금 특정 출신에 의지하거나, 해당 출신 선임 장교의 눈치를 보게 하는 충성병이라는 독특한 현상을 생성시켰다.[80] 이는 권한,

79) 이해원・박은석, "미래 국방발전을 선도할 '창의적 인재 육성 및 활용' 전략," 『합참지』 제67호(서울: 합동참모본부, 2016년 4월), p. 34.

명예와 부(富), 사회적 위상 등의 가시적 보상이 모두 상위계급 진출과 연계되어 있기 때문이다.

육군의 장교단 진급제도는 지휘관(부서장)이 부하를 상위계급으로 진출시키거나, 방해할 수 있는 관료체계로 형성되어 있다. 따라서 아무리 군인정신이 투철하고 유능한 장교일지라도 충성병과의 타협을 외면하기란 쉽지 않은 일이다. 경쟁관계에서 도태될 경우 '낙오자'가 되고, 이직할 수밖에 없는 현실로 내몰리기 때문에 진급을 군생활의 전부로 생각할 수밖에 없다. 충성병은 건전한 직업윤리와 상충될 뿐 아니라 이를 매개로 하는 차등화된 복무관리체계 및 인사운영의 폐해가 만들어낸 결과물로 해석할 수 있다.[81]

육군의 인력관리 특성 상 진급제도는 자유경쟁에 의한 능력 본위

---

80) 장교의 책무를 수행하기 위한 군대윤리는 '명령과 복종'이다. 과거 보수적인 군대는 '명령에 대한 복종의 당위성은 명령자의 권위에서 나온다.'라고 보았다. 그러나 현대 자유민주주의 군대는 '적법성'으로 보고 있다. 상관이 장교에게 전문직업윤리에 위배되는 행동을 강요할 경우 그 명령이 적법한 민주적 절차를 거친 '합법적 명령'일 때에는 복종하지만, 불복종해도 되는 경우로 네가지를 두고 있다. 첫째, 내재적 결함과 무효화 가능성이 있는 명령으로 수행이 불가능한 명령, 둘째, 법규적 규범이나 상부의 훈령을 위반한 명령, 즉, 불법행위를 저지르게 하는 명령, 셋째, 직무상의 이익을 침해하는 명령으로 부하의 개인적 이익까지 침해하는 명령, 넷째, 상황에 부적합한 명령이나 도덕적 의무와 상충하는 명령이다. 조승옥, "조건부 의무로서의 복종의 의무," 『제5회 화랑대 국제학술심포지움 논문집』(서울: 육군사관학교, 1989), pp. 142~160.

81) Flammer Philip M., "Conflicting Loyalties and American Military Ethic," Malham M. Wakin, *War, Morality, and Military Profession* (1986), pp. 100~101, 163~178.

의 선발이 아니라 획득원별로 일정비율을 할당하여 적정수준의 진급심사 및 선발이 될 수밖에 없는 불가피성이 내재되어 있다. 이는 직업군인 장교단의 정예화에 걸림돌이 되고 있으며, 장기복무 선발과 진급심사의 공정성에 대한 불신 및 갈등과도 연계된다는 점에 주목할 필요가 있다.

획득원에 따라 선별적으로 장기복무장교로 충원하고, 획득원별 할당을 통해 진급관리를 할 수밖에 없는 현실적 한계는 초급장교의 기본자질을 동질화시킬 수 있는 여건 자체를 무력화시키고 있다.[82] 매 진급시기마다 할당되고 있는 획득원별 공석 제한은 전투력 발전 및 향상에 기여한 우수능력자 및 성실근무자의 상위 진출마저 제한시키고 있다. 이는 개인주의 행태를 양산하는 구조로 만들었으며, 적기 경과자들로 하여금 복무태만 및 눈치 보기, 일반 출신 하급 장교들의 복무의욕과 사기를 저하시키는 등의 폐해로 축적되어 육군 장교단의 전투력과 사기를 점차 약화시키고 있다.[83]

육군본부(2003)가 2000년에서 2002년까지 3,955명의 장기복무 전역간부를 대상으로 실시한 설문조사 결과에 따르면, 48.4%가 자신들의 생활수준이 일반사회와 비교 시 중하층 이하로 응답하고 있다.[84] 이는 군이라는 폐쇄·배타적인 시스템에서 복무하는 직업군인 장교들의 사회적응 수준과 의식을 단적으로 보여주고 있다. 상위계급으로 진출한 장교는 진급의 영광을 포함하여 정년이 연장되는 혜택까지

82) 최병순, 앞의 책, p. 59.

83) 국방부, 앞의 책, p. 21.

84) 「장기복무 전역간부 설문조사 결과(2000~2002년)」, 『육군본부』(2003).

부여되지만, 진급에서 누락할 경우 재취업 보장이 없는 상태에서 전역하기 때문에 진급이 지상목표가 될 수밖에 없기 때문이다. 이러한 현상은 점차 장교단의 건전한 기풍마저 훼손시키게 될 것임이 자명한 사실이다.

미 육군의 수뇌부 구성을 보면, 웨스트포인트 출신과 비웨스트포인트 출신이 고르게 분포되어 있음을 확인할 수 있다. 비웨스트포인트 출신은 웨스트포인트 출신과 동일한 소명의식과 동질성 속에서 전투력의 발전 및 유지를 위해 적극 노력하고 있으며, 특히 민간 네트워크와 연계한 상호 교류활동을 주도하고 있다.[85)]

한국 육군도 군을 이해하는 민간인과 사회를 이해하는 군인이 많도록 군의 내외부 환경이 조성되어야 하지만, 변화 및 추진 노력은 미약한 수준이다.

2. 시사점

1) '소수획득-장기활용-소수유출' 개념의 인력구조로 일대 전환

육군은 미진급자를 단순하게 분리(seperating)시키는 전직지원 및 취업정책을 고수하여 왔다. 한국사회의 현실이 직업군인 장교가 민간사회로 이직할 경우 민간직종과의 연계가 어렵기 때문에 군 관련 직종이 아니면 재취업이 쉽지 않은 실정이다. 따라서 외형적으로는

85) 대한민국 ROTC 50년사 편찬위원회, 앞의 책, p. 608.

이직률이 조금씩 향상되고 있지만, 내부적으로 실질적인 성과 측면에서는 많이 미흡한 여건이다.

이를 극복하기 위해서는 대량으로 획득한 우수자원을 조기에 전역시키는 '다수 조기전역'이라는 피동적인 개념에서 벗어나 전역 인원을 최소화하는 '소수 조기전역'이라는 선제적 개념으로 전환시킬 필요가 있다. 이를 위해서는 일반 공무원과 유사하게 정년을 조정할 필요가 있다. 이를 통해 장교단의 동질성 및 형평성에 대한 갈등과 불신을 상당부분 해소시킬 수 있을 것이다. 반면에 계급별 진출률과 보직관리의 적체 및 저하, 인력 적체 및 인력유지비 증가 등 장기활용에 따른 역기능 예방을 위한 연구가 추가적으로 필요함도 사실이다. 하지만 인력구조의 전환에 많은 제한요인이 존재하고 있음에도 불구하고 현실적으로 예상되는 문제의 상당부분을 해소시킬 수 있는 실효적인 성과도 가져올 수 있을 것이다.

2) '장기복무관리'에서 '중기복무관리' 중심으로 정책을 전환

군인사법 상 장기복무장교는 10년, 단기복무장교는 3년으로 복무기간을 규정하고 있다. 이 중 3년에서 10년 사이의 복무인력은 중대장을 포함하여 대위에 해당하는 인력으로 군 하부구조의 중요한 지휘·통제·관리 역할을 담당하고 있다. 3사교 출신과 ROTC, 학사·여군사관출신 장교는 대학교 재학 간 장학금 혜택을 받을 경우 6~7년의 중기복무를 하고 있으며, 단기복무인력 중 지원을 통해 1년에서 4년까지 복무를 연장시키고 있다. 그러나 장기복무로 선발되지 못해 이직해야 할 경우 재취업하기는 상당히 애매한 연령대임은 일반적 사실이다.

따라서 대다수 일반 출신인 단기복무장교들을 중기복무장교 또는 장기복무장교로 전환시키는 비율을 점차 확대할 필요가 있다. 특히 단기복무장교와는 차등화된 복무관리가 필요하고, 장기복무장교와는 균형을 유지하는 가운데 일정한 비율만 상위계급으로 진출시키되, 각종 보직 및 교육여건 등에서 균형을 맞추는 세 가지의 노력을 병행할 필요가 있다.

첫째, 직업안정성 보장을 위해 중기복무 연한을 현행 6년에서 10년 이상으로 확대하는 정년제도의 연장과 최소한 소령계급 이상으로의 진출을 보장하여야 할 것이다. 둘째, 대위의 경우 계급정년으로 되어 있는 15년에서 최소한 연금은 보장받을 수 있도록 복무기간이 연장되어야 한다. 그리고 45세가 정년인 소령도 최소한 직업안정성은 보장되도록 연령정년을 조정하여야 한다. 셋째, 단기복무 후 전역하는 장교의 경우 전직교육과 취업 장려금 지원, 적극적인 재취업 알선 보장 등 전직지원 교육훈련 프로그램을 제도적으로 활성화하여야 한다. 아울러 국가 차원에서 민간직종과 연계될 수 있는 환경과 분야를 개발 및 개선시키는 노력도 확대하여야 한다.

VUCA 양상으로 변화되는 환경에서 소부대 전투지휘자가 발휘하는 다양성과 창의성, 그리고 사회 각 부문에 형성되어 있는 획득원별 인적 네트워크는 전장의 주도권을 확보하는 데 결정적으로 영향을 미치게 될 것이다.[86)]

---

86) 김원대 외, "교육의 수월성(秀越性) 제고를 위한 육군 학군단 운영체계 발전 방향," 『주간국방논단』 제1467호(13-24) (2013), pp. 2~3.

제 6 장

결 론

제1절 요약 및 시사점

이 책은 군이 '전쟁에 대비하는 국가안보의 대표 집단' 으로서 '전투력 발전과 유지' 라는 본래의 목적에 전념하기 위해서는 육군의 장교단 충원제도를 비롯한 복무관리와 인사운영 전반이 공개성과 공공성 측면에 부합되어야 한다는 시각에서 탐구하였다. 그리고 목적을 달성하기 위해 이론적 검토과정을 거치면서 일반직업과 전문직업의 의미, 특히 직업군인 장교단은 어떠한 소명의식과 심적 자세, 행동력이 실천되어야 하는지를 살펴보았다. 또한 외국군과 한국 육군 장교단 충원제도의 차이점은 무엇인지, 동질성과 책임성, 그리고 형평성을 보장하는 요인이 무엇인지도 탐구하였다.

각 국가마다 고유한 역사적 특성과 정치·사회적 환경에 부합된 우수인재를 장교단으로 충원하고 있으며, 통제 및 관리를 가능한 한 단순화시켜 장교단이 본연의 역할 수행에 전념토록 적극 보장하고 있다. 특히 균형된 복무관리, 자유경쟁체계의 확립, 전직지원 및 재취업교육 등도 제도적으로 활성화되어 있어 군 내외부적으로 두터운 신뢰를 얻고 있었다.

민주·선진화 사회로 갈수록 민군 간 네트워크 형성의 중요성은 더욱 부각되고 있다. 이제 육군도 민간기업과의 경쟁을 통해 우수인재를 확보해야 하는 어려운 현실 속에서 사회와의 소통과 공감이 없는 제도의 시행은 또다른 부정적 문제로 파생될 수 있음을 재인식할 필요가 있다. 한국 육군 장교단이 사회로 진출하여 활동하고 있는 영역을 출신별로 살펴보면, 육사교 출신들은 정계 및 관료, 국방관련기관을 중심으로 분포되어 있다. ROTC 및 학사, 3사교 출신들은 그 이외의 다양한 영역에서 국가 발전에 기여하고 있음을 확인할 수 있다. 이처럼 출신별 활동 영역의 분포도는 사회의 변화상과 앞으로의 VUCA 양상을 고려할 때 새로운 방향으로의 제도적 검토가 요구되는 시점임을 계시(啓示)하고 있음을 인식할 필요가 있다.

본 연구는 세 가지의 독립변수를 중심으로 하여 육군 장교단의 대내외적 신뢰 수준과 직업안정성의 확립 정도를 살펴보고 그 시사점을 도출하는 데 목적을 두고 진행하였다.

첫째, 동질성 측면을 평가한 결과, 육군의 인력구조는 폐쇄적이며, 특정 출신 중심으로 밀접하게 연계되어 있다. 이는 창군 초기 생성된 계파주의와 정치권력을 획득하는 과정에서 예견되었던 결과로 볼 수 있다. 특정 출신 고유의 배타적 의식은 일반 출신들과의 경쟁관계 성립이나 접근 자체를 허용하지 않는 환경으로 고착되어 왔다. 특히 '출신 우선주의 문화'는 일반 출신들을 동료(전우)가 아닌 보조기능 또는 대체 역할로만 한정되도록 유도되고 있다. 이를 통해 일반 출신은 비직업장교이자 비정규(직)장교, 대체 및 의무복무장교라는 인식으로 굳어져 왔다. 결국 육군에서 할당하는 한정된 비율만 직업장교가 될 수 있고, 일정한 계급 및 직책으로만 진출할 수 있음을 의미한다. 이를 극복하기 위해서는 네 가지 측면에서의 변화가 필요하다.

① 초급장교의 의무복무기간 개념을 재설정하여야 하고 장교라는 신분이 병사들의 의무복무를 대체하고 있다는 인식에서부터 벗어나야 한다.

② 장기복무인력 중심의 '출신 우선주의 문화'에서 탈피하여야 한다. 군과 사회 발전의 이면에는 순혈주의의 폐해가 함께 기생하고 있으며, 이러한 주의(...ism)가 창의·혁신적인 발전과 변화를 저해하고 있음을 인식하여야 한다.

③ 다원화되어 있는 초급장교 양성에 관한 통제 및 책임기관은 통합 및 일원화되어야 한다. 이를 통해 장교단 내부의 동질성 회복 노력을 강화하여야 한다.

④ 육군 장교단 전체의 96.8%가 일반 출신이라는 현실을 직시하여야 한다. 특히 획득원별 차등화되어 있는 양성예산도 적절한 수준으로 조정하는 등을 통해 초급장교의 기본자질도 일정 수준 이상으로 동질화되도록 개선시켜야 한다. 장교는 출신이 아니라 직책과 계급으로 직무와 역할을 수행하고 있음을 재인식할 필요가 있다.

둘째, 책임성 측면을 평가한 결과, 특정 출신 중심의 소장계층은 초기 우국충정의 소명의식과 건전한 직업윤리를 추구해온 것은 주지의 사실이다. 이들의 초기 성향은 국민들의 전폭적인 신뢰를 받는 밑거름으로 작용하였다.

그러나 시대적 정서가 변화하고 있음에도 불구하고 폐쇄·관료적 성향으로 인해 둔감하거나 나태한 반응은 사회적 책임성을 구현해야 한다는 본래의 의지와 성격을 변질시키고 있다. 이는 직업군인 장교단 본래의 존재 의미와 목적, 그리고 가치를 변질되게 만들었고, 직업안정성을 저하시키는 결과를 가져오고 있다.

통계청(2002)의 조사 결과에 따르면, 사회 일반에서 직업을 선택하는 주 요인은 안정성으로 식별되고 있다. 그러나 육군은 일방향적인 군사적 관점으로만 몰입되어 있다 보니 다양하고 복잡한 외부의 변화에 대처하는 데 소홀하였고, 이는 직업군인 장교단의 정예화에도 많은 문제점들을 야기시키고 있다. 아울러 민간 전문직업 집단과 동일한 신뢰와 인정을 받기 위해서는 외부 환경과 변화에 부합된 전문기술을 동시에 발전시켜야 함에도 계층별 개인의 능력과 집단 역량을 향상시키는 노력은 소홀한 실정임을 부정하기 어렵다.

장교단의 지적능력이나 교양수준도 민간사회의 유사직위와 비교해 볼 때 격(格)이 다소 있는 현실임을 부정하기 어렵다. 이는 전문직업 수준을 함양시키려는 실천 노력보다 외형적 성과에 집착하는 군의 배타·관료적 성향에서 예고된 결과로 볼 수 있다.

이를 극복하기 위해서는 세 가지 측면에서 변화가 필요하다.

① 사회적 책임성을 구현하려는 의지를 재강화하여야 하고, 전문직업성 교육의 질적 향상 및 여건을 도모해야 한다.

② 초급장교 충원과정에서부터 '교양과목 이수제'를 도입하여야 한다. 창군 초기의 사회적 환경은 4년제 대학교만 졸업하더라도 인문학적 소양이 충분하다고 인정받았다. 하지만 과거와는 달리 4년제 학사학위자가 대량 배출됨에 따라 학력수준은 높아졌지만, 인문학적

소양은 과거에 비해 더 부족하다는 현실적 비판을 유념할 필요가 있다.

③ 민간 석·박사학위 과정의 확대와 선진사회의 건전한 직업윤리와 직업적 토양이 생성될 수 있도록 지휘관 주도의 건전한 생활화 교육을 습성화시켜야 한다.

셋째, 형평성 측면을 평가한 결과, 육군도 제도 개선에 적극 노력하고 있으나, '출신 우선주의 문화'가 근본적으로 개선되지 않고서는 현실을 극복하기가 쉽지 않다. 특히 일반 출신 장교의 경우 선별적인 복무관리의 대상자로서 상위계급 진출에 어느 정도 한계가 있는 현실은 하부전투력의 약화 현상을 해결하려는 노력을 더욱 어렵게 만들 것이다.

앞으로의 VUCA 양상은 소수의 군사엘리트가 필요한 게 아니라 융통성 있고 창의적인 사고를 할 수 있는 다양한 유형의 인재들을 필요로 하고 있다. 특정 출신 중심의 일방향적이고 정형화된 군사적 인식은 민간엘리트들과 연계되는 다양한 네트워크 확립, 그리고 집단적 역량 개발이 요구되고 있는 현실과 상당한 괴리가 되고 있다. 또한 양성과정에서부터 복무관리 전반에 이르기까지 국비장학생들과의 격차가 심한 현실과 사려 깊지 못한 일부 연구 및 조사의 행태도 하부전투력 강화 및 유지에 결코 도움이 되지 않고 있음을 재인식할 필요가 있다.

이제 한국도 고령화 사회로 진입하였으며, 생활부담률은 지속적으로 증가 추세에 있다. 그러나 육군 장교단의 정년제도는 큰 틀에서 변화 없이 유지되고 있다. 이러한 형태는 육군 장교단의 연령·계급 정년제도가 국내의 다른 공무원 및 민간 기업뿐 아니라 외국군의 사례와 비교하여도 상당한 격차가 있음에 주목할 필요가 있다. 제도가 변화 없이 시행되고 있는 현상은 두 가지를 의미한다. 하나는 제도가 결점 없이 전폭적인 신뢰를 받고 있기 때문에 변화될 필요가 없는 경우이다. 다른 하나는 제도를 시행하고 있는 주체의 인식과 성과 달성에 문제가 생겼지만, 주도자(主導者)가 인지하지 못하였거나, 인지하려고 노력하지 않고 있는 경우이다. 과연 한국 육군의 장교단 충원제도가 어느 경우에 해당할는지는 독자들의 지혜로운 판단에 맡기기로 한다.

육군 장교단의 진급 우선주의 환경은 구성원들로 하여금 '충성병'이라는 신조어에 동참하도록 유도하였고, 이러한 경향은 전사 중심의 전투조직을 행정적 관리자 중심의 조직으로 변모시켰다. 이는 지휘관이 독점적 권한과 수혜를 결정할 수 있는 풍토로 조성되어 있는 관료제 성향에서 파생된 당연한 결과로 볼 수 있다. 더욱이 직업윤리가 확고하게 자리잡지 못한 일부 장교들의 경우 맹목적인 충성 경쟁을 하는 분위기로 이어질 수 있음을 부정하기 어렵다. 상위계급으로 진출이 실패하면, 전역으로 이어짐과 동시에 낙오자라는 외부 인식은 군인정신이 투철한 장교일지라도 현실과 타협할 수밖에 없도록 만들기 때문이다. 아울러 획득원별 진급 공석이 매년 할당되는 현실은 더더욱 '헤쳐 모여'식의 개인주의적 행태를 답습하게 만들고 장교단의 건전한 기풍마저 훼손시킬 수 있다는 우려를 갖게 한다.

이를 극복하기 위해서는 두 가지 측면에서 변화가 필요하다.

① '소수획득-장기활용-소수유출' 개념의 인력구조로 전환되어야 한다. 특히 소령급 이하 장교는 최소한 직업안정성은 보장되도록 연금이 가능한 연령까지 정년이 보장되어야 한다. 이는 장교단의 직무

동기 부여와 함께 직업안정성을 확립하는 데 결정적으로 기여하게 될 것이다.

② 육군 인력정책은 '중기복무인력 관리' 중심으로 전환하여야 한다. 기득권 계층이 소유하고 있는 특권과 혜택을 내려놓기는 쉽지 않겠지만, 이는 경쟁력을 제고시켜 육군의 하부 전투력 강화와 더불어 전투지휘 수준을 한 단계 더 향상시키는 데 기여할 것이다. 그리고 팽배되어 있는 출신 간 갈등과 불신을 어느정도 해소하는 윤활유 역할도 해줄 것이다. 이를 통해 장교단의 동질성과 형평성 회복을 유도할 수 있을 것이며, 소명의식과 건전한 직업윤리를 향상시킬 수 있을 것이다. 나아가 미래의 VUCA 양상에 대응할 수 있는 우수인재의 충원 및 직업안정성을 보장하는 데에도 상당한 기여를 하게 될 것이다.

제2절 연구의 한계 및 새로운 연구 제안

본 연구는 창군 초기부터 시행되고 있는 육군 장교단 충원제도와 변천 과정에 대한 탐구를 통해 장교단의 결속의 저해요인과 내부 갈등 및 불신의 원인을 식별해 보고 직업안정성 확립을 위한 시사점을 도출하고자 나름대로의 노력을 기울였지만, 아래와 같은 한계가 내포되어 있음을 부정할 수 없다.

첫째, 육군 장교단 충원제도의 변화는 다양한 논리로 설명될 수 있고, 시행하게 된 조건 또한 여러 가지 시각으로 접근할 수 있다는 점이다. 필자는 육군의 장교단 충원제도가 변천해 오는 과정을 정밀하게 분석하기 위하여 세 가지의 독립변수를 조작적으로 설정하였다. 보편주의적 정서 및 가치에 기반을 둔 동료의식, 출신 간 신뢰, 제도의 공개성과 공공성을 의미하는 '동질성', 소명의식과 직업윤리를 의미하는 '책임성', 능력 중시 풍토와 상위 직책 및 계급 구성비율의 균형, 보직 및 상위계급 진출 기회의 균등한 보장을 의미하는 '형평성' 측면에 초점을 맞추어 연구를 진행하다 보니 제도의 변화과정을 역동적으로 설명하지 못한 한계를 지니고 있다.

둘째, 외국군의 장교단 충원제도를 비교함에 있어서 이들 국가의 사례가 반드시 우월하다고만 평가할 수 없다는 점이다. 각 국가마다 고유한 사회·문화적 특성에 맞도록 충원 방식을 변용 및 접목하고 있기 때문이다. 따라서 외국군의 사례를 탐구하는 과정에서 긍정적 요소만을 도출하려는 일방향적인 시각으로만 접근하지 않았나 하는 조심스러움이 있다.

셋째, 한정된 표본 집단과 변천과정을 탐구하는 과정에서 또다른 독자적인 논리에 얽매일 개연성이 있다는 점이다. 장교단 충원제도를 획득원별로 정밀하게 분석하려고 노력하였지만, 사료의 부족이나, 자료마다 내용이 상이한 측면이 발생하여 통일된 깊이 있는 접근에 다소 미흡한 점이 있다. 필자는 이러한 취약점을 보완하기 위해 출신별 선배전우 및 동료, 군사전문가 집단의 인터뷰(FGI), 출신별 총동문회를 비롯한 주요 연구기관 등의 자료를 최대한 활용하였다. 이를 통해 가능한 주관적 시각을 배제하고 보다 객관적인 시각으로 접근하기 위해 노력하였다는 점만은 인정해 주었으면 하는 바램이다.

넷째, 본질에 접근하기 위해서는 보다 다양한 시각에서 객관적으로 분석해야 하지만, 이를 탈피하지 못해 매우 아쉽다. 필자가 문제점을 식별하여 시사점을 도출하고, 발전 및 변화의 방향을 자의적으로 설계하다 보니 다른 연구자의 입장과 상충된 시각이 나올 수 있음을 밝히고자 한다.

그러나 이러한 한계에도 불구하고 육군의 장교단 충원제도가 탐구한 방향대로 전환될 수 있다면, 전투력의 발전 및 유지뿐만 아니라 누적되고 있는 장교단의 출신별 갈등과 불신 현상은 상당부분 극복이 가능할 것이며, 동질성 회복에도 의미 있는 기여를 할 수 있을 것이다. 특히 인적·물적 자원의 낭비요소를 방지하고 시너지 효과의 창출도 가능하다는 차원에서 적극 검토되었으면 하는 바램을 갖고 있다. 장기적 측면에서도 육군 장교단의 본래의 목적이자 역할인 '전투력 발전과 유지'에 기여하는데 상당한 기대를 하고 있다.

외국군도 선행 사례에서 알 수 있듯이 장교단의 복무관리 및 인사운영 측면에서 많은 폐해와 폐단이 존재하여 왔지만, 문제점을 직시(直視)하게 되면서 변화와 발전에 적극 노력함으로써 국민들로부터 전폭적인 신뢰를 받게 되었다는 점에 유념할 필요가 있다. 이들의 군사제도가 한국 육군의 토양과 맞지 않는다거나, 우리 것만 옳다는 편견을 가능한 배제하고 접근할 수 있다면, 그리고 외형적인 형태만 벤치마킹하는 데 만족하기 보다는 내면적인 의미와 배경까지 심도있게 고민하여 접목할 수 있다면, 한국 육군 장교단의 정예화 수준과 대군 신뢰의 정도도 한 차원 더 발전될 수 있다는 확고한 기대를 가지고 있다.

한국 육군의 장교단 충원제도는 절박한 결정적 변수가 생기지 않는 한 현행대로 지속될 것은 자명한 사실이지만, 폐쇄적인 방식을 계속 고수하기는 어려울 것이다. 적자생존(適者生存)이라는 엄연한 사회적 현실과 군 내부에서 지속적으로 확산되고 있는 장교단의 변화 요구가 이를 앞당기는 역할을 할 것이기 때문이다. 이를 대비하는 차원에서라도 어떠한 선결요건이 필요한지 찾으려는 추가적인 노력이 반드시 필요하다. 출신을 구분하거나 계파를 형성하는 궁극적인 목적은 이익의 추구이지만, 국가의 공동 생존과 안전을 위해 그것을 형성하고, 이데올로기적인 일체감 조성을 위해 형성하기도 한다는 사실을 인식할 때가 아닌가 싶다. 인디언 속담의 "혼자 가면 빨리 갈 수 있지만, 같이 가면 멀리 갈 수 있다."는 평범한 진리를 다시 한 번 되새겨 주었으면 한다.

【 부 록 】

〈부록 4-1〉 연도별 학군단 인가 및 설치 현황

구분	연도	계	설치수	학군단이 설치된 대학교
육 군 (115)	1961	16	16	• 서울, 고려, 성균관, 전남, 전북, 연세, 경희, 경북, 부산, 중앙, 동국, 건국, 한양, 충남, 동아, 조선대
	1964	20	4	• 외국어, 인하, 충북, 건국(글로컬)대
	1965	24	4	• 강원, 경상대, 서울시립, 홍익대
	1968	26	2	• 영남, 공주대
	1969	27	1	• 안동대
	1970	30	3	• 국민, 서강, 명지대
	1971	31	1	• 경기대
	1972	32	1	• 한남대
	1974	33	1	• 아주대
	1975	36	3	• 경남, 원광, 숭실대
	1976	38	2	• 청주, 상지대
	1977	39	1	• 계명대
	1978	40	1	• 울산대
	1980	47	7	• 성균관(수원), 한양(에리카), 광운, 단국(천안) 대구, 중앙(안성), 전주대
	1981	52	5	• 인천, 동의, 경희(국제), 경성, 경원대
	1982	54	2	• 금오공, 고려(세종)
	1983	59	5	• 창원, 관동, 순천, 강릉원주, 동국(경주)대
	1984	62	3	• 순천향, 한성, 호남대
	1985	64	2	• 수원, 가천대
	1987	66	2	• 배재, 대전대
	1988	67	1	• 교원대
	1989	68	1	• 동신대
	1990	69	1	• 연세(원주)대
	1992	85	16	• 서울교, 경인교, 춘천교, 광주교, 대구교, 부산교, 세종대, 호서, 한림, 군산, 인제, 진주교, 부경, 목포, 우석, 목원대
	1993	87	2	• 서남, 세명대
	1995	88	1	• 건양대
	2005	92	4	• 서원, 상명(천안), 부산외, 대구한의대
	2006	97	5	• 용인, 강남, 상명, 서울과기, 홍익(세종)대
	2007	106	9	• 카톨릭, 대구카톨릭, 대진, 백석, 선문, 한밭, 동명, 동양, 서경대
	2008	108	2	• 전남(여수), 평택대
	2010	109	1	• 숙명여대
	2011	110	1	• 성신여대
	2012	115	5	• 경동, 우송, 남서울, 광주, 경남과학기술대
	2015	110	-5	• 광주교대, 대구교대, 부산교대, 서울교대, 진주교대
	2016	111	1	• 이화여자대학교

* 출처: 국방부 교육훈련정책과 (2012).; 육군본부, 앞의 책, pp. 405~416.; 대한민국 ROTC 50년사 편찬위원회, 앞의 책, pp. 327, 348, 535, 563.; 학생중앙군사학교, 앞의 책, pp. 204~206.; 최광표 외, 앞의 논문, p. 62.; 육군학생군사학교 학군단운영과 (2016).; 자료마다 실제와 차이가 많아 필자가 소장한 자료와 전문가 인터뷰(FGI)를 통해 작성하였음.

〈부록 4-2〉 1950년대 미국 ROTC의 표준 교육커리큘럼

학 년	교 과 목	교육시간
군사학1(1학년)	개 론	5
	화기 및 사격술	25
	리더십 랩(Leadership Lab)	30
	군사사	30
군사학2(2학년)	군의 역할	10
	독도법	20
	공용화기	30
	리더십 랩	30
군사학3(3학년)	리더십 랩	30
	육군 병과	30
	전술 및 통신	55
	지휘통솔	10
	군사사상	20
	야외훈련 예비교육	2
군사학4(4학년)	작 전	50
	병 참	20
	리더십 랩	30
	행정 및 군법	30
	임관 전 예비교육	20

* 출처: Neiberg Michael S., 앞의 책, p. 73.

〈부록 4-3〉 1950년대 한국 ROTC의 표준 교육커리큘럼

학 년	학 과	총교육시간	학교교육		야영훈련
			1학기	2학기	
3학년	화기학	179	31	-	148
	학술학	111	48	45	18
	기 타	61	20	31	10
	총 계	351	93	76	176

학 년	학 과	총교육시간	학교교육		야영훈련
			1학기	2학기	
4학년	화기학	63	8	-	35
	학술학	127	67	44	16
	전술학	101	-	16	85
	기 타	60	20	20	20
	총 계	351	95	80	126

* 출처: 최준명, 앞의 논문, pp. 77~78.

〈부록 5-1〉 한국 육군 장교단의 출신 · 계급별 진출률

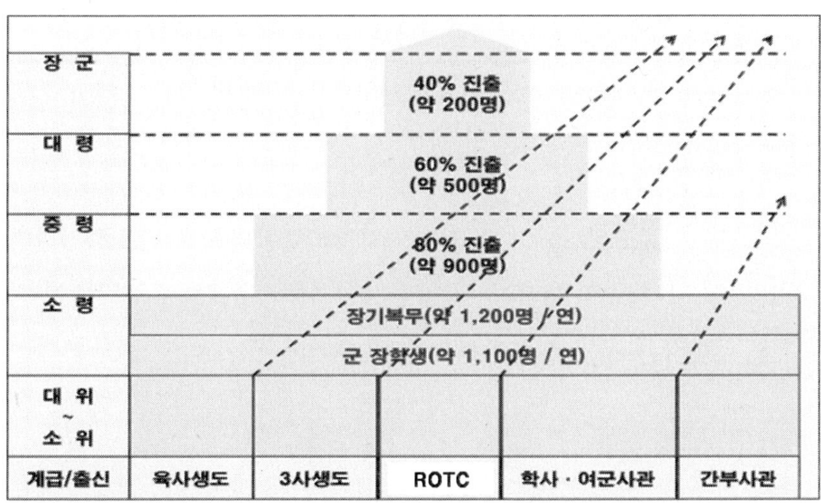

* 출처: 최병순 외, 앞의 논문, p. 70.; 장교단의 공석 비율 할당과 관련된 출신별 진출영역은 필자가 점선 화살표를 활용하여 표식하였음.

〈부록 5-2〉 한국의 총인구 및 징집대상자원의 변화 전망(2002~2014년)

구 분	총인구(만명)	20세 남성(명)	증감인원(명)	증감률(%)
2002년	4,760	426,131	-	-
2003년	4,790	402,273	-23,858	-5.9
2004년	4,820	374,952	-27,321	-7.3
2005년	4,850	345,343	-29,609	-8.6
2006년	4,870	328,968	-16,375	-5.0
2007년	4,890	320,795	-1,873	-2.5
2008년	4,920	320,398	-397	-0.1
2009년	4,940	325,354	+4,956	+1.5
2010년	4,960	334,717	+9,363	+2.8
2011년	4,980	352,804	+18,087	+5.1
2012년	5,000	367,110	+14,306	+3.9
2013년	5,010	374,935	+7,825	+2.1
2014년	5,020	374,778	-157	-0.04

* 출처: 병무청, 『2003년 병무통계 연보』(2004).; 최근 현황은 필자가 추가 및 재정리하였음.

2002년 기준으로 볼 때 2008년까지 약 32만명으로 감소하였다가 2014년에 약 37만여 명으로 다소 증가됨으로써 연간 약 10만명에 가까운 인원이 감소한 것으로 판단되고 있다.[87)]

---

87) 최돈걸, "새로운 환경변화에 따른 병역제도 발전방향," 『제1회 KIDA 국방포럼자료』(2003), p. 4.

〈부록 5-3〉 한국 육군의 역대 참모총장 현황

구분	계급/성명	출 신	교육	편입전계급	재임기간
초대	준장 이응준	일본육사	군영	대령(대좌)	1948. 12. 15.~1949. 5. 8.
2대	소장 채병덕	일본육사	군영	소령(소좌)	1949. 5. 9.~9. 31.
3대	소장 신태영	일본육사	특임	중령(중좌)	1949. 10. 1.~1950. 4. 9.
4대	소장 채병덕	일본육사	군영	소령(소좌)	1950. 4. 10.~6. 29.
5대	중장 정일권	봉천군관	군영	소령(상위)	1950. 6. 30.~1951. 6. 22.
6대	중장 이종찬	일본육사	특임	소령(소좌)	1951. 6. 23.~1952. 7. 22.
7대	대장 백선엽	봉천군관	군영	만주군중위	1952. 7. 23.~1954. 2. 13.
8대	대장 정일권	봉천군관	군영	소령(상위)	1952. 2. 14.~1956. 6. 26.
9대	대장 이형근	일본육사	군영	대위	1956. 6. 27.~1957. 5. 17.
10대	대장 백선엽	봉천군관	군영	만주군중위	1957. 5. 18.~1959. 2. 22.
11대	중장 송요찬	지원병	군영	준위(군조)	1959. 2. 23.~1960. 5. 22.
12대	중장 최영희	학도병	군영	일본군소위	1960. 5. 23.~8. 22.
13대	중장 최경록	지원병	군영	일본군소위	1960. 8. 23.~1961. 2. 16.
14대	중장 장도영	학도병	군영	일본군소위	1961. 2. 17.~6. 5.
15대	대장 김종오	학도병	군영	일본군소위	1961. 6. 6.~1963. 5. 31.
16대	대장 민기식	학도병	군영	일본군소위	1963. 6. 1.~1965. 3. 31.
17대	대장 김용배	학도병	군영	일본군소위	1963. 4. 1.~1966. 9. 1.
18대	대장 김계원	학도병	군영	일본군소위	1966. 9. 2.~1969. 8. 31.
19대	대장 서종철	학도병	육사1기	일본군소위	1969. 9. 1.~1972. 6. 1.
20대	대장 노재현	학도병	육사3기	일본군소위	1972. 6. 2.~1975. 2. 28.
21대	대장 이세호	학도병	육사2기	일본군소위	1975. 3. 1.~1979. 1. 31.
22대	대장 정승화	학도병	육사5기	소 위	1979. 2. 1.~1979. 12. 13.
23대	대장 이희성	-	육사8기	소 위	1979. 12. 13.~1981. 12. 15.
24대	대장 황영시	-	육사10기	소 위	1981. 12. 16.~1983. 12. 15.
25대	대장 정호용	-	육사11기	소 위	1983. 12. 16.~1985. 12. 15.
26대	대장 박희도	-	육사11기	소 위	1985. 12. 16.~1988. 6. 11.
27대	대장 이종구	-	육사14기	소 위	1988. 6. 12.~1990. 6. 10.
28대	대장 이진삼	-	육사15기	소 위	1990. 6. 11.~1991. 12. 5.
29대	대장 김진영	-	육사17기	소 위	1991. 12. 6.~1993. 3. 8.
30대	대장 김동진	-	육사17기	소 위	1993. 3. 9.~1994. 12. 26.
31대	대장 윤용남	-	육사19기	소 위	1994. 12. 27.~1996. 10. 18.
32대	대장 도일규	-	육사20기	소 위	1996. 10. 19.~1998. 3. 27.
33대	대장 김동신	-	육사21기	소 위	1998. 3. 28.~1999. 10. 2.
34대	대장 길형보	-	육사22기	소 위	1999. 10. 3.~2001. 10. 12.

구분	계급/성명	출 신	교육	편입전계급	재임기간
35대	대장 김판규	-	육사24기	소 위	2001. 10. 13.~2003. 4. 6.
36대	대장 남재준	-	육사25기	소 위	2003. 4. 7.~2005. 4. 7.
37대	대장 김장수	-	육사27기	소 위	2005. 4. 7.~2006. 11. 7.
38대	대장 박흥렬	-	육사28기	소 위	2006. 11. 7.~2008. 3. 21.
39대	대장 임충빈	-	육사29기	소 위	2008. 3. 21.~2009. 9. 21.
40대	대장 한민구	-	육사31기	소 위	2009. 9. 21.~2010. 6. 18.
41대	대장 황의돈	-	육사31기	소 위	2010. 6. 18.~2010. 12. 14.
42대	대장 김상기	-	육사32기	소 위	2010. 12. 16.~2012. 10. 11.
43대	대장 조정환	-	육사33기	소 위	2012. 10. 11.~2013. 9. 28.
44대	대장 권오성	-	육사34기	소 위	2013. 9. 28.~2014. 8. 11.
45대	대장 김요환	-	육사34기	소 위	2014. 8. 11.~2015. 9. 17.
46대	대장 장준규	-	육사36기	소 위	2015. 9. 17.~현재

* 출처: 강창성, 앞의 책, pp. 343~344.; 한용원(1982), 앞의 책, pp. 35~124.; 한용원(1993), 앞의 책, pp. 82~142.; 양병기, 앞의 연구, pp. 182~187.; 장창국, 앞의 책.; 육군본부 홈페이지(http://www.army.mil.kr/).; 합동참모본부 홈페이지(http://www.jcs.mil.kr/).; 국방부 홈페이지(http://www.mnd. go.kr/); 위키백과(http://ko.wikipedia.org/). 등을 참고하여 작성하였음.

46명의 역대 육군참모총장 중 1969년 이후 28명은 전원이 단기 및 정규육사교 출신이다.

〈부록 5-4〉 한국군의 역대 합참의장 현황

구분	계급/성명	출 신	교육	편입전계급	재임기간
초대	대장 이형근	일본육사	군영	대 위	1954. 2. 17.~1956. 6. 26.
2대	대장 정일권	봉천군관	군영	대 위	1956. 6. 27.~1957. 5. 17.
3대	중장 유재흥	일본육사	군영	대 위	1957. 5. 18.~1959. 2. 22.
4대	대장 백선엽	봉천군관	군영	중 위	1959. 2. 23.~1960. 5. 31.
5대	중장 최영희	학도병	군영	소 위	1960. 8. 29.~10. 7.
6대	중장 김종오	학도병	군영	소 위	1960. 10. 8.~1961. 5. 31.
7대	대장 김종오	학도병	군영	소 위	1961. 6. 1.~1963. 5. 31.
8대	대장 김종오	학도병	군영	소 위	1963. 6. 1.~1965. 4. 9.
9대	대장 장창국	일본육사	군영	후보생	1965. 4. 10.~1967. 4. 9.
10대	대장 임충식	지원병	육사1기	준 위	1967. 4. 10.~1968. 8. 5.
11대	대장 문형태	지원병	육사2기	조 장	1968. 8. 6.~1970. 8. 5.
12대	대장 심흥선	학도병	육사2기	소 위	1970. 8. 6.~1972. 6. 1.
13대	대장 한 신	학도병	육사2기	소 위	1972. 3. 1.~1975. 2. 28.
14대	대장 노재현	학도병	육사3기	소 위	1975. 3. 1.~1977. 12. 19.
15대	대장 김종환	학도병	육사4기	소 위	1977. 12. 20.~1979. 12. 13.
16대	대장 류병현	학도병	육사7기	소 위	1979. 12. 18.~1981. 5. 15.
17대	대장 윤성민	학도병	육사9기	소 위	1981. 5. 16.~1982. 5.
18대	대장 김윤호	-	육사10기	소 위	1982. 5. 24.~1983. 6. 3.
19대	대장 이기백	-	육사11기	소 위	1983. 6. 3.~1985. 6. 6.3.
20대	대장 정진권	-	육사12기	소 위	1985. 6. 3.~1986. 7. 9.
21대	대장 오자복	-	갑종3기	소 위	1986. 7. 9.~1987. 12. 30.
22대	대장 최세창	-	육사13기	소 위	1987. 12. 30.~1989. 4. 14.
23대	대장 정호근	-	갑종5기	소 위	1989. 4. 14.~1991. 12. 7.
24대	대장 이필섭	-	육사16기	소 위	1991. 12. 7.~1993. 5. 29.
25대	대장 이양호	-	공사8기	소 위	1993. 5. 29.~1994. 12. 24.
26대	대장 김동진	-	육사17기	소 위	1994. 12. 24.~1996. 10. 18.
27대	대장 윤용남	-	육사19기	소 위	1996. 10. 18.~1998. 3. 26.

구분	계급/성명	출 신	교육	편입전계급	재임기간
28대	대장 김진호	-	학군2기	소 위	1998. 3. 26.~1999. 10. 26.
29대	대장 조영길	-	갑종172기	소 위	1999. 10. 26.~2001. 10. 8.
30대	대장 이남신	-	육사23기	소 위	2001. 10. 8.~2003. 4. 7.
31대	대장 김종환	-	육사25기	소 위	2003. 4. 7.~2005. 4. 7.
32대	대장 이상희	-	육사26기	소 위	2005. 4. 7.~2006. 11. 17.
33대	대장 김관진	-	육사28기	소 위	2006. 11. 17.~2008. 3. 25.
34대	대장 김태영	-	육사29기	소 위	2008. 3. 28.~2009. 9. 23.
35대	대장 이상의	-	육사30기	소 위	2009. 9. 30.~2010. 6. 30.
36대	대장 한민구	-	육사31기	소 위	2010. 7. 5.~2011. 10. 26.
37대	대장 정승조	-	육사32기	소 위	2010. 10. 26.~2013. 10. 16.
38대	대장 최윤희	-	해사31기	소 위	2013. 10. 16.~2015. 10. 7.
39대	대장 이순진	-	3사14기	소 위	2015. 10. 7.~현재

* 출처: 강창성, 앞의 책, pp. 343~344.; 한용원(1982), 앞의 책, pp. 35~124; 한용원(1993), 앞의 책, pp. 82~142.; 양병기, 앞의 연구, pp. 182~187; 장창국, 앞의 책.; 육군본부 홈페이지(http://www.army.mil.kr/).; 합동참모본부 홈페이지(http://www.jcs.mil.kr/).; 국방부 홈페이지(http://www.mnd.go.kr/).; 위키백과(http://ko.wikipedia.org/).; 필자가 재정리하였음.

39명의 합참의장 중 1967년 이후 보직된 29명 중에서 육사교 출신은 23명인 79.3%를 차지하였고, 갑종 출신이 3명, 해사교 출신이 1명, 공사교 출신이 1명, ROTC 출신이 1명, 3사 출신이 1명이다.

〈부록 5-5〉 한국 군인과 공무원, 일반국민의 거주지역 현황(2008년)

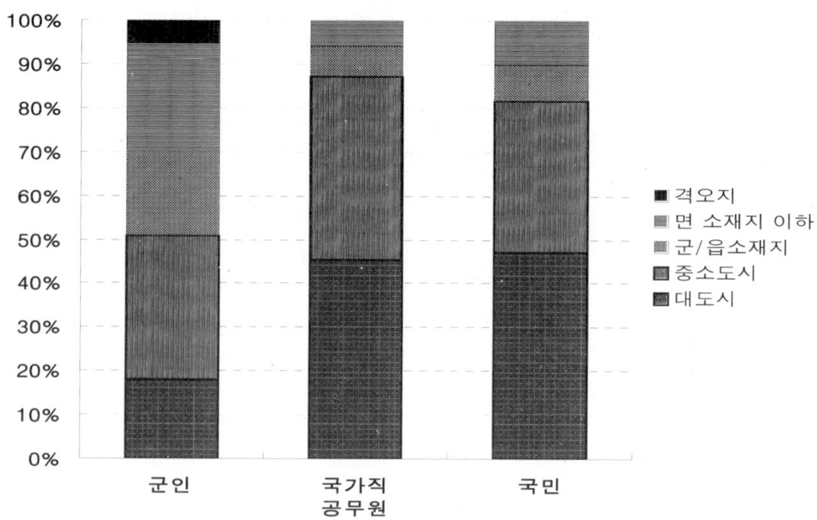

구 분	군인	공무원			일반국민
		국가직	지방직	전체	
面단위 이하(격오지)	29.6%	5.8%	8.1%	6.6%	10.2%
군·읍	19.3%	7.0%	13.1%	9.0%	8.3%
중소도시	33.2%	41.8%	40.0%	41.2%	34.4%
대도시	17.9%	45.4%	38.7%	43.2%	47.1%

* 출처: 군인은 국방부(2008)에서 실시한 『군인복지실태조사』를 참고하였으며, 공무원은 행정자치부(2005)에 실시한 『공무원통계』를, 일반 국민은 통계청(2007)에서 실시한 『인구 총조사』를 참고하였음. 국방부 보건복지관실(2009), 앞의 연구, p. 1.

〈부록 5-6〉 최근 5년 간의 군 취업률 분석(2009~2013년)

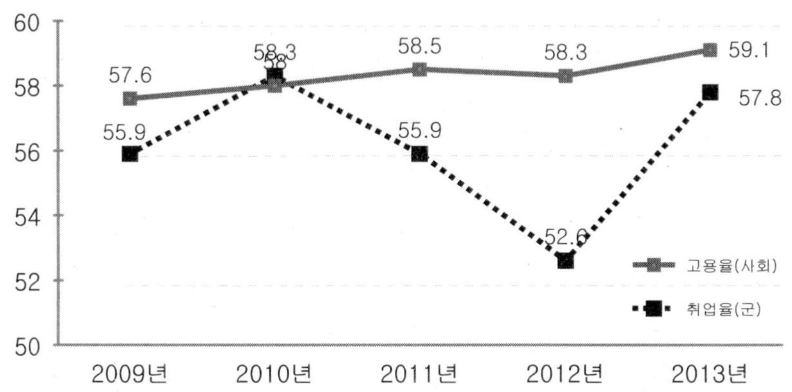

(기준: 매년 12. 31.)

구 분	2009	2010	2011	2012	2013
고용률 (통계청)	57.6%	58.0%	58.5%	58.3%	59.1%
취업률 (군)	55.9%	58.3%	55.9%	52.6%	57.8%

* 출처: 국방부 보건복지관실(2014), 앞의 연구, pp. 2~4.

* 고용률과 취업률은 조사방법과 취업기준이 상이하므로 직접적인 비교는 어렵지만, 비교지표로 활용은 가능하다고 판단하였음.

통계청에서 2013년 12월을 기준하여 조사한 일반사회의 고용률은 59.1%였으며, 군 취업률은 57.8%로 고용률은 꾸준히 상승하고 있는데 반하여 군의 취업률은 2010년 이후 2012년도까지 하락하는 추세를 보이다가 2013년 들어서면서 다소 상승하였다.

○ 계급별 전역 대비 취업률

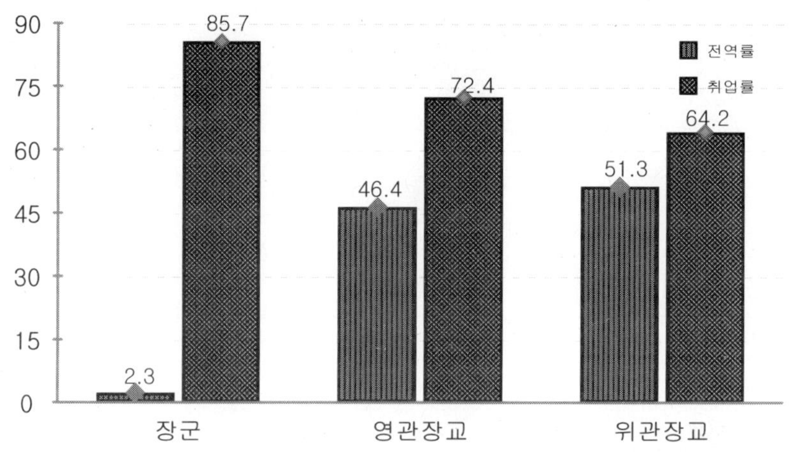

구 분	계	장군	영관장교	위관장교
전역인원 (%)	14,550 (100%)	329 (2.3%)	6,758 (46.4%)	7,463 (51.3%)
취업인원 (%)	9,969 (68.5%)	282 (85.7%)	4,896 (72.4%)	4,791 (64.2%)

* 출처: 국방부 보건복지관실(2014), 앞의 연구, p. 4.

계급별 평균 전역 연령은 장군은 55세, 영관장교는 48세, 위관장교는 31세로서 취업률도 계급 순으로 조사되었다.

〈부록 5-7〉 한·미 군사문헌 상 지휘통솔자의 역할과 구비요소

구 분	한국군						미 군	
	소대장 지휘통솔자 참고팜플렛 (육군)	지휘통솔 교범(육군)		리더십 (육군)	지휘통솔 교재(해군 대학)	장교의 도(육군)	지휘통솔교재 (육군지휘 참모대)	고급제대 지휘통솔 교범(육군)
		1997	2004	2008				
전투지휘자			○		○	○		
전투전문가				○				
교육훈련자	○		○	○	○	○		
조직관리자	○		○		○			
위기관리자						○		
결심명령자	○		○		○			
의사결정자				○				
상징책임자			○		○			
군사외교관				○				
민주시민				○				
충고자							○	
설득자							○	
참여자							○	
대변자							○	
모범자		○						○
개발자		○						○
통합자		○		○				○

구비요소

구 분		주요 내용	하위 요소
가치관		· 인간이 사물을 평가하고 바라보는 관점으로 특정 행동양식이 다른 행동양식보다 더 낫다고 생각하는 개인적인 확신을 의미함.	· 충성, 용기, 책임, 존중, 창의, 사명감, 국가관
품 성		· 지휘통솔자로 하여금 무엇이 옳은가를 알게 하는 요소로 마음됨과 사람됨이 바탕이 되어 어질고 후한 사람의 됨됨이를 의미함.	· 인성, 부하애, 신뢰, 공정성, 정직성, 비이기성
능력	정신력	· 지휘통솔자의 주어진 시간, 조건, 자원을 가지고 부여된 임무완수를 위해 갖추어야 할 정신적인 능력을 의미함.	· 투지력, 결단력, 열성, 사회 일반이 공감할 수 있는 명예심, 일관성, 신념, 통찰력
	육체적 능력	· 악조건 하에서도 건전한 판단력과 결심으로 임무를 수행할 수 있는 강인한 체력과 건강상태를 의미함.	· 강인한 체력, 건강
능력	감정 통제력	· 여러 가지 감정에 대하여 어려운 상황에서도 잘 감당하고 평정을 유지할 수 있는 힘을 의미함.	· 자기 통제, 균형감각, 침착성
	업무 수행 능력	· 주어진 상황을 해결하기 위해 전문화된 행동을 수행하는 데 필요한 고도의 숙달을 요구하는 기술과 방법을 의미함.	· 군사전문지식, 실기능력, 논리적 사고력, 표현력

* 출처: 최광표 외, 앞의 논문, pp. 94~96.; 필자가 최근 상황에 부합하도록 하위 요소를 추가하여 재작성하였음.

〈부록 5-8〉 한국 육군의 계급별 정년 변천과정

구 분		소위	중위	대위	소령	중령	대령	준장	소장	중장	대장
정규군인신분령(1953. 12. 14.)		40		45	49	52	56	57	60		
군인사법 제정 (1962. 1. 20.) 법률 제1006호	연 령	43				47	50	54	56	60	
	근 속	-			20	24	27	31	33	-	
	계 급	3	5	7	8	8	9	8	7	6	-
9차 개정(1971. 1. 22.) 법률 제2295호		위관장교 계급 정년 폐지									
14차 개정 (1980. 12. 4.) 법률 제1006호	연 령	43				47	50	54	56	60	
	근 속	14			20	24	27	31	33	-	
	계 급	-			8	8	9	5	5	4	-
18차 개정 (1989. 3. 22.) 법률 제4085호	연 령	43			45	49	53	58	59	61	63
	근 속	14			20	26	30	폐지		-	
	계 급	-			폐지			6	6	4	-
23차 개정 (1993. 12. 31.) 법률 제4695호	연 령	43			45	53	56	58	59	61	63
	근 속	15			24	32	35	-			
	계 급	-			-			6	6	4	-

* 출처: 임천영, 『군인사법』(서울: 법률문화원, 2007), pp. 235~236.

참고문헌

국내 참고문헌

1. 저서

강문구. 『한국민주주의의 조건과 진로』(서울: 한울사, 1994).

강창성. 『일본/한국 軍閥政治』(서울: 해동문화사, 1991).

고정훈. 『秘錄 軍(상)』(동방서원, 1967).

구영모. 『인간과 전쟁: 국제정치이론의 체계』(서울: 법문사, 1994).

권태영·노훈·성춘일·백용기. 『21세기 한국군의 군사혁신 비전과 방책』(서울: 한국국방연구원, 1997).

김남국. 『국민의 군대 그들의 군대: 육사 그 신화의 빛과 그림자』(서울: 도서출판·풀빛, 1995).

김두성. 『한국병역제도론』(서울: 제일사, 2003).

김양명. 『한국전쟁사』(서울: 일신사, 1976).

김영명. 『제3세계의 군부통치와 정치경제』(서울: 한울, 1985).

이동희. 『군부정치론』(서울: 녹두, 1986).

김운태. 『미 군정의 한국 통치』(서울: 박영사, 1992).

김정수. 『장교양성 기관의 능률적 편성방안: 학생중앙군사학교를 중심으로』(대전: 육군교육사령부, 1998).

김종탁 외. 『사관학교 양성교육 개선방안』(서울: 한국국방연구원, 2008).
박두복·김영로 共譯. 『軍과 國家』(서울: 탐구당, 1990).
박성환·이준우. 『역량중심 인적자원관리(개정판)』(파주: 법문사, 2012).
박일영 역. 『이승만 秘錄』(서울: 한국문화출판사, 1982).
백종천 외. 『한국의 군대와 사회』(서울: 나남, 1994).
신복룡·김원덕 역. 『한국분단보고서 상』(서울: 풀빛, 1992).
신세범. 『兵役法解義』(서울: 영문사, 1955).
신정현. 『선진국방의 비젼과 과제』(서울: 나남출판사, 1996).
신태균 역. 『변화의 리더십』(서울: ㈜북21. 2003).
신현기. 『한국군 장교양성제도 통합에 관한 연구』(대전: 충남대학교 행정대학원, 2002.
양희완. 『軍隊文化의 뿌리: 군대의 전통과 관습을 중심으로』(서울: 을지서적, 1988.
오자복 외. 『갑종장교단약사』(1997.
온만금. 『군대와 사회』(서울: 황금알, 2014.
유자화 역. 『최고의 리더십』(서울: 아시아코치센터, 2007.
이기윤. 『별, 대한민국 육군사관학교60년』(서울: 북엣북스, 1988.
이동희 역. 『邊 清明, 『新版 日本官僚制の硏究』(東京: 東京大學出版會, 1984).
이동희. 『민군관계론』(서울: 일조각, 1993).
이동희. 『한국군사제도론』(서울: 일조각, 1982).
이응준. 『회고 90년』(1890~1981) 서울: 산운기념사업회, 1982).
이재호·서석봉 역, 『전문직업군』(서울: 한원출판사, 1989).
이한홍 譯. 독일군 『장군참모장교제도』(서울: 화랑대연구소, 2004).
인력연구개발센터, 「세계 국방인력 편람(2003~2004)」(서울: 한국국방연구원, 2005).

장을병. 『한국정치론』(서울: 범우사, 1975).
장창국. 『陸士卒業生』(서울: 중앙일보사, 1984).
정선구. 『장교보직관리제도 연구』(서울: 한국국방연구원, 1985).
정선구·문채봉. 『독일 통일과 군간부 인력획득』(서울: 한국국방연구원, 2010).
조영갑. 『민군관계와 국가안보』(서울: 북코리아, 2005).
조영갑. 『한국민군관계론』(서울: 한원출판사, 2000).
佐佐木春隆(강창구 역). 『한국전쟁사 상권: 건국과 시련』(서울: 병학사, 1977).
차영구·황병무 편저. 『국방정책의 이론과 실제』(서울: 오름, 2002).
최병순. 『국방인력관리론』(서울: 국방대학교, 2002).
최병순. 『육군인사관리의 현재와 미래』(서울: 국방대학교, 1998).
최용호. 『베트남전쟁과 한국군』(서울: 국방부 군사편찬연구소, 2004).
하영선. 『한반도의 전쟁과 평화: 군사적 긴장의 구조』(서울: 청계연구소, 1989).
한국국방연구원, 『중장기 국방인력정책 연구』서울: 한국국방연구원, 1990).
한용원. 『創軍: 미군의 역할과 민군관계를 중심으로』(서울: 학림출판사, 1982).
한용원. 『創軍』(서울: 박영사, 1984).
한용원. 『한국의 軍部政治』(서울: 대왕사, 1993).
한정곤 역. 『기업이 원하는 변화의 리더(개정판)』(경기: 김영사. 2011).
허남성·김국헌·이춘근 共譯. 『군인과 국가: 민군관계의 이론과 정치』(서울: 해양전략연구소. 2011).
홍두승. 『한국 군대의 사회학』(서울: 도서출판 나남, 1993).

2. 논문 및 연구서

강광수. "군인의 직업 안정성 보장을 위한 연령정년 제도 개선방안." (영남대학교 행정대학원 석사학위논문, 2012).

강영훈. "學生徵集延期制度廢止의 必要性." 『新太陽』 제44호(1956).

곽상엽. "육군 초급장교 인적자원관리 발전 방향."(경희대학교 대학원 석사학위논문, 2013).

구영휘. "제대군인 전직지원 교육 프로그램의 효과분석 및 발전방안 연구." (목원대학교 대학원 박사학위논문, 2013).

구혜란. "비정규직의 고용안정성과 조직몰입에 대한 국제비교."(한국사회학회, 2005).

권태영. "우리 군 개혁의 참고모델, 이스라엘 군." 『한국군사운영분석학회지』 제24권 제1호(1998).

금창호 외. "지방공무원 전문성 제고방안." 한국지방행정연구원 연구보고서 (2005).

김대영. "국가방위의 중심군: 영국 육군." 『육군지』 제12월호(2014).

김동식. "군 장교의 직업성 보장에 관한 연구."(경남대학교 경영대학원 석사학위논문, 1995).

김문범. "제대군인 전직지원의 활성화 방안."(선문대학교 행정대학원 박사학위논문, 2011).

김민정 외. "직업안정성과 위험간수 성향에 따른 소비자 포트폴리오 비교 분석." 『소비자정책교육연구』 3(2) (2007).

김병조. "선진국에 적합한 민군관계 발전방향 모색: 정치, 군대, 시민사회 3자관계를 중심으로." 『KBS 정책토론회 발표 발제논문』(2008).

김병하. "군전문직업의 변화와 민군관계." 『육사논문집 제30집.』(1986).

김부영 · 신현기. "독일 국방군 지휘통솔 연구 결과 보고서."(1997).

김성우. “미래 군 구조에 부합된 전문인력 획득을 위한 인력획득제도 분석에 관한 연구.” 『한국산업응용학회 논문집』 제11집 제4호(2008).

김소연. “직업의 안정성이 이직의도에 미치는 영향.”(경기대학교 행정대학원 석사학위논문, 2002).

김원대 외. “교육의 수월성(秀越性) 제고를 위한 육군 학군단 운영체계 발전 방향.” 『週間國防論壇』 제1467호(13-24) (2013).

김유림. “신규 사회복지전담공무원의 직업안정성과 직무적합성이 직무만족도에 미치는 영향 연구.”(서울시립대학교 대학원 석사학위논문, 2013).

김은환・한창수. “핵심인재 확보양성전략.” 『CEO Information』 제353호 (2002).

김재철. “초급장교 우수인력 획득에 관한 연구: 학군사관후보생 및 군장학생을 중심으로.”(국방대학원 안보과정 석사학위논문, 1997).

김종탁. “독일연방군 복무제도의 특징과 시사점.” 『주간국방논단』 제1215호 (08-31) (2008).

김판석. “한국 인사행정의 발전방향: 전환기의 담론.” 『한국행정연구』 제11집 제1호(2002).

김판석・권경득. “지방자치단체의 인사제도개혁.” 『한국행정학보』 제33권 제1호(1999).

김판석・이선우・전진석. “개방형 임용제도의 실태 및 발전에 관한 연구.” 『한국행정학회보』 제33권 제4호(1999).

김형록. “군 직업보도 지원제도 개선방안에 관한 연구.”(호남대학교 행정대학원 석사학위논문, 2000).

김혜인・현익재. “초급장교 의무복무기간의 인식 전환과 산정방법.” 『주간국방논단』 제1189호(08-5) (2008).

노양규. “전역군인 적합 일자리 및 취업체계 구축방안.” 『한국국방발전연구원』(2004).

노영기. "주한미군의 對韓 정세 인식과 창군계획: 사설군사단체에 대한 대응과 '뱀부계획'의 입안과정을 중심으로." 『한국민족운동사 연구』 45 (2004).

李南浩. "學徒軍事訓練의 理念과 現況." 『군사다이제스트』 제1권 1호 (1954).

문병장. "이스라엘 군사제도의 고찰." 『군사연구 제120집.』(2004).

문채봉. "제대군인 지원정책의 과제와 발전방안."(한국전략문제연구소, 2005).

박성복. "군 직업성 보장에 관한 연구: 정년제와 복지후생제도를 중심으로." (호남대학교 석사학위논문, 1996).

박인호. "인재를 모으는 유연한 인적자원 관리방안." 『주간경제 제599호.』 (2000).

박종연. "한국 의사의 전문직업성 추이에 관한 연구."(연세대학교 박사학위논문, 1992).

박효선. "한국군의 평생교육 변천과정에 관한 평가분석 연구."(중앙대학교 대학원 박사학위논문, 2008).

(사) 한국행정문제연구소. "제대군인 직업교육훈련 통합관리 및 개선방안에 관한 연구." 국가보훈처 용역연구서(2011. 11. 24.).

서정하. "조직구성원의 직업불안정성이 정서적 몰입과 지속적 몰입에 미치는 영향에 관한 연구." 『조직과 인사관리연구』 31(2) (2007).

성해영. "정치엘리트와 대중의 관계." 『고시계 40(10)』(1995).

손수태. "민군관계와 국방리더십의 발전방향." 『군사학연구』(2006).

손창규. "오늘의 淨軍과 내일의 淨軍." 『軍事評論』 제5호(1959).

송수용. "한국사회의 민군관계 양상 고찰." 『軍史』(2005.)

신태양사. "文敎部의 立場과 主張: 憂慮되는 學園의 空白." 『新太陽』 통권

제44호(1956).
양병기. "韓國軍部의 職業主義와 民軍關係." 『한국정치외교사 논총』 제14집(1996).
양병기. "한국의 군부정치에 관한 연구: 정치정향을 중심으로." 『한국정치학회보』 제27집 2호(1994).
양충식. "국방 및 병역환경 변화와 중장기 육군 초급장교 정예화 정책방향." 『육군정책연구』 제21호(15-3) (2015).
양현모・황성원. "공무원 채용제도 개선에 관한 소고." 『한국거버넌스학회보』 제17권 제1호(2010).
오경조・김종탁. "신한국의 직업군인제도."(한국국방연구원 국방정책연구 학술논문, 1987).
오경조・김종탁・박해철. "장교 양성제도 개선연구."(1993).
왕영진. "군 조직구성원의 직업보장 요인에 관한 실증적 연구."(국방대학원 석사학위논문, 1993).
유재갑・윤종호. "2000년대의 군 위상 정립과 전문직업주의화 방안." 『국방대학원 안보문제연구소 정책보고서』(1990).
윤종호. "군의 전문직업주의 향상 방안." 『군직업주의와 리더십』 국방대학교 안보연구시리즈 제4집 7호(2003).
윤주학・류태덕・서정권. "우수 학군사관후보생 선발 및 양성교육 향상방안 연구."(2006).
이갑두. "전략과 핵심인재관리가 성과에 미치는 영향에 관한 연구: 중소기업을 중심으로." 『산업경제연구』 제24권 4호(2011).
이경묵・윤현중. "경쟁환경, 기술변화, 전략과 핵심인재 관리의 강도간의 관계에 관한 연구." 『경영학 연구』 제36권 5호(2007).
이기종. "한국군 베트남참전의 결정요인과 결과 연구."(고려대학교 박사학위논문, 1991).

이정휴. “兵役法改正案의 通過를 보고.” 『國會報』 제14호(1956).

이철승. “兵務行政의 不平等性.” 『新世界』 제1호(1956).

이혜숙. “미 군정의 구조와 성격: 조직과 자원을 중심으로.” 『사회와 역사』 45(1995).

인사관리. “Talent 개념을 SUPEX리더와 챔피언으로 구분, 관리.”(2004).

임순혁. “學徒軍事訓鍊制度의 發展策: 均衡된 3軍兵力確保를 中心으로.” 『國防研究』 제16호(1964).

장영현. “군 정년제와 직업성 보장에 관한 연구.”(전남대학교 행정대학원 석사학위논문, 1992).

정광덕. “직업군인의 행정윤리 확립에 관한 연구.”(경남대학교 행정대학원 석사학위논문, 1995).

전광수. “교육투자의 사회경제적 효과와 결정요인 분석 : 소득, 직업 안정성 및 직무만족도를 중심으로.”(세종대학교 대학원 박사학위논문, 2003).

전정호. “대기업 근로자의 직업안정성과 경영진에 대한 신뢰 및 조직 몰입의 관계.” 농업교육과 인적자원개발 41(4) (2009).

정경모. “직업군인제의 정착과 민군관계.” 『군사논단』(1996).

정광섭. “지방화시대의 민군관계.” 『전략논총』(한국전략문제연구소, 1996).

정길호 · 김종탁 · 김혜인. “군구조 개편과 연계한 미래 육군 인력획득체계 개선 연구.”(2007).

정길호. “직업군인의 획득정책 방향 연구.” 『국방논집』 제24호(한국국방연구원, 1993).

鄭吉鎬 · 吳慶祚 · 金種鐸 · 崔光表 · 玄益才. “국방인력 및 인사관리체계 발전방향 연구: 국방인력관리본부 설치 타당성 분석 중심.”(1996).

정연택. “직업성 보장을 위한 사회연계 시스템에 관한 고찰: 외국의 군직업 보도교육을 중심으로.” 『한국치안행정논집』 2(2) (2006).

정주성 · 안석기. “군인 직업성 제고의 필요성 및 발전방안.” 『주간국방논단』 제1353호(11-13) (2011).

정태동. “제3세계의 민군관계: 비교분석을 위한 시각.” 『정치학 자료 선집』 (서울: 육군사관학교, 1987).

조승옥. “조건부 의무로서의 복종의 의무.” 『제5회 화랑대 국제학술심포지움 논문집』(1989).

조영갑. “한국 직업군인의 복지증진을 위한 정책적 대응.”(경남대학교 대학원 행정학박사학위논문, 1997).

조영진 외. “장교 획득 및 양성 발전 방안: 학사 · 학군 · 간부사관 중심으로.” 『한국국방연구원.』(1999).

조영진 · 김광식 · 전성진. “장교양성 관리체계 발전방향 연구: 육군 장교의 양성체계를 중심으로.”(2002).

조한승. “21세기 국가와 군의 관계변화 연구: 군인 모델의 비교 검토.” (2013).

차종석. “국내기업 핵심인재 경영의 현황과 개선방향: 채용전략을 중심으로.” 『임금연구』 제13권 제1호(2005).

차종석. “전문가 및 핵심인력 관리에 관한 탐색적 연구: 국내 금융기관의 사례를 중심으로.” 『한성대학교 사회과학논집』 제17집 제1호(2003).

최광표 외. “제2장 미래전 수행을 위한 전문인력 확보.” 『2005년 육군전투발전』(2005).

최광표 외. “학군장교(ROTC) 종합발전 계획서 작성 연구: 우수자원 확보 · 육성 · 관리를 중심으로.”(2012).

최돈걸. “새로운 환경변화에 따른 병역제도 발전방향.” 『제1회 KIDA 국방포럼자료』(2003).

최병대. “공무원의 전문성확보 방안: 서울시 도시계획분야를 중심으로.” 『한국정치학회보.』 15(3) (2012).

최병순. “미래 소요 국방인력 육성을 위한 국방인력관리의 혁신 과제와 방향.” 『KRIS 총서』(2000).

최병순. “정보화군을 이끌어갈 직업군인 획득 및 양성방안.”(국방대학교 안보문제연구소, 2000).

최병순. “한국군의 직업군인제 발전방향.” 『육사논문집』 제40집(1991).

최병순 · 문영세. “직업군인제 발전을 위한 정책 대안 분석: 육군 장교 인사관리제도를 중심으로.” 『한국정책과학학회보』 제10권 제1호(한국정책과학학회, 2006).

최석철 · 강광석 · 최병순 · 이민종. “육군의 미래 인력운영체계 발전방향.” (2006).

최준명. “ROTC 소개.” 『군사평론』 제28호(1962).

최흥섭. “한국과 미국의 육군 HRM(인적자원관리) 제도에 관한 연구.”(고려대 석사학위논문, 2003).

한국국방연구원. “06~07 군 인력운영 분석-Ⅱ”(2007).

한국국방연구원. “국방인력 및 인사관리체계 발전방향 연구: 국방인력관리본부 설치 타당성 분석 중심.”(1996).

한국국방연구원. “장병 복지욕구 성향 조사 분석.”(1994).

홍두승. “민군관계의 변화와 전망.” 『사상 6.』(1990).

홍두승 · 온만금. “바람직한 간부상 정립 및 교육방안 연구.” 『국방부정훈교육관실』(1994).

황봉관 편. “美國學徒軍事訓練團 ‘ROTC’ 해설.” 『국방부 병무국』 (1957).

화랑대연구소, “사회의 민주화 과정에 있어서 한국군의 위상 정립에 관한 연구.” 『육군사관학교 연구보고서』(1990).

HR Executive. “핵심인재, HRSP로 관리.” 『Job Korea』(2004).

3. 간행물 및 기타 자료

고용노동부. 『고령자 고용현황』(2010).

교육과학기술부 자료(2009).

교육과학기술부 자료(2014).

국군정보사령부. 『세계의 군사력('96~'97)』.

국방군사연구소. 『建軍 50年史』(서울: 서울인쇄공업협동조합, 1998).

국방군사연구소. 『국방정책 변천사(1945~1994)』(서울: 국방부, 1995).

국방대학원. 『국방관리』(서울: 국방대학원, 1984).

국방대학원. 『국방인적자원관리의 이론과 실제』(서울: 국방대학원, 1995).

국방부 군사편찬연구소. 『建軍史』(서울: 국방부, 2004).

국방부. 교육훈련정책과(2012).

국방부. 『2011년 국방비용편람Ⅰ』(서울: 국방부, 2011).

국방부. 『건군사』(서울: 국방부 군사편찬연구소, 2002).

국방부. 『국방개혁 기본계획 2014~2030』(서울: 국방부, 2014).

국방부. 『국방개혁 추진계획』(2003년 6월).

국방부. 『국방백서 1989』(서울: 국방부, 1989).

국방부. 『국방백서 2012』(서울: 국방부, 2012).

국방부. 『국방백서 2014』(서울: 국방부, 2014).

국방부. 『국방사 (1945. 8~1950. 6)』(서울: 삼화인쇄주식회사, 1984).

국방부. 『군인복지실태조사』(서울: 국방부, 2008).

국방부전사편찬위원회. 『한국전쟁사Ⅰ-해방과 건군』(서울: 육군본부, 1967).

국방부전사편찬위원회. 『한국전쟁사 제1권』(서울: 국방부전사편찬위원회, 1968).

국방부전사편찬위원회(편), 『국방조약집 제1집』(서울: 전사편찬위원회, 1981).

국방부 보건복지관실. "군 복지현황 분석:한국국방연구원 조사내용(요약)"

(2009).
국방부전사편찬위원회. “전역군인 취업률 조사결과 보고”(2014).
국방부 정책기획관실 기본정책과. “특별부록 2: 대남침투・도발사건.” 『2010 국방백서』(2010).
『국방통계연보』(2002).
국사편찬위원회 소장. 『Weekly Activities of KMAG』(1949. 1. 19.) RG 338, PMAG 1948~1949 / KMAG, 1948~1953 Box 9.
국사편찬위원회 소장. 『라이트가 그랜트에게 보낸 서한』(1949. 12. 16.), RG 338, KMAG, Box 4.
국사편찬위원회. 『주한 미군사고문단 문서(KMAG: Korean Military Advisory Group)』(1999).
김태원 새누리당 의원실(2012. 10. 15.)
노훈 외 국방발전연구진. 『국방정책 2030』(서울: 한국국방연구원, 2010).
대통령령. 제24547호(2012. 12. 4.개정) 제4조의 3(대학교원의 신규채용).
대통령령. 『박정희 연설집(부록)』, 1965년 1월 17일 대전 유세.
대통령령. 『박정희 연설집』, 1965년 1월 16일.
대통령령. 『박정희 연설집』, 1965년 1월 26일 담화문 및 2월 9일 담화문.
대통령령. 『박정희 연설집』, 1965년 8월 15일.
대학윤리교재편찬위원회 편. 『직업윤리』(서울: 삼광출판사, 1992).
대한민국 육군학사장교 총동문회. 『대한민국 육군 학사장교 인명록 2011』(서울: 대한민국 육군학사장교 총동문회, 2011).
대한민국 ROTC 정무포럼. 『21세기형 리더십, ROTC의 정신과 혼』(서울: (주)오디문, 2012).
대한민국 ROTC 50년사 편찬위원회. 『대한민국 ROTC 50년사』(서울: 대한민국ROTC중앙회, 2011).
대한민국ROTC중앙회. 『회원・직장・직능별 명부(1961~2014)』(서울: 금성기획, 2014).
병무청. 『2003년 병무통계 연보』(2004).
서울신문사(편), 『주한미군 30년: 1945~1979』(1982).
안규백 새정치민주연합의원. "육 · 해 · 공군사관학교 출신장교 임관 5년차 전역현황(최근 5년간)"(2014. 10. 24).
안규백 새정치민주연합의원. "사관학교 출신 장교 조기전역 기회 연차 8연차로 조정 필요"(2014. 10. 24).
육군 제3사관학교 충성대연구소.. 『장교양성 교육제도 연구』(1996).
육군3사관학교 기획운영처. 『대한민국 육군3사관학교 40년사』(2009).
육군3사관학교 기획운영처. 『육군3사관학교 요람 2014』(2015).
육군3사관학교 충성대연구소. 『충성대 사관후보생 과정의 역사』(2011).
육군3사관학교. 교수부 자료.(2014).
육군3사관학교. 평가실 자료.(2011, 2015).
육군3사관학교 총동문회. 『동문록 2010』(영천: 육군3사관학교 총동문회, 2010).
육군교육사령부. "초급간부 지휘능력 향상을 위한 학교교육 혁신"(2014).
육군대학 영국군 소령 J. N. Elderkin. 『군사평론지』 제70호(1970).
육군대학 편. 『국가, 민주주의, 통일』(경남: 육군대학, 1989).
육군본부 분석평가단. 『군 장병 양성비용』(2011).
육군본부. 『6.25사변 육군전사 제1권』(1954).
육군본부. 『국군의 맥』(1992).
육군본부. 『대한민국 학생군사교육 발전사』(1986).
육군본부. 『육군발전사 2권』(1970).
육군본부. 『陸軍發展史(上卷)』(1976).
육군본부. 『육군역사일지(1945~1950)』.
육군본부. 『육군인사역사 제1집』(1969).

육군본부. 『육군인사역사 제2집』(1987).
육군본부. 『六・二五 事變 後方戰史 人事篇』(豊文社, 1956).
육군본부. 『인사정책제안서』(2003).
육군본부. 『創軍前史』(1980).
육군본부. "사관후보생 양성교육기관 전환 계획"(2011. 3. 8.).
육군본부. "양성교육체계 정비 추진 정책회의 결과 보고"(2010. 12. 16.).
육군본부. "이스라엘 군사제도 시찰결과"(1970년 1월, 1992년 2월).
육군본부. "장기복무 전역간부 설문조사 결과(2000~2002년)"(2003).
육군본부. "중・장기 우수 초급간부 획득정책 추진방향"(2014).
육군사관학교 30년사 편찬위원회. 『육군사관학교 30년사(1945~1976)』(1978).
육군사관학교 50년사 편찬위원회. 『대한민국 육군사관학교 50년사(1946~1996)』.
육군사관학교 60년사 편찬위원회. 『육군사관학교 60년사: 21세기를 향한 도약(1996~2006)』(서울: 도서출판 황금알, 2006).
육군사관학교 화랑대연구소. "한국군 위상 정립에 관한 연구"(1990)
육군사관학교. 『한국의 군인상』(1983).
육군사관학교. 『2014~2015 육군사관학교 요람』(2015).
육군사관학교. 『군대와 국가발전』(서울: 육군사관학교, 1981).
육군사관학교. 교수부(2014).
육군사관학교. 생도대(2014).
육군사관학교. 평가실(2014).
육군학생군사학교. 학군단운영과(2014, 2016).
육군학생군사학교. 획득과(2014).
육군학생군사학교. 『2015년 학교교육계획』(2015).
육군학생군사학교. 『2015년 교육훈련계획』(2015).
외교부 자료(2010년 6월).

이기문. 『동아 새국어사전』(서울: 동아출판사, 1996).
전쟁기념사업회. 『현대사 속의 국군: 군의 정통성』(서울: 대경문화사, 1990).
정치학대사전편찬위원회, 『21세기 정치학대사전』(2002).
통계청. 『2001 한국의 사회지표』(2002).
통계청. 『인구총조사』(2007).
통계청. 『2014 한국의 사회지표』(2015).
학생군사훈련처. 『대한민국 학생군사교육발전사』(서울: 육군본부, 1985).
학생중앙군사학교. 『ROTC 30년사』(1998).
학생중앙군사학교. 『ROTC 40년사 부편 II, 제도변천 경과 및 내용』(1994).
학생중앙군사학교. 『ROTC 40년사』(2001).
한국 갤럽(Gallup Korea) "2011년 한국인과 군대문화." 『Gallup Report』(2011년 6월 23일).
한국교육개발원 자료(2014).
『Army Regulation 600-200』.
『일본자위대 총람』(1995).
"각종 고등학교 학교단위 군사훈련폐지에 관한 件"(1955. 2 .6.). 국가기록원 관리번호 BA0085174.
"미육군 장교교육훈련검토보고서(U.S. Army RETO: Review of Education & Training for Officers)"(1978).
"서울대 60년사." 서울대학교 홈페이지.
"학생군사훈련 실시에 관한 건" (의안번호 296호) 제58회 국무회의 (1961. 4. 20.). 국가기록원 관리번호 BA0085205.
"합동참모부가 동경의 더글라스 맥아더 육군대장에게"(1946. 1. 9.).
행정자치부. 『공무원통계』(2005).

4. 신문 및 월간지, 인터뷰 자료

공보처(1996).

국방부, 『국방저널』(2014. 4월호).

국정홍보처(2001).

"군, 계급별 정년 1~3년 연장 추진. '20년 근무' 보장." 『연합뉴스』(2014년 4월 13일자).

군사법원 보도자료(2014년 10월 10일자).

김경수. "역사 속으로 사라진 甲種장교." 『주간조선』(2007년 5월 27일자).

김문경. "진성준, 장군진급자 육사 출신에 편중." 『YTN뉴스』(2014년 10월 14일자).

김인규. ""당(唐)나라 군대'가 진짜 강한 군대다." 『조선일보』(2011년 1월 11일자).

김종대. "陸士 위주 폐쇄적 人事독점이 한국군 망친다." 『조선일보』(2013년 8월 26일자).

김종두. "독일군 장교양성 교육의 교훈." 『국방일보』(2004년 8월 9일자).

김종하. "군피아 '利敵행위' 막을 근원적 처방." 『문화일보』(2014년 7월 18일자).

김주현. "끼리 문화 벗어나야 선진국 가능하다." 『서울경제』(2013년 10월 27일자).

박세환. "大學生과 軍事訓練." 『高大文化 8』(1968).

박영훈. "육군, 학교장 편중인사 심각해." 『사회일보』(2014년 10월 15일자).

박효선. "창끝 전투력, 초급간부 충원 힘써야." 『동아닷컴』(2013년 2월 25일자).

신대원, "이화여대, 세 번째 여대학군단으로 선정." 『헤럴드 경제』(2016년 2월 24일자).

신우용. “육군의 서자(庶子) 단기사관은 장군이 될 수 없는가.” 『신동아』 통권 577호 (2007년 10월호).

신종태. “정예 독일군 장교 어떻게 만들어지는가?” 『조선뉴스프레스』(2014년 11월 13일자).

안 석. “학사장교 출신 공직 새 파워엘리트 인맥 부상.” 『서울신문』(2013년 5월 20일자).

양낙규. “2011년 국감: 장군진급 사관학교출신 편중.” 『아시아경제』(2011년 9월 28일자).

오동룡. “김관진과 독일 육사 출신들: 실전 위주로 배워 야전에 강하다.” 『월간조선』(2014년 7월호).

유용원. “군복무 18개월로 줄텐데 28개월 ROTC 누가 가겠나.” 『조선일보』(2013년 2월 19일자).

육군본부 정책과 자료(2015).

이상우. “다큐멘타리, 월남파병.” 『월간조선』 8월호(1983).

이정훈. “대장 對 대위: 제35대 재향군인회장 선거 파격 기류.” 『신동아』 제665호(2015년 2월호).

이종각. “신군부의 세력, 하나회.” 『신동아』(1988).

이한우. “兵學一致와 ROTC制.” 『조대신문』(1958년 1월 1일자).

이해원 · 박은석, “미래 국방발전을 선도한 ‘창의적 인재 육성 및 활용’ 전략,” 『합참지』 제67호(서울: 합동참모본부, 2016. 4월호).

전현석. “위기의 ROTC... 초급장교 60% ‘군 인력풀’이 흔들린다.” 『조선일보』(2013년 2월 19일자).

정철순. “한국군 망하면 北아닌 폐쇄적 人事 탓.” 『문화일보』(2013년 8월 26일자).

조갑제. “실록 제5공화국 (3)배반의 충성.” 『월간조선』(2003년 7월호).

조진만. “제대군인을 아시나요?.” 『울산종합일보(http://www.ujnews.co.kr)』

(2014년 12월 30일자).
최현수. “포위당한 건 그들 건드리면 당긴다... 작지만 강한 이스라엘軍.” 『국민일보』(2016년 7월 16일자).
한지숙. “英 엘리트주의 심각...고위층 71% 사립학교 출신.” 『헤럴드 경제』(2014년 8월 29일자).
황경상. “〔국감〕 군 장성 진급 육사 출신 80%로 압도적.” 『경향신문』(2014년 10월 14일자).
『국방일보』(2016. 2. 23, 16면). “전직지원인식, 바뀌야 한다.”
『동아일보』(1948년 12월 24일자, 2면)
(2006년 1월 10일자, 2013년 9월 4일자).
『dongA.com』(2014년 10월 16일자).
『아시아경제』(2014년 8월 1일자).
『MBC』(2008년 8월 15일자).
『조선일보』(1994년 2월 5일자, 2007년 6월 2일자).
『한국경제신문』(2013년 3월 7일자, 12월 2일자).
『한국일보 사설』(2014년 3월 7일자).
“‘여군의 적은 남군’이라는 우리 군의 현실.” 『한겨레 오피니언』(2013년 10월 25일자).
“39個大學 二萬五千名 志願.” 『동아일보』(1957년 12월 24일자).
“ROTC 15일부터 訓練에.” 『대학신문』(1961년 5월 15일자, 1면).
“ROTC 1週에 5시간 訓練.” 『부산대학신문』(1961년 3월 1일자, 3면).
“ROTC 본교엔 250명.” 『주간성대』(1961년 5월 2일자).
“ROTC 豫備將校訓練團 明年四月一日부터 實施.” 『조선일보』(1960년 2월 20일자 석간).
“ROTC 總七六七名志願.” 『대학신문』(1961년 5월 11일자).
“각종 교재와 훈련복 지급.” 『연세춘추』(1961년 5월 29일, 1면).

"국립대 병원 현직의사들의 모교 출신 현황." 『연합뉴스』(2010년 10월 25일자).

"국방부·문교부서 ROTC방문, 후보생 대표와 회견후 수업상태 시찰." 『연세춘추』(1962년 3월 26일자).

"國防部서 學生徵集延期問題 中央敎委 建議案을 拒否." 『경향신문』(1956년 2월 24일자).

"군사훈련 반편성 완료." 『연세춘추』(1961년 5월 13일자).

"軍訓 16日부터 實施." 『건대신문』(1961년 5월 13일자, 1면).

"來年부터 大學生에 豫備將校訓練." 『경향신문』(1960년 10월 19일자).

"來年부터 實施키로, 國防部 學徒軍訓에 합의." 『동아일보』(1960년 2월 20일자).

"大學敎育과 ROTC." 『건대신문』(1962년 4월 5일자, 3면).

"무너지는 防産, 자주국방 포기할건가." 『조선일보』(2016년 8월 11일자).

"魅力없는 ROTC." 『고대신문』(1961년 4월 29일자).

"兵務行政革新要綱." 『경향신문』(1955년 4월 3일자).

"兵役法 改正案 國務會議에 上程." 『경향신문』(1955년 3월 6일자).

"兵役法 改正案 李大統領 裁可." 『경향신문』(1955년 3월 6일자).

"本校 ROTC敎育." 『한양대학보』(1961년 5월 10일자).

"四年間에 20週 曰, 學徒軍事訓練 要領 協議." 『조선일보』(1957년 9월 14일자).

"사달 난 '늑대' 사단장, 결딴 난 軍." 『서울경제』(2014년 10월 12일자).

"안보 소강국을 가다: 군, 격식 파괴... 자율·책임 강조." 『세계일보』(2013년 2월 21일자).

"年齡超過한 大學在學生, 隨時로 徵集斷行." 『동아일보』(1955년 9월 22일자).

"육군, 2006년도 석·박사 111명 탄생." 『연합뉴스』(2006년 2월 27일자).

"육사교장, 3사관학교장은 100% 모교 출신... 학생중앙군사학교장은 10%만 학군 출신." 『뉴스에이』(2014년 10월 15일자).
""인문정신을 시민의 지혜'로 문화융성의 길 7대 중점과제." 『뉴시스』(2014년 8월 6일자).
"잇따른 성범죄, 軍 '성범죄 무관용' 원칙 유명무실." 『세계일보』(2014년 10월 22일자).
"在學生은 一年 服務토록: 中央敎委 三案件을 建議키로." 『동아일보』(1956년 2월 18일자).
"전시학생은 연기, 병사당국서 재확인." 『동아일보』(1953년 2월 21일자).
"戰時學生은 延期, 兵事當局서 再確認." 『동아일보』(1953년 2월 1일자, 2면).
"學徒軍事訓練 復活." 『동아일보』(1957년 9월 13일자).
"學徒軍事訓練 흐지부지, 國防 · 文敎 未合意." 『경향신문』(1958년 1월 21일자).
"學徒軍事訓練實施." 『부산대학신문』(1961년 5월 15일자, 3면).
"學徒軍事訓練에 國防文敎合意, 六月부터 全國 一齊히 實施." 『동아일보』(1952년 5월 7일자).
"學徒軍事訓練에 虜獲武器를 배정." 『동아일보』(1953년 12월 15일자).
『GLOBAL LEADER』(경제전문월간지, 2008년 6월호).
고승민. "軍 간부 대량 유출 '심각'...장교 77%가 임관 3년 내 전역." 『뉴시스』(2014년 10월 27일자).

5. 국내 참고법령

경찰공무원법 제24조 (법률 제12233호, 2011년 5월 30일 개정).
고등교육법 제14조 (법률 제12174호, 2011년 9월 개정).

국가공무원법 제2조 (법률 제12792호, 3월 28일 개정).
국가공무원법 제2조 ②항 2.
국가재건최고회의법 제18조.
국방부 병무국. "병역법 개정안 제38조." 『제53회 국무회의록』(1955. 9. 2.), 국가기록원 관리번호 BA0085175.
국방부 병무국. "학생병역기간에 관한 제보고." 『제5회 국무회의록』(1956. 1. 13.), 국가기록원 관리번호 BA0085176.
군인복무규율 제4조 2항 (대통령령 제24077호, 2012년 8월 31일 개정).
군인사법 제6조 ①항 (법률 제14180호, 2016. 5. 29.).
군인사법 시행령(법률 제11390호, 2012. 1. 31.).
대통령령 제20282호 (2007. 9. 20.).
대한민국 헌법 제74조 ①항.
법률 제444호 병역법.
인적자원개발 기본법 제2조 1항(법률 제6713호, 2002. 8. 26.).
인적자원개발 기본법 제2조 2항(법률 제6713호, 2002).
임천영. 『군인사법』(서울: 법률문화원, 2007).
정부조직법(법률 제11690호, 2013년 3월 23일 개정).
헌법(1987. 10. 9.) 제5조 ②, 제54조 ①, 제60조 ②, 제73조, 제74조 ①, 제74조 ①·②, 제87조 ④, 제89조, 제89조 ②·⑥·⑮
『군인사법 제6조』(법률 제7085호, 2004. 1. 20.).
『육군3사관학교 설치법』 제1·2조(법률 제11690호).

6. 국내·외 참고사이트

ROTC중앙회 홈페이지(http://www.rotc.or.kr/) (검색일: 2014. 12. 22.)
갑종장교단 중앙회 홈페이지(http://www.kocs.or.kr/)(검색일: 2015. 3. 21.,

2015. 4. 11.)
국방부 홈페이지(http://www.mnd.go.kr/) (검색일: 2015. 3. 17., 2016. 6. 28.).
미 육군 OCS 홈페이지(http://www.armyocs.com/modules.php?name=Content&pa=showpage&pid=4).
미 육군ROTC 홈페이지(http://www.goarmy.com/rotc/college_students.jsp) (검색일: 2014. 9. 11.).
미 프린스턴대학 홈페이지(http://www.princetonview.com/cte/article/military) (검색일: 2014. 11. 12.).
병무청 인터넷 홈페이지(http://www.mma.go.kr/www.mma3) (검색일: 2015. 2. 11.).
외교부 홈페이지(www.mofa.go.kr) (검색일: 2015. 3. 13.).
위키피디아 홈페이지(http://ko.wikipidia.org) (검색일: 2014. 11. 12.).
육군3사관학교 총동문회 홈페이지(http://www.3sa.or.kr/) (검색일: 2015. 2. 13.).
육군3사관학교 홈페이지(http://www.kaay.mil.kr/) (검색일: 2015. 2. 13.).
육군본부 홈페이지(http://www.army.mil.kr/) (검색일: 2015. 2. 13., 2016. 7. 1.).
육군사관학교 홈페이지((http://www.kma.go.kr/) (검색일: 2014. 12. 15., 2014. 12. 16.).
육군학사장교총동문회 홈페이지(http://www.haksa.or.kr/) (검색일: 2015. 2. 13.).
육군학생군사학교 홈페이지(http://www.armyofficer.mil.kr/) (검색일: 2015. 2. 13.).
육사총동창회 홈페이지(http://www.kmaaa.or.kr/) (검색일: 2015. 2. 12.).
이스라엘 군사력(http://www.globalfirepower.com/) (검색일: 2015. 2. 17.).
조선닷컴(http://www.chosun.com/2013.8.26.) (검색일: 2015. 3. 13.).

합동참모본부 홈페이지(http://www.ics.mil.kr/) (검색일: 2015. 2. 15.).
『아시아경제(www.asia.co.kr)』(2011년 9월 28일자) (검색일: 2014. 4. 25.).

해외 참고문헌

1. 저서

Cleveld Martin van. *Kraft*(전투력) Freiburg, 1989.

Cohn, Eliot A. *Supreme Command: Soldiers, Statesmen and Leadership in Wartime*. New York: The Free Press, 2002.

Delbrück Hans. *Gneisenau*. Berlin, 2 vols., 1882.

Dieter Nohlen. *Lexikon Dritte Welt* (Hamburg: Rowohlt Verlag, 1984), p. 401. cf. Amos Perlmutter, "Summary of Military Coup Frequency 1946~70," *The Military and Politics in Modern Times*. New Haven/London: Yale Univ. Press, 1977.

English, A. *Professionalism and the Military-Past, Present, the Future: A Canadian Perspective*. The Canadian Forces Leadership Institute(2002)

Finer S. E. *The Man on Horseback*. N. Y.: Praeger, 1962.

General Headquartera Supreme Commander For the Allied Powers. Summation of Non-Miliyary Activities in Japan and Korea No. 1. 1945.

Green Rechard T. Keller Lawrence F. and Wamsley Gary L. *Leconstituting a Profession for American Public Administration*. Public Administration Review, 53(6), 1962.

Guy Station Ford. *Stein and the Era of Reform in Prussia, 1807~1815 passim*, but esp, ch. 8. Prinston, 1922.

Hong C. Leonard. *American Military Government in Korea - War Policy and the First Year of Occupation - 1941~1946.* Histories Division Office of the Chief of Military History Department of the Army, 1970.

Hope, J. and T. Hope. *Competing in the third wave.* Boston: Harvard Business School Press, 1997.

Huntington Samuel P. *The Soldier and The State: The Theory and Politics of Civil-Military Relations.* Cambridge, Mass.: The Belknap Press of Harvard University Press, 1957.

Huntington Samuel P. *Political Order in Changing Societies.* New Haven: Yale University Press, 1968.

Lasswell Harold D. *The Analysis of Political Behavior.* 1947.

Lovell John. "The Military and Politics in Postwar Korea," in Edward Reynolds Wright(ed.). *Korean Politics in Transition.* Seattle: University of Washington Press, 1975.

Lyons. G. M. *Education and Military Leadership.* Prinston: Prinston Univ. Press, 1959.

McCall, M. W. *High Flyers.* Boston: Harvard Business School Press, 1998.

Mills. C. W. *The Power Elite.* New York: Oxford University Press, 1956.

Morris Janowitz. *The Professional Soldier New Edition.* New York: Free Press, 1971.

Mosca Gerato. *The Ruling Class.* New York, 1939.

Moskos Jr. Charles C. *The Emergent Military: Calling, Profession, Occupation?* in Franklin D. Margitta(ed) The Changing World of the American Military. Boulder, Colorado: Westview press, 1978.

Neiberg Michael S. *2000 Making Citizen-Soldiers: ROTC and the Ideology of*

American Military Service. Harvard University Press, 2000.
Occupation. *Eenyclopedia of Social Sciences.* N.Y: Macmillian Co, Publishers, 1944.
Popper Karl Raimund. *The Open Society and Its Enemies,* 1945.
Sawyer Robert K. *Military Advisors in Korea: KMAG in Peace and War, Office of the Chief of Military History.* Washington D.C.: Department of the Army, 1962.
Seeley. J. R. *Life and Times of stein* 2 vols. Boston, 1879.
Se-Jin Kim. *The Politics of Military Revolution in Korea.* Chapel Hill: University of North Carolina Press, 1971.
Stepan Alfred. *Authoritarian Brazil: Origin, Politics and Future.* New Haven: Yale Univ. Press, 1973.
Stepan Alfred. The New Professionalism of Internal Warfare and Military Role Expansion in Alfred Stepan ed., Authoritarian Brazil: Origins, Policies and Future, New Haven: Yale University Press, 1976.
Wraxall Lascells. *The Armies of the Great Powers.* London, 1859.
Wakin Malham M. *War, Morality, and Military Profession* (1986)
Wright Quincy. *A Study of War* 2nd ed.. Chicago: University of Chicago Press, 1965.

2. 논문 및 연구서

Barney, J. B. "Firm Resource and Sustained Competitive Advantage." *Journal of Management* 17(10)(1991).
Borgatta. E.F., Ford R. N. and Bohrnstedt G. W., "Work Orient actions. Hygienic Orientation: A Bi-Polar Approach to the Study of Work

Motivation," *Journal of Vocational Behavior*(1973).

Flammer Philip M. "Conflicting Loyalties and American Military Ethic."

Henning Charles A. "Army officer Shortage : Background and Issues for Congress." *CRS Report for Congress*(2006).

Herzberg F. "The Motivation to Work." N. Y.: Wiley(1959).

Humphrey Hubert H. and John Gleen, U. S. Troop Withdrawal from the Repblic of Korea, A Report to the Committee on Foreign Relation, United States Senate, 95th Congress, 2nd Session, January 9, 1978(Washington, D. C.: U. S. Government Printing Office, 1979).

Kolvereid L. "Prediction of Empolyment Status Choice Intentions." *Entrepreneurship: Theory and Practice* 21(1) (1996).

Maslow A. "A theory of motivation." *Psychological Review*, 50 (1943).

Moskos Jr. Charles C. "From Institution to Occupation: Trends in Military Organization." *Armed Forces and Society* 4 (Fall, 1977).

Moskos Jr. Charles C. "Institutional / Occupational Trends in Armed Forces an Update." *Armed Forces & Society*, 12 (Spring, 1986).

National Security Action Memorandum 55, Jerome Slater. "A Political Warrior or Soldier Stateman." *Armed Force. & Society* Vol. 4 (November, 1977).

Nordlinger Eric A. *Soldiers in Politics: Military Coups and Government.* Englewood Cliffs, N. J.: Prentice-Hall, 1977.

Petrosky D. J. "Regular Army Commissions for ROTC Graduates." US Army War Collage, Report Paper(1988).

Prahalad, C. K. and Hamel G. . "The Core Competitive of the Corporation." *Harvard Business Review* (May-June, 1990).

Stepan Alfred. "The New Professioinalism of Internal Warfare and Military

Role Expension." Abraham F. Lowenthl ed, *Armies and Politics in Latin America*. New York: Holmes & Meier Pub. Inc(1976).

Wraxall Lascells. "The Armies of the Great Powers." (London, 1859).

3. 간행물 및 기타 자료

Das Militarische Wei buch Deutchlands(1994).

Dept, of U.S. Army. A Review of Education and Training for officers(RETO) (Washington, D.C; USGPO, June 1978, p.Ⅲ-3.

『THE U. S. ARMY LEADERSHIP FIELD MANUAL FM 22-100』(2007).

History of the United States Armed Forces in Korea 3.

HQ USAFIK. G-2 PERIODIC REPORT.: 1945. 10. 31.~11. 1. #53.

HQ USAFIK. G-2 PERIODIC REPORT.: 1945. 11. 4.~11. 5. #57.

HQ USAFIK. G-2 PERIODIC REPORT.: 1945. 12. 3.~12. 4. #86.

HQ USAFIK. G-2 PERIODIC REPORT.: 1945. 12. 5.~12. 6. #88.

HQ USAFIK. G-2 PERIODIC REPORT.: 1945. 12. 5.~12. 6. #91.

HQ USAFIK. G-2 PERIODIC REPORT.: 1945. 12. 20.~12. 21. #103.

HQ USAFIK. G-2 PERIODIC REPORT.: 1945. 12. 29.~12. 30. #111.

HQ USAFIK. "Report of proceeding of Board of Officers."(1945. 11. 18.).

"Final Report of General Maddox, Chief KMAG 1954" (1954. 10. 16.) RG 550, Entry 1-a(1) Box 44.

"Population Representation in the Military Services." Office of the under Secretary of defence, personnel and readiness(2011).

"Quaterly Historical Summary(U): Office of the Senior Personnel/Adjustant General Advisor, ROKA, January-March 1965." (1965. 4. 23.) RG 550, Entry 1-A(1), Box 238.

U.S. Army Reserve Officer's Training Corps.(2012).

U.S. Dept. of the Army, RETO, P.Ⅲ-10.

U.S. National Defense Annual Report(2002).

Prewitt. K. and A. Stone. The Ruling Elites: Elite Theory, Power and American.

ABSTRACT

the Officers Recruitment and the Job Security of the Korean Army

by Kim, Sung Jin
Department of Political Science and International Relations
Graduate school, Kookmin University,
Seoul, Korea

The purpose of the following research is to examine whether favorable conditions for Korean Army to concentrate on "improvement and maintenance of combat power", its inborn purpose and role are created or not focusing on recruitment institutions of the army officer corps.

The scope of this research is limited to the army officer corps and recruitment institutions of the army officer corps from the U.S military government period to recent years were scrutinized.

The inquiry was conducted based on academic literature and utilized the historical comparison analysis to analyze recruitment institutions focused on institutional changes. Theorically the impact made by the path dependency and all sort of elements raised were analyzed collectively. In addition, in order to raise the credibility of this paper, query into case studies, focus group interviews(FGI) statistical data and poll from research institutions were consulted.

Query into case studies mainly focused on 4 nations including the United states were made. Especially, the job security level was verified in the aspect of responsibility, homogeneity and fairness. Moreover, people's trust in army officer corps and perception about officers in these countries were analyzed. Focus group interviews were conducted with professional personnels from the field of human resources management in military in order to compensate for limitation posed by academic literature reviewing.

Statistical data and polls were taken from primary sources deducted by Korea military manpower administration(2004), Korea ministry of employment and labor(2001), Korea Gallup(2011), Korea institution for defense analyses(2012), Korea ministry of education and science technology(2014), Statistics Korea(2014) and Korean educational development institute(2014).

In this paper, 'homogeneity', 'responsibility' and 'fairness' were set as independent variables and 'institutional inertia' and 'path dependance' were established as parameters. On these bases, whether the job security is guaranteed or not was evaluated by substituting independent variables, influence factors and Korean circumstances.

The results of this research are as the following. First of all, despite of the positive aspects found, in the results of analyzing periodical characteristics and chronological aspects of transitions, it was discovered that there was no consistent standard or form in recruitment institutions of the army officer corps. This drived significantly low trust level of people.

Second, by analyzing the recruitment institutions of the army officer corps in the aspects of homogeneity, responsibility and fairness, it was found that in the aspects of homogeneity, reformulation of concept of primary grade officer's mandatory miliary duty, casting off 'principle of origin first culture', control of primary grade officer recruitment courses and unification of institutions which are responsible for primary grade officer nurturing programs are necessary and the fact that officers from non-Korea Military Academy cliques consist 96.8% of whole army officer corps should be re-faced. In the aspects of the responsibility, re-reinforcement of will to implement social responsibility, qualitative improvement and betterment of conditions of military education in order to cultivate specialty, introduction of 'liberal arts completion system' for primary grade officers, expansion of opportunity for civil university degree acquirement and commander-centered re-foundation of sound vocational ethics and occupational environment were required. In the aspect of the fairness, conversion of manpower structure into concept of 'Elite acquirement-Long term utilization-Minor outflow' and policy coordination into 'medium-term service manpower management centered' one were demanded.

The three implications mentioned above will contribute to foundation of circumstances for recruitment of excellent personnel and assurance of job security.

However, this paper still holds several limitations following. Though the recruitment institutions of army officer corps could be explained in various rationales, this research was unable to dynamically account for the institutional changes by restrictively proceeded, focused on three independent variables. In the process of studying cases from military abroad, the gingerliness that only the positive aspects were imposed was raised. The fact that in-depth effort to approach towards recruitment institutions cliques by cliques was insufficient was also raised as one of limitations this inquiry holds.

Key words: Recruitment institutions, Job security, Homogeneity, Responsibility, Fairness.

찾아보기

(ㅈ)

한국 육군의 장교단 충원제도와 직업안정성

초판 제1쇄 펴낸날 : 2016. 9. 30.

지은이 : 김 성 진
펴낸이 : 김 철 미
펴낸곳 : 백산서당

등록 : 제10-42(1979.12.29)
주소 : 서울 은평구 갈현동 394-27 준빌딩 3층
전화 : 02)2268-0012(代)
팩스 : 02)2268-0048
이메일 : bshj@chol.com

값 20,000원

ISBN 978-89-7327-514-4 93340